五眼聯盟

Between Five Eyes

Anthony R. Wells
安東尼・R・威爾斯
著
劉名揚
譯

50 Years of Intelligence Sharing

國際情報組織五十年實錄

目次

Chapter 5 二〇〇一年九一一事件及其後果

Chapter 6 情報的角色、任務與行動（一九九〇～二〇一八）

致謝詞

謹以本書獻給自二次大戰以來，為各情報機關與部門奠定基礎，以便在這個危機四伏的世界，維護自由與民主的五眼聯盟情報體系男女同仁。成員國每位人員之間建立的信任與情誼，一直是他們能在這「特殊關係」中持續為自國的領導階層與國家利益，提供及時、準確且未經加工的可操作情報之最重要因素。這些在二次大戰後幾十年裡成功建立的關係，將因每位人員的素質、承諾與忠誠而持續不輟。我們沒有任何理由不感謝他們的服務。他們在全球政治動盪的時代，持續為現代社會的安全鞏固基礎。願美國、英國、加拿大、澳洲及紐西蘭之間的情報合作，能繼續向前邁進、向上提升，為未來的社會提供穩固的保障。

這是他們的故事。

英國與美國情報系統的男女同仁，不僅為了兩國的共同利益與自國的福祉，也為了地球的安全與穩定的未來，始終持續追求更廣闊的願景。卓越的美國天文學家卡爾．薩根（Carl Sagan, 1934~1996）以下的這段話，充分表達了這些情報同仁之精神與特質，以及堅持提供出色情報的使命感，與永遠只做「正確的事」。

這段話的靈感來自航海家一號（Voyager 1）在卡爾．薩根的建議下，於一九九〇年二月十四日拍攝的一張照片，當時，這具探測器正離開我們的行星系前往太陽系邊緣。航海家一號在距離地球約四十億英里處，黃道面上方約三十二度時最後一次轉向，拍下我們所居住的地球——一個淡藍色小點。地球是夾在散射光線中央的一個微小光點，宛如一道僅有0.12像素大小的月牙。

再看一眼這顆小點。那就是這裡，那就是我們的家園，那就是我們。在這顆小點上，每個你所愛的人，每個你認識的人，每個你聽說過的人，每個曾經存在過的人，都在這裡度過一生。我們所有的快樂與痛苦，數以千萬自傲的宗教信仰、意識形態與經濟原則，每個獵人與覓食者，每個勇士與懦夫，每個文明的締造者與摧毀者，每個君王或農民，每對熱戀的年輕情侶，每個父親或母親，前途無可限量的孩子、發明者與探索者，每個道德的導師，每個腐敗的政客，每個「超級巨星」，每個「最高領袖」，每個人類史上的聖人與罪人，全都住在這裡——這粒懸浮在一道陽光中的塵埃上。

地球，只是浩瀚宇宙競技場中一個渺小的舞台。想想在這顆小點上某個角落的一群人，與同樣在這顆小點上另一個角落的另一群人之間，那些永無止境的暴力。雙方對彼此的誤解是那麼頻繁，對彼此的殺戮是那麼迫切，對彼此的仇恨是那麼熾烈。想想那些帝王將相揚起的腥風血雨，只為了在榮耀與勝利中，短暫享受主宰這顆小點之一小部分的滋味。

這顆泛著微弱藍光的小點，挑戰著我們的裝腔作勢與妄自尊大，與自以為在宇宙中享有特權的幻想。我們的星球，是一粒被包裹在宇宙浩瀚黑暗中的孤單微塵。在我們懵懂的認知中，在這片浩瀚的空間裡，沒有任何跡象顯示會有任何天外的救贖來幫助我們。

地球是我們迄今所知唯一有生命居住的世界。至少在不遠的未來，不會有其他地方可供我們這個物種移民。要造訪其他星球，我們能做到；但要常駐，我們還沒有辦法。不管你喜不喜歡，截至目前我們僅能在地球上立足。

有人說，天文學是一門令人謙卑，同時也能塑造性情的學問。也許沒什麼能比這張從遠方拍下這個微小世界的照片，更能展現人類的自負有多麼愚蠢。對我而言，它提醒我們有責任更和善地對待彼此，更珍惜地維護這顆暗淡藍點——這個我們目前所知的唯一家園。

——卡爾．薩根《暗淡藍點》

（*The Pale Blue Dot*, 1994）

前言

五眼聯盟情報的關鍵價值

——海軍上將韋斯特勳爵閣下（Admiral the Right Honourable Lord West of Spithead GCB DSC PC）

二〇二〇年五月二十三日

我在一九七〇年代擔任作戰官（warfare officer）時，看過大量詳細說明蘇聯裝備性能的文件，以及蘇聯海軍如何作戰及擊敗敵軍，但從沒想過我們是怎麼獲得這些資訊的。

直到一九八八年，我從驅逐艦指揮官升任上校，被派往國防情報組（DIS），擔任前身是海軍情報總監（DNI）的DI3Navy職位，我才充分了解五眼聯盟情報體系，以及它們在保衛自由世界所扮演的關鍵角色。

我開始了解一個驚人的祕密世界，以及為了集體利益而辛勤工作的傑出人才所構成的情報網。一旦成為其中一員，感覺就像是加入了一個特別的家族，而我也持續參與其中，於一九九七年至二〇〇〇年間擔任國防情報局（DI）局長和聯合情報委員會（JIC）副主席，又在二〇〇七年至二〇一〇年間擔任總艦隊司令、第一海務大臣（First Sea Lord），最後擔任政府的安全大臣（security minister）。

直到最近，五眼聯盟情報體系才因為考慮是否在新的5G陣列中使用華為公司的電信設備，而受到媒體的強烈關注，但幾乎沒有人知道它的性質、歷史及意義。深入參與這個網絡及整個情報體系的安東尼·威爾斯，陳述得非常正確。我想不出有誰能把它複雜的關係及七十五年來的發展史，解釋得比他更好。

我們在一九四五年打完史上最具破壞性的戰爭，獲勝的贏家是英語體系的民族與蘇聯人。雖然蘇聯把德國國防軍打得死去活來，但他們光憑自己是無法與德國抗衡的，還得靠源源不絕的美國物資，才能將坦克部隊一路挺進德國。

大英帝國及其屬地已經單獨對抗希特勒一年多了，但直到美國於一九四一年十二月正式參戰，西方海權國家方能徹底發揮潛力對抗德國與日本，而且靠完全掌控海權將德日兩國擊潰。一九四五年唯一的贏家，就是美國這個全球最富裕、最強大的國家。

顯而易見，盟軍的王牌與贏得戰爭的關鍵能力之一就是情報。英國官方歷史估計，布萊切利園（Bletchley Park，編註：英國政府進行密碼解讀的主要場所）與美國情報部門讓戰爭提早了幾年結束。

英國在密碼破譯方面的卓越表現獲得美國的認可，因此，繼一九四一年《大西洋憲章》

（Atlantic Charter）相關的非正式協議後，英美兩國又簽署了《一九四三年布魯沙協議》（1943 BRUSA Agreements），並在一九四六年三月五日正式頒布。在接下來的幾年，又相繼延攬加拿大、澳洲與紐西蘭加入，五眼聯盟於焉誕生。大家經常談論這幾個國家之間的「特殊關係」，事實上這些協議才是聯盟的基石。

戰後，英語民族的美國、大英帝國及其自治領地，率先建立了新的世界秩序。儘管不乏對立與挑戰，但此秩序也為世界所接受，並一路維持到近年。有趣的是，事實證明，大英國協與北美洲為維持財富與穩定所採用的海權模式，比蘇聯的大陸強權更耐久。

大家很快就發現，蘇聯要的不是一個追求各自目標、擴展各自財富的自由國家所構成的世界，而是建立一個支配東歐、箝制思想、威脅西歐的霸權。

一九四六年三月，邱吉爾發表了著名的「鐵幕」演說，北大西洋公約組織（NATO，簡稱北約）也在一九四九年成立。

我們之所以能避免與蘇聯開戰、最終贏得冷戰，五眼聯盟情報體系發揮了關鍵作用。它也經得起時代的考驗，並持續演變以因應世界秩序的變化，例如蘇聯解體，或包括流氓國家、中國、恐怖主義，乃至毒品與犯罪等其他威脅的滋生。

對這個幫助我們捍衛自由七十五年的組織，本書就是及時、合宜的禮讚。

—自序—

五眼聯盟與情報系統發展史

本書是我在英美情報體系五十年（1968~2018）職業生涯的總結。基於英美情報系統特殊關係的本質，我擁有「雙重情報國籍」的特殊身分，有幸能在最嚴格的國別意義下，參與並見證五眼聯盟（美國、英國、加拿大、澳洲及紐西蘭）中，不可或缺且居領導地位的英美情報機構最高機密的內部運作。同時，我也有幸在皇家海軍服役期間，在華盛頓及美國太平洋艦隊第三艦隊的核動力巡洋艦班布里奇號（USS Bainbridge）上，與美國海軍共事。我最珍視的財產之一，就是在一九七七年獲得海軍作戰部長（CNO）詹姆斯．L．霍洛威三世（James L. Holloway the Third）海軍上將頒發的獎章。

我在一九八三年定居美國以後，還在科羅納多號（USS Coronado）與佛羅里達號（USS Florida）船艦上以文職身分服役，並在許多美國海軍單位與實體機構做過短期訪問及執行任務。在眾多工作之中，我曾在內華達州的法倫海軍航空基地（Naval Air Station Fallon）參加為高級軍官開設的美國海軍攻擊戰鬥機戰術教學計畫（Top Gun），也曾在夏威夷珍珠港馬卡拉帕（Makalapa）的美國太平洋艦隊總部及珍珠港的太平洋艦隊潛艦司令部工作。除了上述經歷，我還待過美國海軍其他單位，之後將會詳細介紹，另外，我也以多種身分進出國防部的許多部門，以及美國國家情報體系的中央情報局（CIA）、國家偵察局（NRO）及國家地理空間情報局（NGA）三個重要機構數十年。此外，我也能與國家安全局（NSA）、國家海事情報整合中心（NMIC），以及美國海軍情報單位與國防部長辦公室有關的各種梯隊（echelon）及特殊計畫共享情報。當我還是英國公民時，就能與駐守俄亥俄州代頓市（Dayton）的萊特－派特森空軍基地（WPAFB）等地的美國空軍，以及加拿大、澳洲與紐西蘭情報單位的所有重要梯隊等，進行廣泛的接觸。

在我看來，英美情報體系與範圍更廣的「五眼聯盟」情報體系，最主要的目標就是「建立關係」。這些包括（自二次大戰以來）數十年的人員交流（例如我自己在一九七〇年代中期所經歷的），不眠不休且從不間斷的情報交換與評估，為聯手擬定及執行情報蒐集與情報分析的策略和計畫，定期舉行的非正式與正式聚會，以及向英美兩國的政治領導階層提供真實、精準且及時的可操作情報。有幸為歷任首相及總統服務，賦予了我獨特的視角。

本書按時間順序陳述，從一九六八年哈利．辛斯利爵士（Sir Harry Hinsley）引領我進入情報體系開始說起，他是二次大戰期間英美情報系統最優秀的成員之一，曾在布萊切利園服務，後來又成為英國情報系統的元老，以及英國二次大戰期間情報史的官方欽定史學家。在一九六八年到二〇一八年，充滿變化、動盪、挑戰與成敗的五十年間，五眼聯盟努力堅守特殊關係與美好的友誼，我回溯了從共產主義的邪惡暴政及對五國心懷不軌的惡勢力中，維護並拯救了自由世界、西方民主國家及諸盟邦的組織發展史。

本書絕非荒謬又浮誇地強裝無所不知，也不是一本試圖向外人揭露情報系統內幕的著作。期望讀者能透過我五十年的經驗來與我對話，做出自己的觀察，得出自己的結論，並在讀後對現代情報系統產生知識、涵養，以及不偏頗且不帶政治色彩的看法。

身為受過兩個美國情報組織全面訓練及認證的情報官員，本書沒有任何內容違反美國、英國、五眼聯盟，或其他國家的情報組織安全法規或計畫。顧名思義，本書是一部仰賴公開資訊寫成的著作。書中的原始資料均來自我收藏的大量非機密文件、個人筆記、日記，以及我的家庭圖書館中的藏書，再加上我在參考書目中列出的文獻。我也參考了英美兩國政府報告中的各種非機密資料，並在參考書目中做了註解。

Chapter 1

英美特殊關係的基礎（一九六八～一九七四）

為什麼會締結「特殊關係」，為什麼會有五眼聯盟？為什麼歷史從一個層面來看是複雜的，從另一個層面來看卻是單純的？最重要的是，這份關係不僅只源於戰爭的嚴峻考驗，更是出於二次大戰期間的生存需求，溫斯頓．邱吉爾與富蘭克林．羅斯福於一九四一年八月於加拿大紐芬蘭外的普拉森蒂亞灣（Placentia Bay），在威爾斯親王號（HMS Prince of Wales）上的歷史性會晤，就證明了這一點。

五眼聯盟來自五個國家的成員，為了共同目標團結在一起。數十年來生存的關鍵，就是各國情報機關人員的交流與整合。每個國家在倫敦、華盛頓、渥太華、坎培拉及威靈頓的大使館，都與彼此的情報機關及部門的下游單位保持重要聯繫。在各國大使館的正常人員編制之外，各機關持續派遣不同人員與對方國家的情報專家並肩工作。這種關係的維繫，就是五眼聯盟得以成為一支強大的國際外交力量，而且無疑是全球有史以來最成功的情報組織之關鍵。相較之下，蘇聯與華沙公約組織（Warsaw Pact）的關係，因文化分歧及蘇軍對東歐國家的占領而相形見絀，使他們無法確立五眼聯盟維持至今的合作精神與忠誠度。

歷史性的一刻：溫斯頓・邱吉爾與富蘭克林・羅斯福會晤

在日本偷襲珍珠港數個月前的一九四一年八月，溫斯頓・邱吉爾與富蘭克林・羅斯福在威爾斯親王號戰艦上舉行會晤，討論的不僅是如何擊敗希特勒的海軍大戰略，也商訂了兩國將依循海軍上將雷金納德・「眨眼者」・霍爾（Reginald "Blinker" Hall）與四十號辦公室（Room 40）的偉大傳統（見附錄），共享彼此截獲的德國與日本敏感情報。後來，隨著戰事進行，加拿大、澳洲與紐西蘭也受邀加入這個高度機密且安全的俱樂部，不僅交換情報，也交換重要的人員與設備。這些措施一直持續至今，未來也將持續下去。回想起來，這兩位偉大政治家在威爾斯親王號上的會晤，就是英美特殊關係及後來五眼聯盟的起源。

英國政府一路將這個圈子裡在戰時與戰後所發生的事保密，直到一九七四年，才向英國大眾及全世界公開二次大戰期間的ULTRA機密（編註：ULTRA為英國用來稱呼戰時信號情報的代號）及恩尼格瑪（ENIGMA）密碼（編註：ENIGMA是一種用於加密和解密的密碼機）的一小部分情報，以及布萊切利園存在的事實。如同由哈利・辛斯利爵士撰寫、英國政府出版的《二戰英國情報機關史》（*British Intelligence in the Second World War*）所呈現的，短短幾年內，這些以極為緩慢的步調發布的資料，完全改變了我們對二次大戰的理解。有太多事情連許多國家安全及國際關係的專家、政軍事務相關人士都不知道或從未考量到。這不是任何人的錯，而是基於新興的五眼聯盟在二次大戰期間及戰後愈演愈烈的冷戰中，執行任務的高度機密性本質。

在紐芬蘭外海那場重要會晤後的八十年裡，科技經歷了巨大變化，例如切斷海底電纜、解碼及欺敵技術的進步。回顧過去，光是數位革命就令人難以置信。當艾倫．圖靈（Alan Turing）在布萊切利園革命性地運用基本電腦技術，以及將恩尼格瑪密碼破譯成ULTRA情報時，美國海軍上校約瑟夫．約翰．羅什福爾（Joseph John Rochefort）與美國海軍情報局（ONI）的同事，也以破譯出MAGIC情報（編註：MAGIC為美國用來稱呼戰時信號情報的代號）為二次大戰的勝利做出非凡貢獻，他們都是當時的科技先鋒，而在往後數十年內，科技的腳步也未曾放緩，一路發展出了現今的雲端、網絡安全、數位通訊及訊號處理技術。我們該如何有效利用這些新興科技，來為五眼聯盟成員國及其他最親密的盟友獲取戰略與戰術利益，而且盡可能滿足其國家安全需求？我們是否需要以不同的形式，複製羅什福爾上校在夏威夷情報站（Station HYPO）取得的巨大成就？他與英國遠東三軍情報署（Far East Combined Bureau）的英國密碼學家在新加坡密切合作，並於新加坡淪陷後又遷往肯亞與可倫坡。中途島海戰（Battle of Midway）的勝利，看似一場海戰與戰略的重要成就，但真的僅是如此嗎？面對將五眼聯盟牢牢維繫在一起的新科技與當前世界的戰略需求，可能的確需要以不同的形式、為不同的理由，再取得另一場如同中途島海戰的勝利，才能讓此聯盟特有的凝聚力發揮關鍵作用。

邱吉爾與羅斯福在威爾斯親王號上催生的《大西洋憲章》，為監控蘇聯與華沙公約組織的通訊奠定了基礎，起初成立了一個名為「梯隊系統」（ECHELON）的網路化通訊攔截系統，接下來，又隨著通訊的性質及五眼聯盟共同感受到的威脅而持續擴張。自聯盟成立以來，所蒐集、分析及分配的資料，就一直被列為最高機密。共享的情報從訊號情報（SIGINT）及電子情報（ELINT），擴展到涵蓋人力情報（HUMINT）、衛星影像情報（IMINT），以及各種形式的地理空間情報（GEOINT）。五眼聯盟的每個成員國都成立獨立機構，來管理、處理各種情報來源及蒐集方式。繼一九四一年八月的《大西洋憲章》之後，簽訂的第一個主要協議，是一九四三年五月十七日英國的政府密碼及暗號學校（GC&CS，政府通訊總部〔GCHQ〕的前身）與美國戰爭部（US War Department，國家安全局〔NSA〕的前身）所簽署的《布魯沙協議》。到了一九四六年三月五日，英國與美國又簽署了一份祕密條約，構成了日後英國（GCHQ）與美國（NSA）之間所有訊號情報合作的基礎。

一九四八年，該條約擴大到將加拿大、澳洲及紐西蘭也涵蓋進去。後來，英美兩國又在一九五五年簽訂了新修訂版本的協議，五眼聯盟正式生效，開始跨頻率及頻寬地蒐集大量政府、私人及商務通訊情報，範圍涵括電話、傳真，以及後來的電子郵件與其他影像及資料流通，無論是透過衛星傳輸、電話網路，還是其他更敏感的方式。後來的科技公司，例如谷歌、蘋果、微軟，以及其他長年配合的既有通訊公司，均是五眼聯盟的合作夥伴。自二次大戰期間開始的數十年裡，五眼聯盟進行了許多重大活動，持續至今。

英美特殊關係的起源

在無線電報成為科學與商務科技之前，西歐國家主要依靠人力情報與郵件攔截來獲取情報。軍情六處（MI6，也就是祕密情報局〔SIS〕），於一九〇九年成立，由英國皇家海軍中校曼斯菲爾德．卡明（Mansfield Cumming）擔任第一任局長。同年，英國也成立了負責國內反間諜及安全的安全局（Security Service），即軍情五處（MI5）。直到第一次世界大戰後，英國才建立了所謂的「政府密碼及暗號學校」，並一直以這個名稱活動到一九四六年，布萊切利園在那時成為政府通訊總部，其後又遷移到切爾滕納姆（Cheltenham）郊區。這一連串組織負責通訊與訊號攔截，其源源不絕的驅動力就是趕上甚至領先於各種通訊技術的需求。成立於一九一二年，一次大戰前的英國海軍情報部（NID），很快就預測到無論是透過陸上線路還是海底電纜，高頻無線通訊都會讓跨國攔截及電話攔截成真。英國人成為最早的通訊情報高手。從一八八七年起，英國海軍情報部是海軍部（Admiralty）的情報部門，直到一九一二年才經歷了大幅改造，並採用了新名稱。

英美情報和五眼聯盟的歷史，與英國政府密碼及暗號學校、布萊切利園，以及後來的政府通訊總部的發展，有著直接的線性關係。正如我們將看到的，美國情報能力的建立，主要是透過美國海軍的支持，以及布萊切利園與美國海軍情報局之間建立的重要聯繫，還有他們在夏威夷的情報站：HYPO，而HYPO標誌著英美「特殊關係」與五眼聯盟的真正開端。人力情報資料的交換，以及英國特別行動執行處（SOE）與中央情報局前身——美國戰略情報局（OSS）的行動，在二次大戰期間都很重要，也成為五眼聯盟人力情報及其他相關祕密行動的開端。然而，事後回顧——再加上自一九七〇年代以來，如哈利・辛斯利爵士這樣優異的戰時學者紛紛回到學術界，他們獲得英國政府授權閱覽戰時布萊切利園所有紀錄，從而能夠準確還原歷史真相——英國政府通訊總部與美國海軍情報局所取得的成就不僅顯而易見，也大幅改變了對二次大戰歷史的詮釋。

戰後不久，《一九四七年美國國家安全法》（US National Security Act of 1947）以及一九四九年該法的修正案，創建了我們所知的美國國防機構。國防部長及國防部副部長辦公室成立，海軍部長（Secretary of the Navy）在指揮鏈中則從屬於國防部長。一九四七年的法案還創建了從美國陸軍中分離出來的美國空軍。第一任國防部長詹姆斯・福萊斯特（James Forrestal）在該法案通過前曾任海軍部長，並曾經反對這些改變。自一九四七年以來，國防部長辦公室的規模就呈倍數成長，任用了大量的政務官。

一九八六年，《高華德–尼可斯國防部重整法案》（Goldwater–Nichols Defense Reorganization Act）強化了一九四七年及一九四九年法案所建立的法定框架。對有抱負的將軍及將官而言，聯合服役實際上已經成為一個必然選擇。然而，海軍部長辦公室、海軍司令部長辦公室及海軍陸戰隊司令部長辦公室依然維持不變，人員也沒有受到影響。與海軍部長不同，國防部長是國家安全委員會的成員。直到一九四九年，海軍部長一直是總統內閣成員，人事變動後成為國防部長繼任人選的第三順位，其歷史地位可見一斑。

《一九四七年美國國家安全法》還設立了中央情報局與國家安全會議（NSC）。中央情報局長一直是中央情報局及美國情報體系的最高主管，直到二〇〇五年四月二十一日，隨著國家情報總監（DNI）及其下屬的設立，中央情報局長才失去了最高主管的角色。新設立的國家情報總監，還取代了中央情報局長擔任總統首席情報顧問的地位，並成為國家安全會議的成員。中央情報局局長繼續管理局內的各項事務，並透過取代前中央情報局行動處（DO）的國家祕密行動處（NCS），指揮中央情報局的祕密行動。當五眼聯盟隨著英美特殊關係成形時，其他三個國家（加拿大、澳洲與紐西蘭）也在情報合作方面融入了這個新的美國情報架構。

雖然美國海軍在一七九八年被國會定為重要國安單位，但隨著《一九四七年美國國家安全法》帶來的重大改革，失去了它在二次大戰結束時享有的卓越地位，但美國海軍情報體系實際上依然沒有變動。

英國也發生了改革。我們今天所知的國防部成立於一九六四年，當時體認到英國三軍——皇家海軍、英國陸軍與皇家空軍之間需要加強合作與協調。皇家海軍在英國一直被視為高級軍種，皇家海軍陸戰隊則隸屬於皇家海軍，皇家海軍陸戰隊司令與美國海軍陸戰隊司令享有同等的地位與威望。然而，皇家海軍陸戰隊的規模一直只有美國海軍陸戰隊的一小部分，因此並沒有像美國海軍陸戰隊那般獲得國家認可。英國參謀長委員會（Chiefs of Staff Committee）早在一九二三年便已成立，雖然組成一個統一部會的想法在一九二一年曾被首相大衛・勞合・喬治（David Lloyd George）否決。

一九三六年，英國設立了內閣層級的國防協調部長（Minister for the Co-ordination of Defence）一職，以便在納粹威脅日益加劇的情勢下，監督軍備重整。邱吉爾在一九四〇年擔任首相後設立了國防部長辦公室，以將國防事務協調得更好，並直接控制參謀長委員會。值得注意的是，邱吉爾在成為總理前，曾在一九一一年至一九一五年及一九三九年至一九四〇年（一九三九年九月宣戰後著名的「溫斯頓回籠」時期）擔任第一海軍大臣（First Lord of the Admiralty，皇家海軍文職政治首腦，相當於美國海軍部長）。在二次大戰期間，邱吉爾一直兼任首相及國防部長。一九四五年，工黨在大選中勝出；一九四六年，克萊曼・艾德禮（Clement Attlee）政府在下議院提出並通過了《一九四六年國防部法案》（1946 Ministry of Defence Act）。原本第一海軍大臣是內閣成員，如今新設立的國防部長在內閣裡取代了第一海軍大臣、陸軍大臣（Secretary of State for War，陸軍的政治首腦）及空軍大臣（Secretary of State for Air，皇家空軍政治首腦）。

在一九四六年至一九六四年間，英國以由五個獨立部門組成的混合組織管理國防事務，包括了海軍部、陸軍部（War Office）、空軍部（Air Ministry，負責管理皇家空軍）、航空部（Ministry of Aviation，負責管理航空工業）及新生的國防部。因此，一九六四年的變化是巨大的。雖然上述部門悉數合併成單一的國防部，並取消了歷來大權在握的海軍大臣一職，但情報體系仍持續在五眼聯盟（如今已確立）的軌道上運作。

最後一起事件發生在一九七一年，當時航空供應部（Ministry of Aviation Supply）成為國防部的一部分，但這對五眼情報系統毫無影響。第一任國防大臣彼得・霍尼戈夫（Peter Thorneycroft）僅在一九六四年四月至十月之間於亞歷克・道格拉斯・霍姆爵士（Sir Alec Douglas-Home）的保守黨政府時期短暫任職，哈羅德・威爾遜（Harold Wilson）的工黨政府上台後，該職位由丹尼斯・希利（Denis Healey）於一九六四年十月至一九七〇年六月擔任，這是一個非常重要的時期；到了後來的愛德華・希思（Edward Heath）保守黨政府時期，該職位在一九七〇年六月至一九七四年一月之間由卡林頓勳爵（Lord Carrington）繼任。從一九六四年到一九七四年的十年間，英國國防政策全面凝聚在一個部長及一個極為龐大的官僚機構領導之下。但五眼聯盟之間的關係並沒有發生任何變化。事實上，隨著冷戰加劇，情報共享及人員交流反而有所增加。

❖ ❖ ❖

如同許多英國小男孩，我也是在偉大的探險航海故事陪伴下長大的，例如十八世紀的詹姆斯・庫克（James Cook）船長是我的英雄，還有海軍將領納爾遜（Nelson, 1758~1805）提出的訓練合作傳統，以及從航海時代到蒸汽動力再到核能的偉大技術革命。這整個過程和這些變化發生的原因與方式及相關細節，深深讓我著迷。不僅因為自己身為一名職業海軍軍官，我本身就對海洋及更廣泛的海事歷史，以及皇家海軍與美國海軍如何發展成二次大戰期間的強權，有很深的情結。

一九六八年，於格林威治皇家海軍學院（Royal Naval College）擔任海軍歷史和國際事務主任的布萊恩・蘭夫特（Bryan Ranft）教授，想介紹我認識一位願意協助並指導我的研究的人。他和這個人很熟，並表示對方讀過且很喜歡我對一九三〇年代德國公眾輿論的研究。蘭夫特教授認為此人在情報，尤其是海軍情報的理論與實踐方面，是知識最淵博的人選之一。

這場談話改變了我的人生。

這個人就是劍橋大學聖約翰學院的教授哈利・辛斯利爵士。布萊恩・蘭夫特安排我們在劍橋會面，並已事先取得我的指導教授勞倫斯・馬丁（Laurence Martin）的許可。我一邊與辛斯利教授進行研究，一邊在灌木公園（Bushy Park）中，上舍（Upper Lodge）的一個戒備森嚴的設施裡，履行身為皇家海軍上尉的職責。皇家海軍全力支持並資助我的研究。起初，我並沒有意識到將有一小群經驗豐富的二次大戰情報專家，成為我的研究指導者兼支持者。

從一九六九年到一九七二年，我與辛斯利教授在聖約翰學院內，他那堆滿令人難以置信的論文、書籍、原始文件與學生論文的房間裡，度過許多時光。我在那個房間裡學到了許多二次大戰相關知識。有一天，他說想讓我接觸一些鮮為人知的特殊資料，接下來就沒有再多說什麼，只吩咐我在倫敦議會廣場附近的英國外交部旁的一棟屋子裡與他會合。他引領我進入地下深處，一座戒備森嚴，僅極少數人有權限進入的密室。我意識到目前的外交人員，甚至所有在職的英國情報體系圈內人，對這座密室的存在不是知之甚少，就是一無所知，對存放在這座密室裡的資料就更不用說了。

恩尼格瑪密碼與ULTRA資料

我獲准在這座密室裡，研究二次大戰時期的恩尼格瑪密碼及ULTRA資料。那裡有如一座金礦。在接下來的幾個月，我向上舍請假並前往倫敦研究這些資料，我被清楚告知，絕對不能向任何人透露這些恩尼格瑪密碼資料的存在與內容，以及它們對二次大戰的意義與影響。此外，我永遠不得提及有哪些人參與了這項工作，也不能洩漏一個名為「布萊切利園」的祕密據點所進行的工作，改變了二次大戰的性質與結果。

那麼，我的研究有什麼價值？為什麼哈利．辛斯利拓寬我的視野及思路，讓我接觸到恩尼格瑪密碼、ULTRA、所有與美國互惠共享得來的高度機密MAGIC資料，以及所有合作、組織與美國的特殊關係、《華盛頓協議》（Washington Agreements），還有許多依照《英國官方保密法案》（British Official Secrets Act）必須宣誓保密的事？基於來源、方法、交換手段，以及最重要的，符合英美兩國最大國家利益的政治原因，一些資料仍需繼續保密。根據布萊切利園的資料，發生在邱吉爾首相與羅斯福總統之間的某些事，基於來源、方法及政治方面國安上的理由，無疑留待後代再行解密最為妥當。哈利．辛斯利想讓我明白的是，我至少得知道布萊切利園的存在、裡頭所發生的一切，以及相關資料的內容與造成的影響，我對英國海軍情報部在一八八〇年到一九四五年之間的行動所進行的相關研究才可能完整。他一方面想教育我，另一方面又希望我將來能成為最熟悉布萊切利園這群二次大戰贏家的專家，而他自己就是這群贏家裡最傑出的一位。

時間快轉到一九七四年，英國政府在首相哈羅德．威爾遜的領導下，發布了一本由二次大戰期間皇家空軍中校弗雷德里克．威廉．溫特伯森（Frederick William Winterbotham, 1897~1990）出版的書，他曾負責將布萊切利園的解碼成果，交給少數有權限接觸ULTRA情報的人員。實際上，雖然他透過「特別聯絡小組」管理傳遞流程，但無法接觸到任何破譯技術、行動分析及精細資料的細節。他的著作《超級祕密》（*The Ultra Secret*）讓英國大眾首度知道布萊切利園與其相關成果的存在，但有許多地方失真，並因一些錯誤的陳述與詮釋而飽受批評。英國政府並未批准公布詳細成果，這些成果包括實際的原始情報資料、分析與報告，以及在二次大戰期間採取的行動，及其對計畫、政策及行動所造成的影響。

其實，溫特伯森已經打開了潘朵拉的盒子。如今，英國政府已經讓教育程度較高的各領域民眾對此產生了很大的興趣，其中包括政治圈及相關雇員、學術圈，尤其是情報體系內的相關人士。這讓美國情報體系大吃一驚。

很久以後，政府在首相的直接許可下，委託辛斯利教授撰寫二次大戰期間英國情報的官方歷史時，許多（但絕不是所有）資料才終於被正式發布及解密。這部歷史分成多卷在皇家文書局（Her Majesty's Stationery Office）的贊助下出版[1]，以極為廣泛的資料及精采的結論，改變了對戰前、戰時及戰後發生的許多事的詮釋。辛斯利做出了一個大膽的結論：布萊切利園與美國情報系統，讓戰爭提早幾年結束。這部歷史還大幅影響了大眾對海軍行動的理解。然而，更戲劇性的是，它還揭露了在邱吉爾與羅斯福達成各種協議後，英美及加拿大、澳洲與紐西蘭在整個戰爭期間的密切合作。這些協議就是字面上看似單純、實則意義重大的「特殊關係」之起點。

美國與英國共享所有層級、所有來源的重要情報，尤其是美國的MAGIC資料與英國的恩尼格瑪密碼資料最珍貴的成果。值得注意的是，此時這項合作與資料交換鏈中最重要的聯繫，是美國海軍與皇家海軍的情報組織，以及後者與加拿大皇家海軍、澳洲皇家海軍及紐西蘭皇家海軍直接且密切的合作。布萊切利園的管理權主要掌握在皇家海軍手中，美國海軍則負責MAGIC資料。邱吉爾與羅斯福，均能親自控制或影響由何人、以何種方式、在何時使用或不使用這些特殊來源的資料。這兩位領袖自然都不想洩露這些特殊來源，下令必須不惜一切代價保密。

在實際作業上，他們下令，如果資料被洩漏給敵方的風險過高，即使可能造成重大損失也不得利用，絕不能為了短期利益而犧牲長期利益。支持此政策的文化、傳統與安全結構，直到他們去世後，仍由五眼聯盟承續至今。沒有任何一位英國首相或美國總統，有意或因意外疏漏，在無意間洩露與五眼聯盟持續至今的特殊關係相關的機密情報。沒有一個英美兩國的情報組織及國家部門，比美國海軍與皇家海軍，以及它在加拿大、澳洲和紐西蘭的姊妹海軍，維持更密切的聯繫且共享這類敏感資料。自五眼聯盟成立以來，這五國的海軍在所有情報事務上一直保持緊密聯繫。在情報作業方面，整體情況幾近完全和諧。

與此同時，我一邊在上舍全力以赴地持續自己的海軍生涯，一邊在倫敦的地下密室、國家檔案館（Public Record Office）、海軍歷史圖書館（Naval History Library）、大英博物館圖書館（British Museum Library）、國家海事博物館（National Maritime Museum）繼續博士學位研究，並多次採訪重要人物，也分析了許多私人收藏、日記及紀念品。在深入研究一八八〇年以來英國情報系統的起源與發展細節，並頻繁見識到英國某些最敏感的情報蒐集行動與分析時，我意識到自己只是十九世紀末以來持續至今的龐大政軍情報發展中的一顆「小螺絲」。我意識到，自己是這個過程的一部分，只是構成過去、現在乃至未來的成千上萬人之一。想到在一九六九年，我只有二十五歲，還有美好前途可以期待時，就有機會獲得前人未涉足的知識與資訊，不禁慶幸自己能夠加入這個具有悠久歷史與傳承的大家庭。

我意識到自己的研究必須做到最高水準。在研究過程中看到許多前輩的犧牲與智慧，賦予我滿滿的動力和活力，每一天都必須比前一天做得更好。我只是一名皇家海軍上尉，但周遭的人不論是老百姓還是軍人，都不在乎位階，也不會盛氣凌人，個個都是樂於栽培、幫助及鼓勵我這個冷戰情報系統中二十五歲「小螺絲」的優秀領導者。對抗蘇聯、華沙公約組織，與其他對英國、五眼聯盟、北約及其他盟友不利的勢力，是一個值得我全力付出的挑戰、機遇、職責與承諾。

一九六〇年代，英國大眾與情報的關係

一九六〇年代後期，大多數英國公民對英國主要情報組織知之甚少。他們知道這些組織的名稱，但也僅止於此。民眾知道軍情六處是諜報單位，如果你相信電影裡演的，這個組織裡應該會有像〇〇七詹姆士·龐德這樣的人物；而且民眾可能透過各種逮捕與審判間諜的新聞，知道軍情五處是個負責揪出叛國者，並標定、追蹤外國特務的反情報組織。一九五〇年代與一九六〇年代著名的間諜醜聞，引起了大眾的關注，劍橋五人組——費爾比（Harold Adrian Russell "Kim" Philby）、伯吉斯（Guy Burgess）、麥克萊恩（Donald Maclean）、布蘭特（Anthony Blunt）、凱恩克羅斯（John Cairncross），位居背叛者名單之首，為蘇聯提

供了許多情報，背叛了母國的一整代人，導致許多英國特務死亡。其中，伯吉斯與麥克萊恩於一九五一年五月，費爾比於一九六三年，分別躲過緝捕而叛逃。

其他還包括在進行高度敏感的水下戰爭研究的多塞特郡波特蘭島（Portland）的海軍部間諜。他們是在沒有蘇聯駐倫敦大使館外交保護的情況下，從事臥底行動的密探，哈利・霍頓（Harry Houghton）、埃塞爾・吉（Ethel Gee）、戈登・朗斯戴爾（Gordon Lonsdale），以及莫里斯與洛娜・科恩（Morris and Lona Cohen，又名彼得與海倫・克羅格〔Peter and Helen Kroger〕），悉數遭軍情五處及蘇格蘭場（Scotland Yard）的政治保安處（Special Branch）查緝拘捕。英國也有「原子彈」間諜，其中包括生於德國，曾以英國代表團成員身分，參與曼哈頓計畫的理論物理學家克勞斯・福克斯（Klaus Fuchs）；曾參與曼哈頓計畫，於一九四六年在加拿大遭一名蘇聯叛逃者出賣的英國公民艾倫・納恩・梅（Alan Nunn May）；以及也許是最成功的一位，直到一九九九年才被揭發的梅麗塔・諾伍德（Melita Norwood），這位女士至少從一九三八年就開始為蘇聯從事諜報工作，一直被視為蘇聯所招募的最有效率的女性特務。她的身分是被一位從國家安全委員會（KGB）第一總局（First Directorate）退休，於一九九二年叛逃到英國的瓦西里・米特羅欣（Vasili Mitrokhin, 1922~2004）所揭露。透過媒體、議會質詢及審判，大眾才知道她的罪行，但有關軍情五處與軍情六處的細節，依然不為人所知。出於某些理由，這些組織的所在地自然是機密。我現在可以放心地說出軍情六處曾設在泰晤士河南岸滑鐵盧（Waterloo）的世紀大廈（Century House），然後才遷至如今已廣為人知，並曾在〇〇七系列《空降危機》（*Skyfall*）等多部電影中露臉的，泰晤士河南岸某處更宏偉的大廈。

世紀大廈曾是一個被嚴守的祕密。政府通訊總部的存在及其角色與使命，更是一個被極力隱藏的高度機密。軍情五處直到一九八九年才被正式承認，接著，官方以一句「祕密情報單位將繼續存在」，正式向全世界宣告政府通訊總部及軍情六處的存在，並在後來正式頒布《一九九四年情報機關法》（1994 Intelligence Services Act）。

上舍內的工作與軍情六處或軍情五處無關，基於合理的「僅知」（need-to-know）原則，其明確的政策是不讓系統內其他部門的人員知道那些無須知道且可能外洩的事。每天二十四小時，上舍不間斷地吸收、分析及處理一些冷戰時期最敏感、最有價值的情報。幫助蒐集這些關鍵情報的人，也與分析人員並肩作戰。前者是一個更廣範圍的行動計畫的一部分，其中包含唯有透過總理親自授權才能出任務的特殊人士。由於風險極高，唯有最優秀、最受信任且通過嚴格審核的人，才能進入這個最高機密的圈子。

師事辛斯利教授期間，我還奉海軍之命，與上舍內最有趣的單位之一，也就是應用心理學小組（APU）共事。我早期對納粹思想的洞察及研究，以及與哈利・辛斯利和其他二次大戰老將的合作，讓我能以不尋常的心理學視角，檢視冷戰對手。該單位由倫敦大學學院（University College London）畢業的傑出資深文職愛德華・艾略特（Edward Elliott）領導。愛德華是我的上司，而我的同事伊恩・威廉斯博士（Dr. Eon Williams）是一位非常出色的紳士，他是威爾斯人，曾於二次大戰期間擔任皇家空軍飛行員，和愛德華同樣是倫敦大學學院的校友。他與我密切合作，我在各方面都只是個資淺的搭擋，年長且經驗豐富的伊恩是一位完美的同事，他為人謙遜，樂於分享想法與點子，並講求團隊精神。那是一段神奇的時光，時時激勵我動腦，對工作表現及內容產出的要求也極高，要求一切都必須做到最好，絕無例外。我們需要外界的幫助，也必須為維持聯繫與蒐集資料而四處奔走。

一九六〇年代晚期到一九七〇年代初期，英國乃至全球最傑出的心理學家之一是漢斯．艾森克（Hans Eysenck, 1916~1997。生於柏林，後來歸化為英國公民），他是英國心理學家西里爾．伯特爵士（Sir Cyril Burt, 1883~1971）所指導的博士研究生。漢斯．艾森克專攻智力與人格研究，曾在我的母校倫敦國王學院醫學院（King's College London Medical School）所屬的精神病學研究所（Institute of Psychiatry）任職。伊恩與我曾多次前往國王學院造訪漢斯．艾森克。樂善好施的他，提供了深刻的洞見及令人振奮的線索，幫助我們建立了研究方法與產出結構。我們走遍了整個地球。有一回，前往哥本哈根進行高度專業的溝通時，我第一次意識到自己與蘇聯情報系統，也就是一位國家安全委員會（KGB）特務，發生了非常近的接觸。我被他們的一個監視小組鎖定，顯然有一名特務奉派在哥本哈根不眠不休地監視我。在大多數情況下，我都成功甩開了他，或者將他誘入死胡同。然而，我清楚意識到的只有一件事：我成了他們的目標。我所受過的反間諜訓練，在六個月後著實讓我獲益匪淺，讓我了解到冷戰有多麼激烈，以及蘇聯的滲透是多麼的頑固及陰險。

一九七二年初，我離開了灌木公園裡上舍的祕密飛地。原本以為自己會被分派到艦上服役，但當我的「任命者」（負責管理我的職務與任命的高階軍官）來電告知我的去向時，卻讓我大為驚喜。我將出任格林威治皇家海軍學院的資深講師（Senior Lecturer）兼導師（Tutor）。一九七二年春季，我還只是一名海軍少校，而一個少校就能擔任這樣的職務，在當時是前所未聞的。後來，聽說布萊恩．蘭夫特教授與曾獲頒司令勳章（CBE）的格林威治皇家海軍學院院長愛德華．艾利斯少將（Edward Ellis, 1918~2002），特地要求我接替一名即將退役、在格林威治畢業生中被視為傳奇的軍官。

聽我的任命者說明職務性質以及我即將教授的課程時，我感覺接替一位比我年長二十五歲的軍官似乎是很大的挑戰。我在格林威治花了一天的時間與布萊恩．蘭夫特會面。在即將教授的幾門課程中，我最喜歡的是格林威治海軍上尉課程（LGC）、特別任務軍官課程、皇家海軍參謀課程，以及偶爾擔任海軍戰爭學院（Naval War College）的情報課程客座講師（這是格林威治最高階的課程，專門針對皇家海軍上尉及其他兩個軍種，也就是陸軍與皇家空軍同等軍銜的軍官所開設）。

我喜歡教學，不論是講課，還是六名軍官以內的小組輔導。我專注於教授自己被視為專家的領域，涵蓋了情報史，還有情報在戰略、政策制定以及對海軍行動的詳細影響。我在情報方面的鑽研，讓我迅速意識到自己的相關知識何其豐富，而我能把這些知識傳授給情報門外漢。格林威治的軍方或學術人員的情報知識都不及於我，讓我得以迅速建立與上校及中校應對的自信與能力。這一切都拜我所掌握的知識，以及透過持續研究及向情報系統提供建議所累積的經驗之賜。我定期前往倫敦市中心拜訪國防部與情報體系，期望能擴展自己的研究範圍、增加知識基礎，並跟上最新的情報發展以作育英才。我在國王學院研究期間所建立的人脈，如今對我至關重要。

我的學生在各領域都成為出類拔萃的人才。許多人在軍旅生涯中大放異彩，大多數後來都參與了福克蘭群島戰爭（Falklands conflict，編註：一九八二年四月到六月間，英國和阿根廷為了爭奪福克蘭群島的主權而爆發的戰爭），並在波斯灣戰爭期間擔任高階職務。我能夠在查爾斯國王大樓（King Charles building）[2]裡，與皇家海軍菁英一同分享看法與想法，一同形塑未來，是我最大的榮幸。

歷史淵源為冷戰期間的英美情報合作奠定基礎

第二次世界大戰的歷史淵源，為冷戰期間及之後五國間情報發展的原因與方式奠定了基礎。關於硬技術和科學情報與外國軍事實力發展的對話，不僅是不言而喻，也是每個成員國發展出特定能力、部隊結構、部署戰略、建立基地及後勤補給，以因應各種對五眼聯盟國家安全利益之新威脅的重要原因。二次大戰期間，每個國家的情報機構都是小巧而精實的，直到蘇聯及其華沙公約組織盟國出現後，美國在這方面才開始成長。在英國，戰時最有價值的就是人才濟濟的布萊切利園密碼破譯中心，而在美國，與該機構相對應的則是海軍情報局，有大量紀錄佐證了這兩個單位所扮演的重要角色。訊號情報與讀取敵方通訊相關的重要密碼破解，是盟軍得以戰勝的重要原因。雖然加拿大、澳洲與紐西蘭稍晚才加入這個圈子，但他們的角色也很重要。美國的戰略情報局與英國的祕密情報局及特別行動執行處，比較偏向人力情報，還以多種方式進行高度敏感的祕密行動來挫敵，常與歐洲及亞洲的各種抵抗組織及團體合作。這些戰時組織的領導者，例如哈利・辛斯利爵士、R. V. 瓊斯（R. V. Jones）及約翰・馬斯特曼（John C. Masterman），影響了一九四五年後的各種組織重整。他們在英國與美國訓練那些戰後招募的新進人員，並對其他三國情報組織的各種情報工作及理論產生影響，因此，到了一九六二年，古巴飛彈危機發生時，五個成員國都已經擁有非常能幹的幹部，其中有戰爭經驗豐富的老手，也有接受這些老手指導的新生代。

一九六〇年代招募的人員，如今多半已經退休，僅有少數例外，而我就是曾受哈利・辛斯利爵士及海軍中將諾曼・「內德」・丹寧爵士（Sir Norman "Ned" Denning）等中堅人士指導的一九六〇年代倖存者之一。哈利・辛斯利在布萊切利園時，主要為海軍作戰研究恩尼格瑪情報，丹寧爵士則在皇家海軍著名的作戰情報中心三十九號辦公室（Room 39）服務。無數與我同世代、在自國的情報組織中服務的美國、加拿大、澳洲及紐西蘭同業，也同樣接受過這些二次大戰情報老手的訓練與指導。

其中一個變化是美國在一九六一年十月一日成立了國防情報局（DIA），英國則在一九六四年四月一日成立了國防情報組。英美現有的各部門與機構在功能上維持獨立，主要是在訊號情報、人力情報、反間諜活動，以及後來的太空情報系統與行動方面。這些功能與國家安全局、政府通訊總部（布萊切利園的直系繼承者）、中央情報局和祕密情報局，以及聯邦調查局的反間諜部門與安全局（軍情五處）是相對應的。最重要的是，其他三個五眼聯盟成員國也透過廣泛交流、使館聯絡，以及高度保密且不眠不休的資料交換，被整合進來。後來，美國又成立了一個性質獨特的國家偵察局，成為美國唯一一個長年被列為機密，直到近年才曝光的情報組織。在上述的組織生態裡，成員國的五支海軍都設有由一名海軍情報局長統領的海軍情報機構。這五國的海軍都有明顯的相似之處，彼此的合作也從未動搖。英國政府通訊總部與美國國家安全局，以及它們在加拿大、澳洲及紐西蘭的姊妹組織之間，一直維持著非常緊密的聯繫。在個人層面的工作關係、發展出來的合作關係，與歷任員工的持久友誼，都是成功合作的保證，而這一切都歸功於他們的前輩在二次大戰期間所奠定的基礎。

在海軍方面，美國與其他四個海軍情報組織之間唯一的主要組織性差異，在於美國只有海軍才能招募及培訓專業情報官。其他四國的海軍從皇家海軍所謂的「總名冊」（General List）中，選出他們的情報官——相當於美國海軍的全職通才軍官（unrestricted line officer）。英國與大英國協海軍同袍，主張他們的海軍情報官在被招入情報部門之前，應具備廣範圍的海軍背景，並且在國家需要時返回正規的皇家海軍單位。相對的，美國海軍在二次大戰期間與戰後，專為情報官與密碼破譯官制定了具體的獨立人事結構與職涯發展路徑。其他四國海軍的評鑑制度與美國海軍入伍人員的招募制度，也有同樣差異；大英國協海軍從整體人力資源中選才，美國海軍則在特定的人事制度下培訓專業人員。美國海軍認為，訓練有素、經驗豐富的人員，其價值要高於英國系統下任職時間相對較短的情報官。相比之下，英國皇家海軍認為，過於制度化的情報人員結構，可能會導致對關鍵情報問題形成過於根深柢固的看法，此外，脫離以海軍為主力的人員結構，才不會有情報被少數幾人獨攬的風險。皇家海軍希望情報官擁有扎實的海上經驗，而美國海軍透過在艦隊旗艦與主要單位等關鍵位置，建立廣泛的海上情報基地，以充實情報官的海上經驗。但無論兩個體系各有哪些優缺點，五國海軍都能在超越國家安全局、政府通訊總部，以及加拿大、澳洲與紐西蘭類似機關的海軍特殊行動加持下合作無間。

英美海軍情報組織在建立集中化管理的國防情報機構上，也就是美國的國防情報局及英國的國防情報組，也面臨類似的挑戰。美國的海軍情報局及海軍情報局局長在整合中倖存下來，維持獨立地位，受海軍部長及海軍作戰部長管轄。然而，就皇家海軍而言，英國海軍情報局局長及轄下人員，被歸入擁有獨立組織層級與指揮鏈的國防情報組，由中央國防參謀部（Central Defence Staff）的國防參謀長底下的國防情報副參謀長所指揮，而美國的海軍情報部門從未經歷英國這種重大變化。令許多英國人懊惱的是，海軍情報局局長的職位被較低階的海軍準將（Commodore）之一星職位所取代。

二次大戰期間，海軍中將約翰．戈弗雷（John Godfrey，海軍情報局局長）是一位可直接上達邱吉爾的三星將官。由於這些極權化變動與前述的整體國防組織變動同時發生，皇家海軍的情報部門變成了高度官僚化、許多要職由文職人員擔任的中央國防參謀部之一部分。這個制度的好處之一，是軍官更迭時仍能由文職人員確保連續性。加拿大、澳洲及紐西蘭都傾向遵循具有軍民合一特質的英國模式。

美國高空情報與國家偵察局

美國開始由國家偵察局負責太空情報系統，美國軍事部門及中央情報局等部門與機構也參與其中。從一九六一年九月六日到一九九二年九月十八日，國家偵察局是美國唯一一個身分、角色與地點都被列為最高機密的情報機構。國家偵察局單向性對五眼聯盟其他成員分享資訊，其他國家的公民在獲得美國衛星所蒐集的「高空」（overhead）資料之前，都得經過嚴格審查。太空情報包含許多類型，包括訊號情報、電子情報、影像情報、測量與特徵情報（MASINT），以及其他地理空間資料，其中大部分由美國國家地理空間情報局處理、分析及分發。國家偵察局／國家地理空間情報局的資料品質驚人。國家偵察局在其他五眼聯盟成員國裡設有幾個設施，就是美國與其他四國維持高空資料共享制度的重要因素。人員交流在高空情報的合作過程中發揮了關鍵作用。

地理位置一直是五眼聯盟合作關係的重要因素之一，每個成員國蒐集情報的手法與機會，依各自的地理優勢而有所不同。從殖民時期到後殖民時期的英國尤其重要，至今仍是如此，他們能在世界各地蒐集訊號。海外基地不僅能當作情報蒐集據點，也能當作偵搜機、偵察機及無人機的駐紮與行動據點。例如，印度洋上的英屬迪亞哥加西亞島（Diego Garcia）就是各種情報相關行動及後勤工作的據點。英國去殖民化後所留下的遺產，讓五眼聯盟擁有地理優勢。

五眼聯盟是一個統一的整體，意識到每個成員國都能根據各自的地理位置，監聽及監視各種威脅。這不僅涉及直接攔截，還涉及更複雜的任務，例如運用海軍上將「眨眼者」．霍爾的時代無法想像的方式，監聽那些監聽其他國家的人。假設蘇聯成功滲透其他國家的通訊，那麼僅監聽蘇聯一個國家的通訊，就會帶來多重好處。這一點在中東及西南亞尤其重要。

五眼聯盟與蘇聯及華沙公約組織較量，並打贏了情報戰。但其中也不乏例外，主要是典型的間諜活動，以及近年的美國叛國者（如奧德里奇．艾姆斯〔Aldrich Ames〕）的洩密，還有全球電子郵件及社群媒體網路遭到滲透等事件。如今不僅是「攻擊」，「防範網路攻擊」也被列為訊號情報術語。在大戰略（grand strategy）領域，還有最關鍵的以「相互保證毀滅」（MAD）為前提的核威懾領域，五眼聯盟在核武計畫與部署及其相關的監控、通訊與發射系統方面的監控，經證明是無與倫比的。華盛頓與莫斯科之間的熱線背後，進行著一流的訊號情報監控，其中的「指標與預警」（I&W）已經發展成專業的情報技藝與科學。

Chapter 2

蘇聯帶來的挑戰（一九七四～一九七八）

約翰．福洛斯特在叮咬行動與市場花園行動的功績

檢視各國對情報部門的投資時，一定要問一個簡單的問題：無論是對國家安全、國家經濟或政治利益，還是對國際秩序的維護，這些投資實際上有多少附加價值？從長遠來看，情報是否能影響局勢？

一九七八年，我有幸加入皇家海軍軍械工程學校（Ordnance Engineering School）的皇家海軍儀仗隊，參加在南安普敦（Southampton）舉行的一場特別儀式，紀念突擊隊／特種部隊在一九四二年二月二十七至二十八日突襲法國海岸布魯內瓦爾（Bruneval），繳獲納粹雷達站重要零件的週年紀念日。

叮咬行動（Operations Biting）是由時任海軍少將的路易斯．蒙巴頓（Louis Mountbatten）領導且剛成立的聯合作戰司令部（Directorate of Combined Operations）所發起。當時，英

國技術情報體系是由曾任邱吉爾首相特別計畫總召的傳奇人物R. V.瓊斯負責，該體系亟欲了解部署在布魯內瓦爾的維爾茨堡雷達（Würzburg radar）的性能，認為納粹是以這種雷達偵測及追蹤皇家空軍轟炸機司令部（Bomber Command）對德國的空襲，並協助德國空軍攻擊英國本土。

一九四二年，英國皇家空軍在對德國的夜間轟炸中損失慘重，而在美國第八空軍（Eighth Air Force）大批抵達英國，並使用B-17轟炸機進行晝間轟炸前，急需壓制敵方對於進入德國領空之英國皇家空軍轟炸機的偵測能力；聯合作戰司令部決定，繳獲並將雷達的關鍵零件運回英國的最佳方式，是在夜間空降到布魯內瓦爾一帶的攻擊雷達站，接著再到海灘由海軍協助撤離。這場大膽的突襲圓滿成功，除了帶回雷達的關鍵零件外，突擊隊還虜獲了一名重要的德國雷達技師，讓英國雷達專家得以擬定對付這種雷達及其他類似雷達的對策。

突擊隊由約翰・福洛斯特少校（Johnny Frost）的傘兵團第二營C連，以及英國第一空降師（First Airborne Division）的部分官兵領軍。後來，福洛斯特少校又參與了更勝於布魯內瓦爾突襲的行動。一九四四年秋季，已晉升為中校的福洛斯特，指揮傘兵團第二營，空降到荷蘭著名的安恆大橋（Arnhem Bridge），占領這座橋是最後以失敗告終的市場花園行動（Operation Market Garden）的關鍵任務之一。這是盟軍試圖奪取萊茵河關鍵橋梁的大膽嘗試，倘若成功，將可開闢從北方入侵德國的路線，以供伯納德・蒙哥馬利將軍（Bernard Montgomery）的部隊，以最快速度在蘇聯紅軍占領東德關鍵地區與柏林之前抵達柏林。雖然大膽且饒富創意，但這個戰略構想卻存在致命缺陷。福洛斯特的第二營堅守安恆大橋，等待英國陸軍第三十軍團的九千名援軍，但援軍到最後都沒有出現。

一九四四年九月十七日，福洛斯特麾下共有七百四十五人，僅有輕度武裝，也沒有任何坦克支援，面對的是怒濤般的德國黨衛軍裝甲師，這是一項極度英勇的壯舉。福洛斯特的官兵奮戰到最後一刻，四天下來僅剩一百名士兵對抗一整個裝甲師。安恆大橋在一九七八年被改名為「約翰．福洛斯特大橋」（John Frost Bridge）。英國演員安東尼．霍普金斯（Anthony Hopkins）在電影《奪橋遺恨》（*A Bridge too Far*）中所飾演的就是福洛斯特中校。

一九七八年，蒙巴頓勳爵和福洛斯特少將視察了儀仗隊，並熱烈讚揚指揮儀仗隊的皇家海軍特別任務連之德里克．羅蘭上尉（Derek Rowland），將手下人員訓練得極為出色。我有幸在遊行後的招待會上見到當天與會的貴賓。在寒暄並談及現代皇家海軍的現況後，福洛斯特將軍與我詳細討論了情報系統在布魯內瓦爾突襲行動的成功，以及在市場花園行動的全面失敗。福洛斯特將軍是怎麼看的？

福洛斯特將軍表示，布魯內瓦爾突襲的計畫，採納了所有來源的情報，包括蒐集訊號情報、恩尼格瑪資料、空拍照片、軍情六處在法國的特務成果，到來自法國抵抗運動（French Resistance，編註：目的是抵抗納粹德國對法國的占領和維希政權的統治）的報告。時機與天候決定一切，從風向、潮汐、波高、月相到海灘地形，在空降布魯內瓦爾，以及皇家海軍在海灘協助成功撤離的過程中，氣象學家扮演著重要的角色。皇家海軍需要精確的數據來了解敵對德國海軍部隊的位置，而福洛斯特及其部隊需要的不僅僅是評估，而是針對部隊編制、部署位置的精準情報，必須細微到連最小的單位層級都能掌握。他們要知道敵軍的武器火力、訓練狀態、戰鬥經驗，以及可能的備戰狀態。一切務必保密到家，才能殺得敵人出其不意。情報從未讓他們失望，這次行動的圓滿成功，在一九四二年的黑暗歲月裡，大大地鼓舞了英國民眾的士氣。

他提到一個極為重要的關鍵因素，就是必須確保可靠、安全、充足、在任何天候與地點都能使用的通訊手段。無線電的數量非常重要。當一台無線電故障、損壞、通訊員傷亡或被俘時，數量不足就會導致通訊失靈。而且，需要多種系統以確保通訊能維持不輟。福洛斯特將軍指的就是我們今天所說的狀態意識（situational awareness）——即時或接近即時地掌握敵人全貌的能力。

一九四二年的英國情報部門，為福洛斯特及其部隊提供了當時最佳的狀態意識能力及通訊手段。簡單的技巧最管用：一個代碼就能概括整個情境，一連串代碼則能涵蓋各種突發狀況，以便將報告內容維持精簡，以防被攔截及破解。相較之下，以福洛斯特將軍的話來說，市場花園行動則是一場徹頭徹尾的災難，主要但不完全是由於極差的情報規畫及執行，最高指揮部也沒把收到的情報當真。他強調，這種對情報的輕視，是一種過度專注於戰略計畫的心態，以為只要把戰略計畫制定好，戰術層面的細節與執行就會如日夜交替那般自然。他細數每一項失敗，最關鍵的失敗就是對於可能面對的德軍，尤其是德軍重裝甲坦克的位置、移動及戰力的評估，後來這些坦克成了死守安恆大橋的傘兵團第二營的剋星。一個德國裝甲師的關鍵位置、移動及戰力的重要跡象，被忽視到只能以失能來形容，再加上沒有充分思考及規畫替代方案。福洛斯特的勇士們沒有後援，也無處可去。援軍並沒有趕來，英國軍團本應迅速猛烈地進軍關鍵橋梁，卻發現自己沒有事先思考，也沒有預料到會碰上無數威脅與無法克服的地形問題，再加上通訊因無線電故障而付之闕如。他強調，在布魯內瓦爾行動之後的兩年多來，聯合作戰司令部所開發的知識及作戰模式，尚未被定為準則，當然也沒有進入市場花園行動規畫者的思維裡，最嚴重的是連關鍵情報都遭到忽視。

從這次談話中，我學到了一個簡單但關鍵的重要教訓。隨著歲月流逝，科技往往能帶來更好的解決方案，作戰經驗可以被納入教範、戰術、技巧與程序中。然而，若是組織及文化沒有意願

座落於荷蘭安恆的約翰・福洛斯特大橋。（圖片出處：Wikimedia Commons）

改變並實踐所汲取的教訓，那麼同樣的錯誤就可能在截然不同的新作戰環境中，一次又一次地發生。

情報的目標，是以通訊所允許的最佳及時訊息流，提供最佳總體狀態意識，來降低失敗的機率。從軍事行動到情報蒐集行動，五眼聯盟均透過多種正式簽訂的協議與實戰合作，共享經驗、知識與技術。五眼聯盟成員國之間有著根深柢固的文化聯繫。一九四二年制定的檢查清單持續沿用至今，安恆大橋的悲慘教訓，就是沒有嚴格遵守這份清單的負面示範。

五眼聯盟這份清單的主旨，是關於各層級的戰略與戰術情報規畫及執行中的各項為什麼，以及需要了解哪些內容，其中提出了可能的威脅、部隊層級、編制、部署、駐紮地點和後勤補給，再加上戰術發展、研究開發、獲取，以及最重要的，可幫助建構有關前述領域的選擇、選項及決策的所有情報。五眼聯盟成員國一同精心淬鍊、審慎分析情報的成果結晶相當驚人。

新階段的「特殊關係」

我意識到皇家海軍與美國海軍關係的重大意義，以及兩國海軍與五眼聯盟之間的情報關係重要價值。我開始評估在這個不斷變化的海軍情報體系中，有哪些位置能讓我安身立命。

我認為在英美兩國之間工作，自己才能在適當時機做出最大貢獻，因為在雙方的關係中，不僅有強大的軍力，我還能在一些有意義、有成效的工作中充分發揮自己的經驗與技能。一九七四年，我還不太確定這是否真的可行，但格林威治的布萊恩・蘭夫特及劍橋大學的哈利・辛斯利的影響，賦予了我知識、洞見及勇氣，讓我跨越當下的局限，從更長遠的角度思考如何為國家安全做出最大的貢獻。

我在格林威治的時光於一九七四年初結束，隨即離開倫敦，接受一系列皇家海軍所謂的「長期課程」，主要是有助於提升職涯的專業課程，在海上作戰學校（School of Maritime Operations）、德里亞德號（HMS Dryad，譯註：英國海軍中俗稱「石頭巡防艦」〔stone frigate〕的沿岸設施，從二次大戰期間到二〇〇四年為海上戰爭學校〔Maritime Warfare School〕所在地）、通訊學校（Communications School）、水星號（HMS Mercury，譯註：這也是「石頭巡防艦」，從二次大戰期間到一九九三年為訊號學校〔Signals School〕及聯合訊號學校〔Combined Signals School〕所在地）、砲術及閱兵訓練學校（gunnery and parade training school）、卓越號（HMS Excellent，譯註：這也是「石頭巡防艦」，從一八八五年到一九八八年為砲術學校〔Gunnery School〕所在地）、核生化及損害控管學校（Nuclear, Biological, and Damage Control School），以及各種管理課程。我在艾斯特柏倫號（HMS Eastbourne）船上度過了不算短的時間，在蘇格蘭福斯灣（Firth of Forth）的羅塞斯鎮（Rosyth）外，取得在北海的導航資格認證。

我將所有情報相關事務拋諸腦後，至少在形式上是如此，因為在上過這些「長期課程」後，我沒再被指派從事任何與情報相關的工作。接下來的幾年，我都在海上度過，起先在英格蘭西南部德文郡的普利茅斯（Plymouth），接著又被調到漢普郡的樸茨茅斯（Portsmouth）。在無懼號（HMS Fearless）及無畏號（HMS Intrepid）上航行數萬英里，包括在地中海、北海、挪威海、北極海、波羅的海，並數度橫渡大西洋，前往西印度群島、南美洲及美國，也曾被短期派駐摩洛哥、馬德拉群島（Madeira）、亞速爾群島（Azores）及蘇格蘭群島等地。

我的艦艇在冷戰期間參與了北約在東大西洋、北海及挪威海、波羅的海及地中海的所有主要演習，並在美國東岸外海及波多黎各羅斯福路（Roosevelt Roads，譯註：美國海軍基地）等地，與美國海軍進行聯合作戰訓練。我們的行動幾乎都是演習威懾、持續性前沿存在（forward-persistent presence）以及持續展示盟軍海軍實力，以警告蘇聯及華沙公約組織，若想跟我們打海戰將適得其反。我們經常被各種蘇聯軍艦及北約代碼為AGI的「間諜船」（Auxiliaries General Intelligence，直譯為「輔助情報船」）尾隨，這些船隻表面上看似民船，但船上豎立著竊聽天線。我們定期收到極有價值的情報更新，也持續了解自己的傳輸模式及可能遭遇的截聽手段。就連普通的指揮管理通訊，我們的通訊專家也會憑藉技能，盡可能降低遭攔截的機率，高層級的通訊則是完全加密。我們參加了多次北約演習，例如在挪威海舉行的「北方婚禮」（Northern Wedding），是為了威懾一九九一年前名為紅旗北海艦隊（Red Banner Northern Fleet）的蘇聯北海艦隊（Northern Fleet）。我們持續監視並接收他們在摩爾曼斯克州（Murmansk Oblast）北莫爾斯克（Severomorsk）、阿爾漢格爾斯克州（Arkhangelsk Oblast）及科拉灣（Kola Inlet）主要基地的動向與情報。

我們在東色雷斯（Turkish Thrace）的薩羅斯灣（Saros Bay）、土耳其西北部加里波利半島（Gallipoli Peninsula）以北的愛琴海北部入海口等幾處，進行了大規模的航空母艦艦載機作戰及攻擊，以及「反艦」與「反潛」作戰的演習，也在地中海東部對模擬的蘇聯目標，演練了空中及兩棲作戰，戰略目標是以威懾阻止蘇聯在危機發生時入侵該地區。皇家海軍陸戰隊及美國海軍陸戰隊的主要兩棲部隊都參與了這些演習。後來證明我們所支援的兩棲登陸演習，對一九八二年奪回福克蘭群島是非常好的訓練。我們的高級將領不斷更新及報告有關行動的戰略、戰術和最新作戰情報。每回，我們一連幾週都處於模擬戰備狀態，在作戰崗位上忍受等同於前輩在二次大戰期間忍受多年的職務與艱辛。我們同舟共濟，與北約盟友的親密關係及同袍情誼，讓我們得以忍受這些漫長演習中的海上生活。我每天二十四小時親身體會即時情報不可思議的價值，之前的兩次任命，讓我獲得如何導出、分析及傳送給第一線人員的經驗與知識。

還在海上時，我被告知安全局與海軍安全組織正在對我進行身家調查。我當然很想知道這是怎麼回事，尤其是當多位友人、鄰居及工作上有往來的夥伴都告訴我，他們接受過面談。待我回到漢普郡樸茨茅斯的港口時，原因就很清楚了。我在倫敦拜訪了我的任命官，並得知我即將被派往華盛頓工作，基於行政考量，這份職位隸屬於英國大使館，但實際上是與美國情報體系及美國海軍共事。

一九七六年，冷戰達到最高潮。基於美國的大規模軍力的威懾效果，以及「相互保證毀滅」理論抑制了蘇聯及其華沙公約組織盟國對西歐發起任何大規模侵略行動，歐洲的中央前線局勢相對穩定。但在海上，中歐的相對穩定根本不成立。蘇聯已經意識到海洋是達成目的的手段之一，而其目的就是在蘇聯認為可以獲得政治－軍事－商業利益的地區，擴展其軍事存在及影響力。全球海洋被蘇聯視為打破陸地疆界限制以進行擴張的手段，後來中國也學會了這一點，目前正透過後文將討論的「一帶一路」戰略進行擴張。同時，蘇聯還盤算著藉由部署區域性海上軍力，可以挑戰並抵消美國及北約在全球的影響力。因此，海軍元帥謝爾蓋．戈爾什科夫（Sergey Gorshkov, 1910~1988）的蘇聯海軍，在戰略影響力及外交上的重要性，是蘇聯紅軍及空軍無可匹敵的。各國海軍在進行沿海軍事行動及外交活動時，都需要航行、進港及後勤上的支援。而在一九七六年，蘇聯海軍具有挑戰西方的實力。

我加入了一個由研究蘇聯及華沙公約組織的專家所組成的團隊，其任務是詳細研究蘇聯如何開始、將如何發展，以及美國該如何因應日益增長的蘇聯海軍軍力及影響力。這項任務非常重要，需要分析大量以一般情報管道及方法所無法獲得的資料與行動資料。這個團隊的技能、知識與經驗相當驚人。我在格林威治時曾合作過的詹姆斯．麥康納（James McConnell）也是成員之一，他就是這支優秀美國團隊高素質的代表型人物。而我這個唯一的非美國人可以透過美國的「敏感資訊隔離設施」（SCIF），獲得最敏感的資料。

我的具體任務是全方位研究蘇聯在地中海的行動，尤其是關注並完整匯報一九六七年六月的六日戰爭（June war）。我只是研究蘇聯海軍及其代理人在全球活動的眾多人員之一。[1]這份工作為美國海軍領導階層、國防部、國會及情報體系所提供的，是蘇聯如何在最大程度上利用海軍（不僅是蘇聯海軍，也包括其商船隊、華沙公約組織盟國及其他第三方國家的商船隊）軍力，獲取重要利益並擴大其全球影響力的詳細概述。我負責對一九六七年六日戰爭的各個面向，以及以色列在一九六七年六月八日對美國情報船自由號（USS Liberty）極具爭議性的襲擊，進行深入且全面的研究及分析。[2]一九八三年，我返回美國時，獲美國參謀長聯席會議（Joint Chiefs of Staff）前主席兼海軍作戰部長湯瑪斯・穆勒上將（Thomas Moorer）之邀，加入自由號聯盟委員會（USS Liberty Alliance）。這個委員會裡有許多傑出成員，包括獲頒榮譽勳章的美國海軍陸戰隊將軍雷・戴維斯（Ray Davis），及美國海軍前首席法官辯護人梅林・斯塔林少將（Merlin Staring），他是派駐倫敦的美國駐歐海軍司令部（CINCUS-NAVEUR）的一名上校，奉美國海軍總司令約翰・麥肯（John McCain，已故參議員約翰・麥肯之父）之命，在自由號被拖行到馬爾他後，對攻擊事件進行初步調查。在穆勒上將及第二任主席——傑出的美國海軍飛行員及戰鬥群指揮官克拉倫斯・「馬克」・希爾（Clarence "Mark" Hill）少將不幸去世後，我依順位成為自由號聯盟委員會的第三任主席。數年後，我又在自由號聯盟委員會內，與業已退休的斯塔林上將有過密切合作。

基於情報蒐集工作上的需要，我經常造訪幾個重要機構。我們工作的設施剛好位於五角大廈與中央情報局總部之間。就某些方面而言，關於蘇聯在六日戰爭中的參與情況，是我在六日戰爭相關任務中較簡單的部分。要掌握以色列在一九六七年六月的短短幾天內襲擊敘利亞、占領戈蘭高地及攻擊自由號的所有原因並不容易，但也不至於太棘手。對我而言，這項工作最有意義的是，讓我得以會見並採訪了美方在六日戰爭中的幾位關鍵人物。其中最重要的是當時的國務卿迪安．魯斯克（Dean Rusk），他在幾次對談中都表現得相當坦率，也知道我們都對最敏感的情報悉數瞭如指掌。他開誠布公地表示，以色列對自由號的攻擊是蓄意的，並分享了他眼中自一九六二年古巴飛彈危機以來最嚴重的危機，那就是摩西．戴陽（Moshe Dayan）的以色列部隊看似即將越過戈蘭高地，向敘利亞首都大馬士革進軍，這可能演變成一場將支持敘利亞的蘇聯拉進戰爭的超大型政治災難。我們透過出色的情報，得知蘇聯的報復計畫可能導致什麼樣的後果。華盛頓與莫斯科迅速進行溝通，也動用了熱線。[3]即使在我撰寫本書時，六日戰爭已經過了五十三年，這種高度敏感的訊號情報絕大部分可能在未來許多年內仍無法公開。

五眼聯盟海軍的基礎架構

五眼聯盟成員國海軍之間的情報關係，可能是情報演進史上及英美特殊關係中最突出的一點。海軍歷史學家史蒂芬．羅斯基爾上校（Stephen Roskill）曾研究二次大戰期間皇家海軍史，他告訴我，如果沒有美國、英國，以及大英國協盟友加拿大、澳洲與紐西蘭，在整個二次大戰期間所擁有的情報，戰爭的結果可能會完全不同。計畫、政策與行動當然重要，但情報更是如同黃金般珍貴。

我的恩師哈利．辛斯利教授對此看法也表示同意，他是研究二次大戰期間英國情報工作的官方歷史學家，著有五本由皇家文書局出版的出色著作。辛斯利在二次大戰期間曾效力於布萊切利園。當他在一九九八年去世時，已被譽為英國情報系統的先驅之一。我曾在一九六〇年代後期，在倫敦議會廣場附近、外交部旁的地下密室內與他共事。在那裡接觸到的大量涵蓋一九三〇年代、二次大戰期間到戰後時期的高度機密情報，讓我大開眼界。

在冷戰的壓力下，不僅得時時評估蘇聯部隊的層級、部署、戰力及作戰模式，以分析其對抗北約及其他盟國的戰術、科技及程序，還日益需要在技術上保持對蘇聯的領先。後者不僅需要更完整地了解蘇聯的工業基礎，以及攸關創新及保持優勢之先決條件的研發，還需要防止敵方透過間諜活動等方式，竊取五眼聯盟的機密。這是一個永不間斷地採取某項措施，再推出對抗及反對抗措施的過程，兩國政府都必須投入正確的資源來維持領先，以確保在最糟的情況下仍能保有海上優勢。從另一個角度來看，這種軍備競賽也是每個五眼聯盟成員國堅守西方民主、資本主義制度及生活方式等價值觀的表現。為此，每個國家都願意與其他盟邦分享己方最好的技術及情報產出。

30 JUN 1967

CENTRAL INTELLIGENCE AGENCY

Intelligence Information Cable

ROUTINE

IN

PAGE 1 OF 1 PAGES

STATE/INR DIA ARMY NAVY AIR JCS SECDEF NSA NIC AID USIA OCI ONE OCR ORR DCS CGS CIA/NMCC

DDI EXO

This material contains information affecting the National Defense of the United States within the meaning of the Espionage Laws, Title 18, U.S.C. Secs. 793 and 794, the transmission or revelation of which in any manner to an unauthorized person is prohibited by law.

THIS IS AN INFORMATION REPORT, NOT FINALLY EVALUATED INTELLIGENCE.

SECRET

TDCS DB-315/02297-67

DIST 23 JUNE 1967

COUNTRY ISRAEL/TURKEY/USA

DOI JUNE 1967

SUBJECT TURKISH GENERAL STAFF OPINION REGARDING THE ISRAELI ATTACK ON THE USS LIBERTY

APPROVED FOR RELEASE DATE: MAR 2006 (b)(1) (b)(3)

ACQ TURKEY, ANKARA (22 JUNE 1967)

FIELD NO.

SOURCE

1. THE TURKISH MILITARY ATTACHE IN TEL AVIV RECENTLY RETURNED TO TURKEY AND BRIEFED THE TURKISH GENERAL STAFF (TGS) CONCERNING THE ARAB ISRAELI WAR.

2. THE TGS IS CONVINCED THAT THE ISRAELI ATTACK ON THE USS LIBERTY ON 8 JUNE 1967 WAS DELIBERATE. IT WAS DONE BECAUSE THE LIBERTY'S COMMO ACTIVITY WAS HAVING THE EFFECT OF JAMMING ISRAELI MILITARY COMMUNICATIONS. (FIELD COMMENT: THE TGS OFFICER DID NOT SPECIFY THAT THE MILITARY ATTACHE IN TEL AVIV WAS THE SOURCE OF THIS INFORMATION.)

3. FIELD DISSEM: NONE.

APPROVED FOR RELEASE

DATE

#1

SECRET

三份經過特殊編輯的中央情報局自由號攻擊事件相關機密人力情報，1967年6月8日。（USS Liberty Document Center, Library of Congress, Washington DC, 2017, usslibertydocumentcenter.org）（後續內容見下兩頁）

CONTROLLED DISSEM | C-O-N-F-I-D-E-N-T-I-A-L

COUNTRY Israel

REPORT NO. [redacted] 3403-67

SUBJECT Prospects for Political Ambitions of Moshe Dayan/Attack on USS Libery Ordered by Dayan

DATE DISTR. 9 Nov 67

NO. PAGES 1

REFERENCES. [redacted]

16835-46

DATE OF INFO. Oct 67

PLACE & DATE ACQ. Tel Aviv -- 1967

THIS IS UNEVALUATED INFORMATION

SOURCE [redacted] /Source is normally available should this report generate requirements./

1. [redacted] discussions included the future political role of Moshe Dayan. [redacted] said that the longer Israel waits for elections, the less chance Dayan has of becoming Prime Minister. They recognize that Dayan's appointment as Minister of Defense provided impetus to the Israel war effort. Since the war, responsible Israelis have given and continue to give less credit to Dayan and more credit to General Rabin. [redacted] also are emphatic in saying that there will never be a negotiated peace with the Arabs so long as Dayan is Defense Minister.

2. [redacted] commented on the sinking of the US communications ship, Liberty. They said that Dayan personally ordered the attack on the ship and that one of his generals adamantly opposed the action and said, "This is pure murder." One of the admirals who was present also disapproved the action, and it was he who ordered it stopped and not Dayan. [redacted] believe that the attack against the US vessel is also detrimental to any political ambition Dayan may have.

-end-

INFORMATION REPORT INFORMATION REPORT

1 AUG 1967 **CENTRAL INTELLIGENCE AGENCY**

This material contains information affecting the National Defense of the United States within the meaning of the Espionage Laws, Title 18, U.S.C. Secs. 793 and 794, the transmission or revelation of which in any manner to an unauthorized person is prohibited by law.

CONTROLLED DISSEM C-O-N-F-I-D-E-N-T-I-A-L

COUNTRY Israel

REPORT NO [redacted] 20396-67

SUBJECT [redacted] Comments on Known Identity of USS LIBERTY/ Resumption of Oil Production of Red Sea Wells by Israel

DATE DISTR 27 Jul 67

NO PAGES 1

REFERENCES [redacted]

DATE OF INFO. Early Jun 67

PLACE & DATE ACQ. Tel Aviv -- Early Jun 67

THIS IS UNEVALUATED INFORMATION

SOURCE [redacted]

1. [redacted]

2. [redacted] brought up the attack on the USS LIBERTY by Israeli airplanes and torpedo boats. He said that "you've got to remember that in this campaign there is neither time nor room for mistakes," which was intended as an obtuse reference that Israel's forces knew what flag the LIBERTY was flying and exactly what the vessel was doing off the coast. [redacted] implied that the ship's identity was known at least six hours before the attack but that Israeli headquarters was not sure as to how many people might have access to the information the LIBERTY was intercepting. He also implied that there was no certainty of control as to where the intercepted information was going and again reiterated that Israeli forces did not make mistakes in their campaign. He was emphatic in stating to me that they knew what kind of a ship the USS LIBERTY was and what it was doing offshore.

3. [redacted] inquired as to resumption of production facilities. He talked about two fields near the Gulf of Suez on the Sinai Peninsula which had been set afire by the Arabs. Israeli forces extinguished the fires the same day that the fields were captured and were then (10-11 Jun 67) starting to pump oil. Both Egyptian fields were said to have been developed by foreign companies and [redacted] [redacted] Israel intends to continue pro-rata payments.

- end -

APPROVED FOR RELEASE DATE: 02-24-2009

FULL TEXT COPY DO NOT RELEASE

INFORMATION REPORT INFORMATION REPORT

U YES | C-O-N-F-I-D-E-N-T-I-A-L | S YES

The dissemination of this document is limited to civilian employees and active duty military personnel within the intelligence components of the USIB member agencies, and to those senior officials of the member agencies who must act upon the information. However, unless specifically controlled in accordance with paragraph 8 of DCID 1/7, it may be released to those components of the departments and agencies of the U. S. Government directly participating in the production of National Intelligence. IT SHALL NOT BE DISSEMINATED TO CONTRACTORS. It shall not be disseminated to organizations or personnel, including consultants, under a contractual relationship to the U. S. Government without the written permission of the originator.

五眼聯盟海軍創建了一系列完善且持續發展的計畫，意味著無論組織架構發生什麼變化，這些海軍對海軍之高度機密的合作都能維持不變，並有權以特殊的安全及保護措施，阻止新的官方機構可能對國防情報及其他五眼成員國情報機關造成威脅的窺探。外來訪問受到嚴格限制，並嚴格執行「僅知原則」。這些計畫擁有自己隱藏的生命。

五眼聯盟的特殊關係維持著對蘇聯領先的需求，在一九八〇年代達到最高點，後來蘇聯與華沙公約組織宣告解體。這是美國海軍挾「六百艦隊（600-ship Navy）」計畫（編註：美國於一九八〇年代提出此計畫，目標是將海軍船艦數量擴張到六百艘。）以前沿部署[4]行動，正面挑戰蘇聯海軍及其盟國的時代，例如，美國大西洋艦隊的第二艦隊，就曾在英國皇家海軍和加拿大皇家海軍的大力協助下，在代號為「北方婚禮」的北約演習中，直搗蘇聯艦隊在北海的大門。在太平洋水域，澳洲皇家海軍及紐西蘭皇家海軍也與美國太平洋艦隊進行過類似的行動。讓這些行動得以成真的，就是聯手蒐集並團結共享的可靠情報。

英國、加拿大、澳洲與紐西蘭的情報部門，因其地理上相互交織的帝國歷史而受益。去殖民後依然留存的關係與設施，意味著這四國加上美國這個合作夥伴，依然能持續運作，而且許多特殊設施的隱蔽性也得以保留。不僅是訊號情報及電子情報，人力情報方面也是如此。在美國開發並擴展太空情報系統及能力的同時，其他四國也悄悄地、低調地在自己擅長的領域裡擴展。美國與其他四國共享太空情報，英－加－紐－澳則以其遍布全球的特殊通訊網路，以及無數透過祕密來源和方法獲得的人力情報作為回報，其中許多從過去到現在都是英－加－紐－澳所獨有，美國，尤其是中央情報局，從未能完全複製。例如，英國可供美國自由使用全球多處及英國境內的各個關鍵地點。幾個世代的美國人在回顧自己的冷戰經驗時，都記得自己曾被派往英國境內某些高度敏感的設施，這些設施的任務性質屬於高度機密，往往連當地居民也不知道圍欄內正在進行某些敏感活動。不僅在英國，也曾有幾個世代的美國人在澳洲參與過類似的活動。

五眼聯盟的海軍始終致力於在戰爭規畫者所設想的情境中，保持優於蘇聯與華沙公約組織海軍的技術及作戰能力，絕不容許自己在任何關鍵領域上被超越，並且始終以資料優勢來確保敵方無法僅憑數量優勢取勝。

蘇聯潛艦部隊的威脅

蘇聯在一九六〇年代迅速意識到，潛艦作戰可能左右一場全球性規模的海上戰爭勝敗。核動力攻擊潛艦（簡稱核攻擊潛艦），配備高性能魚雷及反艦巡航飛彈（以及用於攻擊陸上目標的衍生型，例如美國海軍在一九九一年第一次波斯灣戰爭中使用的那類），具有續航時間長、航程遠、速度快、匿蹤、隱蔽，以及可持續構成威脅等優點，不僅有能力摧毀重要的商業船隊乃至全球的船運物流，還能破壞高價值的水上目標。其中包括航空母艦、巡洋艦、驅逐艦、巡防艦，以及各種兩棲艦與補給艦。換言之，只要數量足夠，就能摧毀整支艦隊。一旦蘇聯開始建造大型的高性能潛艦，五眼聯盟的情報系統就會知道該將力氣與資源大幅投注到此一方向。這有哪些關鍵性要求及決定性因素？

這需要的不僅是在絕大多數時候知道威脅在哪裡，能夠鎖定、追蹤且近距離觀察蘇聯海軍，並收集作戰和技術情報。釐清蘇聯新型潛艦的基礎設計及技術能力，一直是迫切需求。要去監控、蒐集情報及分析蘇聯水上船艦的重要參數與性能還算容易，但潛艦就麻煩得多。五眼聯盟需要不眠不休地掌握蘇聯潛艦的位置，但他們也必須提早，而且是提早數年就知道蘇聯設計局的盤算，以及他們造船廠的詳細生產計畫，還有進行什麼樣的部署。要侵入極其複雜的蘇聯研發、設計、建造及生產結構，是一項艱鉅的任務。最初這項挑戰的核心是一個重要的領域，也就是音響情報（ACINT）。除了沒有潛艦的紐西蘭以外，五眼聯盟中有四個成員國擁有這種利用潛艦進行情報蒐集的能力。

潛艦的靜音技術，決定一個潛艦級別中每一艘的噪音等級。降噪或靜音是設計與生產上的必然要求。一艘嘈雜的潛艦容易被偵測、跟蹤，而且在最壞的情況下，會被一艘極為安靜、操作得宜的敵方潛艦摧毀。噪音是由機械、推進器或螺旋槳所產生的，還有潛艦基於船體設計、形狀及表面材質，在水中移動所產生的各類湍流聲。即使只是小小的設計缺陷與設備安裝不當，也可能洩漏行蹤，造成致命的後果。即使一艘潛艦擁有優異的武裝及訓練有素的船員，只要一座小型幫浦或發電機沒有安裝在對的消音座上，或者內部設計造成某些東西會發出特定頻率的聲音，這類聲學缺陷在海上也可能成為它的剋星。簡而言之，了解蘇聯各級潛艦，以及每個級別中每一艘潛艦的噪音面概況，就如同掌握了這些潛艦的ＤＮＡ，最重要的是，也掌握了它的關鍵弱點，可以根據這些來源五花八門的聲波，鎖定其蹤跡與方位。分析界定每一級、每一艘蘇聯潛艦，並預測下一代蘇聯潛艦的設計方向與噪音等級，不僅是必要的，而且在最壞的情況下，也會決定西方聯盟在海上的成敗。

蘇聯人開始同時設計及建造多種級別的潛艦，包括核動力與非核動力潛艦，形成更複雜的挑戰。蘇聯進行重要研發工作的研究機構為數眾多，又有許多設計局負責不同類型與級別的潛艦設計，再加上西方稱之為「籌獲流程」（acquisition process）的複雜性，進一步加劇了這項工作令人氣餒的程度。此外，建造潛艦的造船廠多元且分布在多處，而且為了因應美國的高空偵察能力，蘇聯很快就建造了完全覆蓋式的大型潛艦建造基地。若等到一艘新級別的蘇聯潛艦出現在列寧格勒（今聖彼得堡）的海軍造船廠，再來開始推估它的性能是絕對來不及的，因為這個新級別可能擁有構成重大軍事威脅的技術創舉。美國海軍和皇家海軍必須提前幾年就知道蘇聯在設計什麼、可能擁有什麼樣的性能。要滿足這種複雜的情報需求，必須持續將基本資料與蘇聯的研究、設計、性能和生產時程做比對。這需要結合五眼聯盟所有的情報蒐集能力，包括影像情報、訊號情報、電子情報、人力情報、測量與特徵情報、音響情報，以及許多高度專業的技術情報蒐集與分析工具。依靠最先進的美國衛星監控那些西方國家通常無法接觸的設施，的確很重要，但要保持領先還需要付出更大的努力。衛星資料固然好，但還是不夠面面俱到。

五眼聯盟的海軍比蘇聯海軍潛艦部隊更具優勢。他們能透過強大的音響情報蒐集能力，蒐集對方的聲學特徵。早期這類情報蒐集幾乎都是由英美潛艦以特殊任務的形式進行，後來，加拿大與澳洲的妖王級（Oberon-class）柴電潛艦也參與支援；冷戰過後，又有澳洲的六艘柯林斯級（Collins-class）潛艦及加拿大的四艘擁護者／維多利亞級（Upholder/Victoria-class, type 2400）潛艦加入。無論在北大西洋、挪威海的最北端、波羅的海與地中海等封閉水域，還是在太平洋，這些任務都非常重要。標定、追蹤與蒐集蘇聯潛艦的音響情報，是讓西方國家得以在冷戰時期保持領先的偉大成就之一。規畫這類行動，需要所有情報來源的詳細先驗知識，再加上可強化情報蒐集的特殊技術，與執行這些任務的「海上快手」。五眼聯盟的潛艦必須格外謹慎，以在近距離情報蒐集中，維持自己的匿蹤及音聲優勢。

得自這些行動的資料，就成為建立後續行動的基礎，運作邏輯如下：一旦蒐集到並儲存了蘇聯潛艦的特徵，就意味著西方國家能判定自己碰到的是什麼樣的對手，不論在大海深處、沿海地區，還是在它駛離部署基地時，都能聽到它、標定它、追蹤它。只要擁有這種標定能力，蘇聯人在水下就形同赤裸。只要獲得這種音響情報，便能在計畫縝密的先驗知識輔助下，安心進行其他所有情報蒐集行動。例如，如果其他情報顯示蘇聯將在北方艦隊（Northern Fleet）的主要基地北莫爾斯克，展開一項新型水下飛彈測試（尤其是潛射彈道飛彈試射，比如說，朝俄羅斯亞洲地區的堪察加半島發射），擁有這種能力不僅能在一艘蘇聯潛艦離港時標定它，還能判定它的火力非常強大。在標定這艘飛彈發射平台後，還可以一路追蹤它到測試海域，並監控整個測試過程，獲得關鍵的訊號情報、電子情報及最重要的導彈遙測。若沒有領先對手的音響情報，這一切都不可能辦到。

「海戰一九八五」：謀畫如何在開戰時擊敗蘇聯

我的下一個主要任務，是與美國海軍上校兼海軍飛行員約翰．安德伍德（John Underwood），一同研擬後來所謂的「海戰一九八五」。一如標題所暗示的，這項計畫網羅了來自國防體系與情報體系內不同領域、不同專業的專家，研究在一九八五年的時空框架裡，美國及盟邦該如何在不升級為核戰的情況下，在海上與蘇聯作戰並獲勝，這是一項艱鉅且重要的任務。研究成果將對未來的系統研發、軍備採購、艦隊部署、作戰行動，以及推動這一切的總體戰略產生影響。其中最關鍵的部分，就是從大戰略細分到戰術、技術及程序等細節。這項任務必須以掌握到最優質的情報為起點，以確保前提是可靠的，並且對模擬各種情境及剖析蘇聯實力細節的作戰分析人員，提供足夠的協助。在優秀的人員及所有管道的情報支援下，我和約翰．安德伍德秉持奉獻的精神與充沛的精力，執行了這項任務。

對「海戰一九八五」最關鍵的，就是五眼聯盟透過各種管道獲得的優質情報，它構建了我們的思維，並供參與研究的大量作戰分析人員及模擬人員，演繹出這場預設的海戰。在一九七七年，無論是美國海軍或白宮，都沒人想過「六百艦隊」這樣的計畫。然而，「海戰一九八五」及五眼聯盟情報系統的其他工作，為政治風向的變化奠定了基礎，讓大家意識到對海上優勢的迫切需求，以及它對遏制蘇聯是多麼的重要。

當我與安德伍德上校，以及「海戰一九八五」的龐大團隊，在一九七七年開始進行這項研究時，沒有一個人能預見到蘇聯的滅亡，但有一點很明確，那就是強大且領導有方的五眼聯盟海軍，有能力、有意志抵抗蘇聯發起的任何侵略行動。為了保持領先，必須知悉及理解各種關鍵要素並採取行動。

數十年後可以明顯看出，當年這種只能在黑暗中進行的重要計畫，幾乎形同一場猜謎遊戲，若是缺少了針對蘇聯的大戰略，到他們的實力、行動、訓練、人員，以及複雜的政軍體制和聯繫各環節的通訊系統（這部分存在一些本質上的缺陷）等細節蒐集大量情報，我們就形同盲目。

蘇聯共產黨最弱的環節，就是他們的中央集權管理，以及決定一切軍事與情報的組織及行動的政軍體制。這有很大的利用價值，而且從計畫與行動的觀點來看，基於在其指揮、統御及通訊協定的嚴格階層架構之外，所能展現的主動性相當有限，可以在一定程度上預測到蘇聯的行事模式。從心理學的角度來看，蘇聯的領導階層透過指揮架構向下傳達到蘇聯海軍、空軍及紅軍，如同他們的軍事計畫與行動，是結構分明且容易定義的，完全在西方情報分析員可以理解的範疇內。從蘇聯共產黨最高層級的政治局，到最末節的潛艦指揮官將如何執行戰術行動，我們都能對蘇聯在各種情境中將採取什麼樣的行為做出可靠假設。依我之見，在這種結構中不僅能看見蘇聯本質上的弱點，更能看見冷戰期間整個共產集團本質上的缺陷。我堅信導致蘇聯滅亡的，是它制度上的弱點，以及對領導階層的個人崇拜，使它無法擺脫結構性缺陷的束縛。

「海戰一九八五」的相關研究，在我離開華盛頓後宣告結束，但它產生的巨大影響，在雷根總統及充滿鬥志的海軍部長約翰・雷曼（John Lehman）發起「六百艦隊」計畫的一九八〇年代達到頂峰。如今回想，一九八〇年代還真是一個迫使蘇聯走向衰落、解體的海軍戰略的黃金時代。

五眼聯盟發揮優勢

在整個冷戰期間，五眼聯盟都擁有優於蘇聯的訊號處理能力。這些優勢體現在多種被動式聲納上，包括固定式圓頂陣列、沿著船體安裝的側翼陣列，以及可從潛艦艦尾釋放及拉回的拖曳陣列。水下聽音器的科技與處理能力日益進步，隨著強大的艦載電腦及先進數學演算法的問世，以及幾個世代的隨艦聲納專家的努力，蘇聯被迫與英美核攻擊潛艦，以及安靜靈活的加拿大與澳洲柴電潛艦等強敵抗衡。在機載領域，美國海軍及皇家海軍（再加上皇家空軍的支援）能以性能優異的被動聲納浮標，偵測到蘇聯潛艦，再以威力強大的空投反潛魚雷進行攻擊。

除了這些最關鍵的基礎。情報處理的其他部分也同樣複雜，像是該如何掌握蘇聯最重要的設計局之一的流體力學研究所（Institute of Hydromechanics）或莫斯科的採購單位裡正在做些什麼、他們造船廠裡的生產排程，以及下一代設計的細節及性能上，可能有哪些提升？

間諜活動在任何情況下都不容易。訓練有素的英美管理官或特務，或是他們的非本國代理人，在讓外國公民願意妥協出賣其母國機密上，扮演著核心角色。在冷戰期間，蘇聯及華沙公約組織國家的反間諜工作做得非常出色。該組織國家的內部監視國安單位所建立的嚴格高壓控管，讓那些痛恨蘇聯政權而可能擔任西方間諜的人，也難以與西方國家的代理人進行成功且定期的接觸。

蘇聯可以輕易鎖定五眼聯盟國家使館的人員中，哪些最可能為間諜活動提供外交掩護，他們監視及追蹤五眼聯盟外交官與相關人員的能力十分驚人。即使是最無能的反間諜部門，也能很快就查出誰是美國中央情報局站長（Chief of Station）、屬下是哪些人，無論在官方外交人員名單上是怎麼寫的。蘇聯對這些人的活動目的、聯繫對象及旅行申請，進行無時無刻的監視，使得冷戰期間在外交掩護下全職從事祕密活動的人員，日子過得非常艱辛。對他們而言，一個重要的好處，當然是倘若身分曝光甚至遭到逮補，他們還能利用外交特權來規避審判、監禁或處決。然而，一旦身分被揭穿，就得被驅逐出境，而且，由於蘇聯國家安全委員會一定會緊盯此人接下來被派往何處，實質上再也無法在全球從事任何活動。

五眼聯盟的海軍武官，比傳統的五眼聯盟特務更有可能看到、聽到蘇聯海軍的發展與活動。他們可以按要求正常旅行，儘管經常受到嚴密的監視，但至少他們可以公開前往列寧格勒，並盡可能觀察造船廠之類的地方在做些什麼。他們可以公開地與蘇聯海軍官員見面，蒐集公開的資料，並在可能的情況下拍些照片，除非在訪問時被正式告知嚴禁攝影。當然，禁令並無法阻止武官偷偷拍照或蒐集隨機獲取的情報。一個經典個案是，曾有人在某座重要的造船廠附近，撿到一塊從一輛卡車上掉下來的鈦合金。這塊金屬價值連城，因為它讓英美技術情報系統了解到蘇聯在新型的阿庫拉級（Acula-class）核攻擊潛艦的鈦合金船體中，使用了這種神奇的鈦合金焊接技術，將船體打造得既輕盈又堅固，再加上一座新型先進的液態金屬冷卻劑反應爐，使阿庫拉級潛艦能在水中高速潛航。

以傳統的大使館或代表處的祕密行動模式，成功吸引、策反或收買蘇聯公民投身間諜活動的可能性非常低。事實上，可能性最高的是有意投靠者主動找上門，或有蘇聯公民在使館雞尾酒會或其他外交界的聚會中主動接觸，這些就是有人願意為五眼聯盟成員國進行間諜活動的第一個跡象。但這種情況鮮少發生。

傳統間諜活動透過其他管道進行的成功率較高，例如代理人、工商業界人脈、學術界人脈、旅行者與遊客，以及透過其他華沙公約組織國家的聯絡人，安插或維持的訓練有素且長期配合的內線。代理人包含通常對蘇聯保持中立或友好關係的其他國家之公民，這類人有較多管道，較可能自由旅行，也有良好的掩護身分，這可能是專業身分、商業身分，甚至任職於聯合國某機構的外交身分。非五眼聯盟國家的商務旅行者，尤其是那些與蘇聯國防部門有業務往來的人，以及中立的科學家、學者與參加研討會或貿易集會的訪客，都是理想的特務人選。專業技巧與保密技術，在這些針對蘇聯目標進行情報蒐集的行動中，發揮著重要作用。這些人面臨很高的風險，若是身分曝光，便可能得面對從長期監禁到祕密審判後被處決的嚴重後果，但承受高風險的金錢報酬是相當豐厚的。

英國人在這方面相當擅長，成功的祕訣很簡單：就是確保反間諜機構無法偵測到任何與英國情報蒐集行動有關聯的蛛絲馬跡。一個受過良好訓練的代理人，在任何情況下都不得做任何可能暴露身分的事。這和小說裡或少數著名的五眼聯盟間諜案的情節完全不同，在這些個案中，金錢、性或意識形態（或三者的某種結合）是冷戰高峰期中，費爾比、伯吉斯、麥克萊恩等英國公民自願參與間諜活動的誘因，但實際賣力創造附加價值的還是代理人。

然而，運用代理人真正的好處是什麼？這能產出什麼樣的情報？這些情報又有多好？當與其他來源及方法結合時，就能產出非常好的情報，可以由此看出蘇聯海軍的整體實力，也能將其他來源及方法引導到可能無法從衛星資料中發現的高價值目標與地點。例如，如果一名非五眼聯盟成員國的公民，擁有來自另一個國家的可靠資歷，在蘇聯又有正規合法的業務，那麼只要經過培訓並謹慎運用，就會是理想的代理人。他能直接接觸到蘇聯海軍人員、研究機構或莫斯科的高層，也能聆聽、觀察及造訪那些禁止五眼聯盟國家人員進入的地點，隨後將其記錄下來，供五眼聯盟情報系統使用，這的確有很高的價值。這同樣適用於非蘇聯籍的華沙公約組織國家的公民，尤其是有親人在西方或其他華沙公約組織國家者，當他們必須前往蘇聯境內有重要海軍活動的地區時，就很適合成為代理人。在俄羅斯有親人，並擁有前往俄羅斯探親之許可證的西德、捷克或匈牙利公民，可以擔任傳話人，向那些對蘇聯政權不滿到甘願冒險為五眼聯盟國家從事間諜活動的人傳遞訊息。

代理人或臥底管理官必須格外小心地運用這種特務，因為他們必須擁有可長年利用且絕不會被暴露的掩護。自二次大戰前就已累積了數十年經驗的英國，尤其擅長這方面的運作。在英國的蘇聯眼線，永遠不會看到這類英國管理官進出受他們監視的英國情報機構。文化、操作手法及運作技巧，被嚴密隱藏在層層掩護之下，而這是在冷戰期間的間諜活動中取得成功並保住性命的唯一途徑。

五眼聯盟及整個北約從來不想被蘇聯在水下作戰這個關鍵領域，尤其是潛艦建造與戰鬥模式方面的重大科技進展超越和突襲。北約完全無法承受失去制海權的後果，必須從美國強化歐洲及中央戰線，即使在最壞的情況下，也必須確保美國和西方經濟活絡健全，而蘇聯潛艦對這些關鍵戰略構成了挑戰。相比之下，現今美國第七艦隊與亞太地區的正式盟友，尤其是美國以外的三個太平洋地區的五眼聯盟國家及其他盟邦，也有類似的戰略需求，必須面對中國潛艦日益嚴重的威脅。這個威脅可能對東亞海上交通、南海和東海的重要資源，以及有歸屬權爭議的島嶼構成威脅。

核動力或非核動力潛艦的生命週期，均始於實驗室、研究機構和實際建造潛艦的工業基地的研發。在冷戰中及之後，幾乎所有蘇聯的主要中心都已曝光。然而，要了解這些地處偏遠，甚至往往相隔數千英里的中心內部正在進行些什麼，是一項巨大的挑戰。其次，非常重要的是，設計局與蘇聯採購部門整合了研發，以進行所有關鍵領域（船體、推進系統、靜音技術、作戰系統、武裝及裝載、通訊與感測系統、各類機械與電路系統，以及美國稱之為「住宿功能」的船員居住性等等）的細節設計，並管理全蘇聯境內眾多造船廠的建造計畫。後來，蘇聯開始同時規畫、設計並建造多種級別的潛艦，進一步加劇了這種複雜性；他們實現了這個雄心勃勃的目標，讓英美情報系統足足擔憂了

蘇聯的塞拉級（Sierra-class）核潛艦。
（圖片出處：Wikimedia Commons, Us Navy）

數十年。

當蘇聯正在建造新級別的潛艦時，不僅該級別的升級方案已經在繪圖桌上，甚至一個全新的級別也已經進入設計階段。美國從未試圖仿效蘇聯模式。英美潛艦都是一次僅研發一個級別，並依照精心構思的程序建造，唯一例外是英國曾在設計與建造柴電潛艦的同時，進行核動力潛艦計畫。這個極為罕見的例外，發生在英國打造海豚級（Porpoise -class）與奧伯崙級（Oberon-class）柴電潛艦的時期，後來，英國將非核動力潛艦除役後，把擁護者級（Upholder-class）潛艦移交給加拿大皇家海軍。

相關人員必須滲透並理解蘇聯這些複雜的程序，並將所蒐集到的關鍵情報回饋給關鍵用戶群。如果情報不是可操作的資料，它的價值就等同零；任何類型的資料，都必須讓五國政府的戰略規畫者、運作者、設計者、科學家、工程師及預算機構可以理解，並做出正確的決策以對抗蘇聯的威脅。五國的政治領導階層都必須被告知實際情況，並得到現有的最佳資料，以便授權及撥款進行對抗蘇聯的計畫。這同樣適用於因應當今俄羅斯、網路、中國及伊斯蘭基本教義派與日俱增的威脅。

海洋是初步獲取關鍵情報資料的平台。從一九六〇年至今，五眼聯盟幾乎都是聯手蒐集並共享海上情報蒐集行動所獲得的作戰情報。簡單地說，這種行動的內容，就是以一艘性能優異的潛艦來標定、追蹤、識別並蒐集另一艘潛艦的相關情報。若是沒有這個重要的基礎優勢，五眼聯盟的海軍就會處於不同的境地，冷戰的歷史也可能變得非常不同。五眼聯盟針對蘇聯每一級別，甚至各級別中的每艘潛艦，建立了一套訊息詳實、紀錄完整的資料庫。

在冷戰初期，以二十四小時前沿部署標定並追蹤蘇聯潛艦，讓幾項關鍵任務得以實現。前沿部署的作戰情報蒐集行動種類繁多，包括監視蘇聯潛艦返回或駛離基地、停靠外國港口，或是在地中海於其他蘇聯海上艦隻伴隨下經常利用的錨地，以及唯一且不可取代的咽喉要道。後者包括格陵蘭－冰島－英國缺口（United Kingdom Gap，英美海軍稱之為「GIUK缺口」）、丹麥海峽（卡特加特海峽〔Kattegat〕）與斯卡格拉克海峽〔Skagerrak〕）、直布羅陀海峽，以及印度尼西亞群島的主要海峽——巽他海峽與馬六甲海峽。還有許多其他的咽喉點或行動上常使用的中繼點，在這些地方都可能偵測到蘇聯潛艦並加以追蹤。

五眼聯盟逐步掌握了每艘蘇聯潛艦的概況，尤其是其噪音水平或在一系列頻率範圍內的聲學特徵。相較於廣為人知的人力情報（傳統間諜活動），音響情報是更有價值的情報來源。包括速度、深度、操作特性及船員素質，都可以被觀察並記錄下來，最重要的是還能收集到主動及被動聲納等蘇聯感測器的資料。此外，也能監聽並記錄下關鍵通訊的模式、頻率，以及任何尚不為西方所知的加密技術。除了針對蘇聯潛艦的情報蒐集行動，五眼聯盟也針對蘇聯的空中反艦及反潛攻擊設備進行情報蒐集。其中包括了從俄羅斯北部科拉半島（Kola Peninsula）廣為人知且備受監控的蘇聯空軍基地起飛、北約代號為熊式（BEAR）D型及F型的偵察巡邏機及反潛機。最重要的是，五眼聯盟潛艦艦員對蘇聯根深柢固的戰術程序加以分析，並在潛艦學校中演練。尤其是英美兩國取得了蘇聯潛艦的不同訓練與作戰文化的第一手經驗，發現他們的弱點就是對集中化的指揮、控制及通訊系統的依賴，阻礙了其潛艦指揮團隊發展獨立性、自信心、敏捷思維及戰術創新。由於蘇聯潛艦艦員幾乎都不敢偏離嚴格的戰術程序，讓英美國得以預測蘇聯的行動、掌握其一舉一動，並共享這些情報。

蘇聯潛艦一直是情報蒐集清單上的優先選項。英美潛艦先進、安靜且性能優異的聲學優勢，讓它們得以在最隱蔽、最危險的海域中觀察並記錄蘇聯的武器測試。最重要的是，北約必須在蘇聯的新武器進行海上測試前，掌握最佳且最新的情報。在巴倫支海（Barents Sea）深處蒐集這種重要情報，是一項高風險的危險任務，但北約成功地進行了數十年，而且總是能獲得一流成果。下一步就是透過絕不會讓情報蒐集來源及手段曝光的安全機制，將蘇聯新武器的操作特性、航程及關鍵感測器的頻率，分發給北約各成員國。冷戰期間，傳統的訊號情報及電子情報，在這些情報蒐集行動中發揮了重要作用。這需要借助特殊情報蒐集設備，以多種方式被動監聽及攔截蘇聯通訊。

翻譯也是這項程序的一個重要部分，在英美有一小群訓練有素的翻譯人員，負責釐清所有技術性及對話性的截聽內容。這些翻譯人員就是二次大戰時期著名的布萊切利園及美國MAGIC密碼分析小組的後繼者。在許多情況下，技術翻譯人員會奉派參與某些需要在艦上即時了解蘇聯正在進行什麼的特殊任務。這些俗稱「海上騎手」（Sea-Riders）的翻譯人員，經常會在海上度過數週，參與這類緊張的行動，幫助北約準確釐清蘇聯人是在測試某種系統或武器的原型，還是在測試及評估某種近乎具備初始作戰能力（initial operational capability，北約代號為IOC）的戰術。

在這個複雜的過程中，與情報蒐集、分析及分派同時進行的下一個重要階段，是滲透進蘇聯境內執行計畫的基地，也就是統籌研發與設計的莫斯科軍購中樞。要藉由傳統間諜活動滲透這些中樞，難度極高。

滲透蘇聯情報系統

從蘇聯叛逃者與特務人數極少這一點，就能證明蘇聯重要官員洩露國家機密的可能性非常低。因此，五眼聯盟很少寄望能獲得定期且可靠的人力情報。雖然美國的高空情報蒐集，在那整段時期甚至直到今日都很重要，而且價值極高，還是有局限性。衛星無法看到莫斯科及列寧格勒的大樓，或是蘇聯潛艦造船廠的內部。衛星既能聽、也能看，能從太空中獲得大量的訊號情報及電子情報。然而，在手機通訊、微波發射塔及大量國際數位通訊問世前的時代，英美仰賴的是與射頻頻譜（radio frequency spectrum）相關的傳統通訊技術、頻率與程序。這可以透過各種不同的方法、平台及地理位置來進行攔截。除了無線電通訊外，蘇聯、華沙公約組織及北約也普遍使用固網電信，其中許多線路與各國政府及電話公司營運的常規電話線是分開的，因此相對安全。

這同樣適用於冷戰後愈來愈普及的越洋通訊電纜及衛星通訊。英美兩國必須依循源自二次大戰時期的傳統通訊攔截技術與程序，並結合更先進的技術，在持續攔截無線電通訊的同時，也得在衛星通訊時代及後來的數位通訊時代保持領先。當然，蘇聯人也有高度安全的通訊程序，以避免經過加密編碼的訊息遭到滲透及解碼。蘇聯體系下集中化的軍購管理，和他們的許多軍事與情報單位有著同樣的弱點：集中化管理使它的組織方式很容易被辨識及理解。

成功侵入蘇聯中央集權式的軍購過程的通訊，再加上定義了前文描述的大量高價值且可操作的基線情報，讓五眼聯盟得以對許多蘇聯造船廠正在造些什麼，以及下一代潛艦級別的性能，做出極為明確的評估。

但情況有時並不會那麼順利。在一九七〇年代，美國情報系統往往低估了蘇聯的能力。美國的評估在很大程度上仰賴著「蘇聯未能掌握先進的電腦數位訊號處理技術」，尤其在低頻窄頻（low-frequency narrow-band）的加密訊號處理方面。美國堅信就是這一大弱點讓蘇聯無法解決潛艦的靜音技術，以及利用船體設計來降低噪音水平的嚴峻問題。美國評估認為，蘇聯之所以大量投資於主動聲納及其他非音響反潛系統的技術研發，是因為他們無法理解、也未能獲得高性能被動聲納探測技術來偵測出安靜且敏捷的英美潛艦。

相較之下，英國就曾以極為詳盡的情報報告指出，自一九八〇年起駛離造船廠的下一代蘇聯潛艦，各方面的性能都將更為優異，尤其是在噪音抑制與所搭載的武器方面。結果，蘇聯可發射巡航飛彈的奧斯卡級（Oscar-class）潛艦及颱風級（Typhoon-class）彈道飛彈潛艦

（兩者均為北約代號）的問世，證明英國的評估非常準確，而且作戰情報很快就證明它們的正確性。英國的評估是基於對蘇聯研發基地、高度敏感的蘇聯軍購系統、證實非蘇聯欺敵假情報的重要開源資料（open-source data），以及得自所有來源的基線資料庫（baseline databases）等相關資料，所進行的綜合分析。英國預測，蘇聯潛艦的性能到了一九八〇年將出現重大進展，而且蘇聯正在同時進行非聲學反潛作戰計畫（non-acoustic ASW programs），以及嶄新且先進的被動聲學信號處理計畫。從英國的角度來看，所有要素都在昭告蘇聯的潛艦性能在一九九〇年代將有顯著提升。

繼奧斯卡級與颱風級之後，蘇聯又造出了性能有飛躍性提升的維克托III級（Victor III-class）與阿庫拉級蘇聯核動力攻擊潛艦。我在一九八二年與一位英國同事發表的一份高度敏感的英國〈調和威脅報告〉（Harmonized Threat Paper），對蘇聯新型潛艦的性能做出了準確的評估，其中只有一處稍稍失準，因為蘇聯在海上測試後修正了這個問題。英美兩國在一九七〇年代晚期到一九八〇年代初期這段期間的差異，極可能是因為美國情報單位的能力各不相同，往往無法針對評估結果達成共識。比起美國那龐大到有時難以合作的情報組織，英國人享有規模較小且較一體化的優勢，情報蒐集人員與分析人員之間的工作關係極為密切，得以在一個更緊密的圈子裡，協調出有共識的評估結果。

一旦建立了新的基準，英美兩國就可以回復到友好的常規模式，但要說兩者之間沒有磨擦，就忽視了蘇聯潛艦性能從一九七〇年代晚期到一九八〇年代的關鍵轉型期。

在一九九〇年代，這變得更顯而易見。

在作戰情報方面，無論是情報蒐集還是分析，美國海軍和皇家海軍持續獲得非凡的成果。美國使用的聲波監聽系統（SOSUS）就是一個明顯的例子。設在英國境內的各聲波監聽站，能追蹤到從蘇聯北極圈的科拉半島，穿過格陵蘭－冰島－英國缺口的蘇聯潛艦所在位置，這對於指揮數量不多的英美反潛作戰部隊，在遼闊的挪威海、北海及大西洋東北區域，搜索、標定並追蹤蘇聯潛艦至關重要。

英美的空中反潛裝備（美國有P-3反潛機，英國先有夏可頓〔Shackleton〕反潛機，後來又換成獵迷〔Nimrod〕反潛機）。海上及海底艦隻的協調，是透過位於英格蘭諾斯伍德（Northwood）的指揮部和蘇格蘭與北島海軍旗官（Flag Officer），以及主要在挪威北部的羅弗敦群島（Lofoten Islands）行動的挪威皇家海空軍等，其他北約裡位置邊遠、層級較低的指揮部組織而成的。美國在冰島凱夫拉維克（Keflavik）的基地，是此指揮鏈的另一個關鍵環節。位於蘇格蘭北部印威內斯（Inverness）以東的莫萊灣（Moray Forth）的皇家空軍金洛斯基地（RAF Kinloss），與英格蘭西南部康沃爾郡聖茅根（St Mawgan）的皇家空軍基地，是可供美國飛機降落加油、機組人員略事休憩的重要飛行據點。

位於皇家空軍金洛斯基地以東的洛西茅斯（Lossiemouth）皇家海軍航空站，是皇家海軍在蘇格蘭北部用於攔截蘇聯偵察機與轟炸機的陸上指揮中心。此外，美國也在英國多地設有高度隱密的訊號情報站。如今已經關閉的這類傳奇地點之一，就位於蘇格蘭遙遠的東北海岸，一座名叫埃德塞爾（Edsell）的小村莊附近，數個世代的當地居民長年為美國海軍情報組織的活動嚴守機密。

英美攔截站的情報成果

這個美國攔截站與政府通訊總部其他位於英國境內的攔截站，聯手進行了寶貴的即時訊號情報攔截。這些電台能涵蓋蘇聯間諜船（AGI），以及隸屬於蘇聯海洋監視系統（SOSS）梯隊的蘇聯與非蘇聯華沙公約組織商船的通訊活動，為英美海軍及其他盟軍的行動提供關鍵情報。這些船隻進行通訊時，即使是在高度加密的模式下，政府通訊總部及其在美國國家安全局和海軍密碼中心的同仁，都能夠破譯這些加密的訊息。這種資源與方法的協調整合，導致美國海軍與皇家海軍能在蘇聯主力艦隊（也就是北方艦隊，尤其是其中最強大的資產——潛艦）活動的海域，對它們的行蹤與動向進行全時的監視與追蹤。加拿大、澳洲及紐西蘭的五眼聯盟成員，也在敏感的地點扮演了同樣高度機密的角色。他們的貢獻是無價的。

然而，這種對蘇聯核心海軍戰力與行動的每一階段的監視，在兩個關鍵領域受到挑戰。其中之一是由約翰・安東尼・沃克（John Anthony Walker, 1937~2014）所領導的，造成驚人的破壞性後果的美國間諜網。另一個則是蘇聯海軍研發部門透過其他方式，挑戰英美聲學優勢的努力。同時，蘇聯也開始進行那些挑戰英美戰略威懾態勢的計畫。這些計畫不同於蘇聯間諜船在英國和美國基地附近盯哨，並試圖向其海洋監視系統傳送最新作戰情報的既有模式。傳統上，這類情報會幫助蘇聯新型的勝利III級（Victor III-class）核攻擊潛艦等，標定與追蹤出海的英美彈道飛彈潛艦這類西方核威懾的核心戰備。

為了破壞及抵消西方的技術優勢，蘇聯做出一項重大戰略決策，也就是潛入北極冰蓋下，並在發展主動及被動聲學訊號處理的替代技術的同時，改善潛艦的靜音性能。美國的沃克間諜網所提供的情報，為蘇聯發起這些重大改革提供了莫大的幫助。

英國海軍也沒能躲過蘇聯間諜的滲透。上一世代的波特蘭間諜網，在位於

蘇聯奧斯卡級核動力巡航飛彈潛艦。
（圖片出處：Wikimedia Commons, US Navy）

英格蘭南海岸多塞特郡波特蘭的海軍部水下研究機構（Admiralty Underwater Research Establishment）的英國海軍計畫中，取得了重大進展，但其活動的破壞力，並不及費爾比、伯吉斯與麥克萊恩間諜網，後者滲透進英國祕密情報局最高層，並向他們的蘇聯主子提供了無數無價的英國機密人力情報與特務身分。費爾比對軍情六處所造成的毀滅性效果，並不亞於沃克間諜網對美國海軍及相關情報單位造成的災難性後果。

近年，愛德華．史諾登（Edward Snowden）的背叛，再次凸顯了洩密對關鍵情報來源、方法及內容的影響。這起事件嚴重損害了大眾對英美及其國家安全局、政府通訊總部之行動的看法。還算幸運的是，雖然史諾登從未被反間諜人員、資格審查人員或關係密切的同事發現，但他掌握的情報仍然有限。多虧了五眼聯盟這樣高度保密、合作無間的組織，才能成功防堵他接觸到這些機密。五眼聯盟的海軍在冷戰期間成功保護了情報蒐集計畫。雖然這些計畫的某些產出，遭到沃克間諜網的洩漏，但關鍵行動方面始終滴水不漏，因為五眼聯盟盡可能將僅知的人員數量降到最低限度，同時也嚴密避免與可能存在愛德華．史諾登這種漏洞的其他內部單位共享訊息。自一九五〇年代以來，情報蒐集計畫高度保密的內部運作依然毫髮無傷，值得大家對五眼聯盟海軍致上最高的敬意。

五眼聯盟情報系統的價值，就某方面來看是無法估量的。但在另一方面，它又可以用基於科學和技術情報標準建立的明確指標來衡量，而且這個指標受到政治、軍事和經濟情報等各方所支持。五眼聯盟在這方面的集體優勢，遠遠超過其他任何國家或華沙公約組織。這種壓倒性的優勢，必須有充足的支持與資金挹注，否則不僅會危及每個五眼聯盟國家的安全，還會危及在全球經濟下相互依存的世界；任何重大的不穩定性，都可能導致世界經濟急劇陷入動盪。

Chapter 3

政治性與體制性變化（一九七八～一九八三）

我與美國同僚並肩從事這段艱難卻也刺激的工作後，於一九七七年底返回英國，心情相當難受。我利用休假調整心情，探望家人，並再次舉家從倫敦搬到漢普郡樸茨茅斯一帶。我將出任皇家海軍軍械工程學校的副校長；皇家海軍的所有武器工程專家，包括軍官與士兵，全都按照他們的專長、軍階及接下來在海上的崗位進行培訓。軍械工程學校有七百多名人員，其中包括受訓學員與教職員。在由我負責軍械工程學校日常運作的這段日子裡，樸茨茅斯總司令指示要推動該校的結構性改革，以配合海軍武器系統的快速變化，還有操作及維護它們所需的訓練。回想起來，當時在樸茨茅斯海軍基地的高層與我所領導的團隊，顯然站在數位及資訊革命的最尖端。

改革的結果，就是新成立了皇家海軍的電工學校（Electro-Technology School）。我們重組了培訓模式，並引進幾位近期在海上有操作最新系統經驗的傑出碩士級武器工程教官，以及曾參與即將投入使用的系統的研發及採購人員，來領導日常的訓練工作，並結合了課堂教學與操作系統的實務訓練。我們培訓的人員從士兵到海軍少校都有，後者是奉派擔任皇家海軍巡防艦與驅逐艦武器工程部門負責人的軍官。與美國海軍不同，皇家海軍會將擁有武器工程、海洋工程和航空工程專長的碩士級軍官列入「總名冊」，與美國海軍軍官有同樣的機會晉升到四星軍銜。名列皇家海軍總名冊上的工程師，被歸類為全職通才軍官，不一定會負責海上指揮職務，也可能擔任重要的陸上指揮職務，以及其他與總名冊海員專家（艦上人員）同等的高階軍職。那是一段振奮人心的時光，我身邊全是一流的教職員。工程學校／電工學校在樸茨茅斯野戰砲射擊比賽（Portsmouth Field Gun Competition）等體育賽事中也有優異表現，最後，我們以出色的成績通過了高階將官的檢閱。

在倫敦休假期間，我奉命致電海軍與情報部門高層，討論我在華盛頓的工作過程。這些會議非常寶貴，持續了幾天，並得到華盛頓使館人員的全力支持。我在華盛頓擔任的職位堪稱獨特，海軍與情報部門高層希望我能繼續擔任這個職務。我原本以為這是一個「一次性」的任務，既沒有前任者，也沒有繼任者，擔任的是一個為我量身定做的職務。高層竭盡所能尋找繼任者，並與美國方面針對繼任人選進行討論。不久後，我被告知他們在一番費力搜尋後找到了合適人選。此人將在一九七八年底或一九七九年初被派往華盛頓。

我和家人搬到了位於樸茨茅斯北邊的彼得斯菲爾德（Petersfield）附近，一座漢普郡小村莊克蘭菲爾德（Clanfield）的一棟現代住宅，當地有火車站，可以搭乘快車直達倫敦滑鐵盧車站。自從在格林威治任職以來，我就對海洋法及範圍更廣泛的國際法產生了興趣。一九七五年七月，我被林肯律師學院（Lincoln's Inn）錄取。在皇家海軍的支持與資助下，我在努力中穩紮穩打，考取了律師資格。居住在克蘭菲爾德的地利之便，讓我能參加林肯律師學院在倫敦舉辦的晚宴，這是獲得英國律師資格的必要條件。我能從倫敦準時在深夜回到家，並在隔天早上七點準時到工程學校上班。一九八〇年十一月，我獲得林肯律師學院頒發的律師資格。讓我渴望攻讀國際法最主要的契機，源自我在格林威治時，參加了為慶祝高級海軍學院在格林威治建校一百週年所舉辦的一九七三年海洋法會議（Law of the Sea Conference）。會議期間，我負責接待丹尼爾・歐康諾（Daniel O'Connell）教授，他是牛津大學國際法「奇切爾」冠名教授（Chichele Professor of International Law），被譽為海洋法領域首屈一指的專家，對我追求專業資格的念頭及動力產生了持久的影響。

在與七百多名各級海軍人員一起回到第一線共事的這段時間裡，我好奇自己從職業生涯初期到派駐華盛頓之間的經歷，是否能成為自己在職涯中更上一層樓的踏板，也納悶軍方是否對我另有安排。直到一九七九年初，我才知道皇家海軍與情報體系的確有所規畫。當時我被傳喚到白廳（Whitehall）的老海軍部大樓（Old Admiralty Building），得知我將離開工程學校／電工學校的職務，被派往一個直接受白廳的內閣辦公室管轄的特別計畫辦公室（Special Program Office）。我的「任命官」對細節也一無所知，並表示他「無權得知」。隨後，我收到正式通知，上面並沒有提及工作性質或地點，僅列出到職日期。我當然擔心自己的晉升前景，但當我獲選晉升時，一切擔憂也就煙消雲散。我在接受電工學校的同事以美酒佳餚盛情款待後，開始休假，打算先在倫敦租一戶公寓，待我們夫妻倆賣掉克蘭菲爾德的這棟房子後，再搬進一棟距離倫敦市中心不遠的住居。我很快就發現，自己的新職務是與四個英國情報機構，以及我在華盛頓共事過的主要情報機構，共同執行一系列新任務。

五眼聯盟的文化基礎

二次大戰期間所建立的特殊關係最持久的部分，是在建立集中式領導模式並確立新的層級制度後，各成員國的海軍與其海軍情報機構得以密切合作，進行許多高度機密的行動。基於這些行動的本質，五國海軍都能在新的集中式組織中保持自己的獨立性，並擁有其他軍種或情報機構所沒有的直達政治領導階層的特殊管道與途徑。此外，每支海軍在行動中都會相互配合。這類行動通常需要特殊的總統或首相所簽署的高度機密行政命令。過程中，每件事與每個人彼此都不會相連。此設定是基於一個關鍵因素：五國海軍中的每一支都在全球進行前沿部署，可能出現在其他部隊或情報單位無法到達的地方。即使在太空情報系統開始扮演重要角色後，也只有海軍能基於持續存在而執行某些情報關鍵的即時情報任務。時至今日，許多任務依然需要由前沿部署的海軍情報單位進行，而「安全原則」與「僅知原則」就是這些五眼聯盟行動的守護天使。

西方民主國家的國家安全政策，是建立在清楚明確的價值觀與戰略考慮上。首要之務就是保護自己的公民免於遭受一些侵略及挑戰領土完整、主權獨立和國家認同的威脅，也就是在和平與和諧中生活的權利；透過民主程序決定國家前途的權利；以及不受任何壓迫或威脅以獨立國家的形式存在的權利。根深柢固的歷史、文化、種族、語言與經濟因素，將五眼聯盟的每個國家凝聚在一起。每個國家維護其國家認同及自決權的戰略要求，因時間與地理空間而異，而這些因素決定了每個五眼聯盟成員國對於可能使自由、穩固的獨立現狀蒙受威脅的國際勢力均衡改變，所做出的反應。

二十世紀前半葉的一個重要教訓可以概括為，當迫在眉睫的威脅如密布的烏雲般，顯示世界正在朝安全堪虞的方向變化時，必須未雨綢繆地做好防範準備。最明顯的例子就是納粹黨的崛起，以及一九三三年的德國大選導致德國從一九三六年表現得日益好戰，直到一九三九年九月引爆二次大戰。缺乏防範，可能會予人軟弱的印象，並助長侵略者挑戰現狀的實力。後者在如今的環境裡，不一定會是最壞情況下的侵略，也就是傳統的領土侵犯，而是經濟性的，包括水與石油等資源、傳染病的威脅、關鍵原物料遭壟斷式的收購，以及對網路空間的侵襲。這主要戰略需求的終極目標，就是確保國家的生存。

第二個教訓是，五眼聯盟成員國為了保護國家安全及重大利益而結盟。同理，好戰且往往具有擴張意圖的國家，也會與其他可能為自己帶來眼前利益的國家結盟。納粹－蘇聯曾簽訂互不侵犯條約、納粹－日本－義大利曾組成軸心國，以及德國後來撕毀納粹－蘇聯互不侵犯條約，都是二十世紀敵對國家為了眼前利益，建立或破棄結盟的政治現實之典型案例。

第三，二十世紀的民主強權美國、英國，及其盟友加拿大、澳洲與紐西蘭，帶領世界提倡民族自決，例如英國就倡導去殖民與自治權。伍德羅．威爾遜（Woodrow Wilson）總統是第一次世界大戰後成立的國際聯盟（League of Nations）之父，五眼聯盟成員國是成立聯合國的核心，而且美國、英國與加拿大也是北約的龍頭。國際聯盟成立於一次大戰後的和平時期，宗旨是促進國際合作並減少戰爭發生。聯合國則是汲取國際聯盟未能維持國際秩序的教訓，以更有效的方式維護和平。北約的優勢則是以軍事上的團結、組織與實力進行威懾，而不是威脅。

五眼聯盟共同的文化，還有透過明確的軍力、國家意志，以及在組織完善的聯盟架構內合作展示實力的需求，催生出一條貫穿其戰略思維的明確主軸，也就是：為抵禦持續變化的環境中出現的威脅做好準備。五眼聯盟發現，維護國際安全的外交策略，或利用國力達成和平，所用的手段可能相當複雜。後者包括利用外交手段及多國聯手，以經濟制裁、國際孤立，還有限制貨物、原料及資金流入來施壓。若上述方法均告失敗，才能動用武力這最後的手段，包括封鎖、布雷、提高備戰水準，或是在最壞的情況下，公開宣戰。

在某些情況下，五眼聯盟，尤其是英國－美國－加拿大，有時會因為整體戰略形勢及勢力均衡不利於自己，而難以動用上述手段。蘇聯入侵匈牙利、捷克斯洛伐克與阿富汗，都證明了在多種情況摻雜下，會讓美國、加拿大、英國及其他盟友無計可施，而這種情況是不健康的。在上述的三個案例中，蘇聯的勢力都大到讓北約只能抗議，卻完全無法做出任何實質上的反應。這三種情況都留下了深刻且持久的教訓，尤其是軍事作為外交政策與整體國安政策的手段，是有局限性的。了解這些局限、集中式管理的問題，以及對五眼聯盟產生的影響，是十分重要的。

二次大戰無疑是人類史上規模最大的衝突。令人震驚的是，在戰爭期間，無論是美國、英國或是其大英國協盟友，主要國防組織都沒有經歷徹底的改革。雖然有更嚴格的控管及出於必要的合作，但沒有任何一國的軍方對合作提出反對或抵制。考量到二次大戰各個層面的複雜性，尤其是在短期內建造規模龐大的工業基地與戰爭機器，並在極短的時間內進行技術創新的驚人能力，有一點非常清楚：這套系統是有效的。雖然不盡完美，但英美兩國在二次大戰期間的國防組織表現非常出色；在進行得飛快的改造中，官僚主義的惰性不復存在，阻礙改革或命令傳達的人很快就被剔除，各種失職或無能也都獲得了修正。

那麼問題來了，為什麼需要改革？而且為什麼會發生從各自為政到集中式管理的改革？沒有人能指責戰時與戰後的任何五眼聯盟成員國軍方不合群，也絕沒發生過有哪一國為了利己營私而獨斷專行的最壞情況。一直都是由政治高層與軍事首長及參謀商定大戰略，再分配軍事資源來執行。各軍種之間的爭執不是為了資源分配的惡鬥，而是為了爭取優異表現，以提升自我價值的高貴競爭，這是非常健康的。

五眼聯盟的各國軍方，從未與其他同儕針對資源分配以及由誰來執行大戰略中的什麼，爆發過激烈的爭執。在突出部之役（Battle of the Bulge，編註：德國於二次大戰末期在歐洲西線戰場發動的攻勢）期間，喬治・巴頓（George Patton）將軍的部隊為美國陸軍航空隊（US Army Air Force）在天候好轉後現身提供對地支援時，展現出前所未有的振奮，水上艦隻也為解放者或蕭特桑德蘭（Liberator or Short Sunderland，譯註：兩者均為由轟炸機改造而成的反潛機）攻擊浮出水面的德國潛艦（U-boat）歡呼過無數次。各軍種之間是相互效力，而不是自相殘殺。

二次大戰證明了國防組織具備三種不言自明的特徵：它們必須是團結、高效率且有效的。二次大戰中的經驗，讓大家期望能有更高度的整合及高層控管，因為以集中式管理駕馭原本各自獨立的軍方組織，顯然有助於提升效率，而不像原本以為的會造成各軍種間的競爭並降低效率。隨之誕生的，就是一個在權力上凌駕於既有架構之上的龐大官僚機構，美國與英國的國防架構都因此擴充。一旦發生基本的政治改革並透過立法支持，美國的國防部長辦公室與參謀長聯席會議，以及後來的英國國防部與中央國防參謀部的規模，都出現指數級的增長。這些改革需要耗費寶貴的資源及鉅額的成本，但既然兩國在二次大戰期間獲得的成果及汲取的教訓成效還不錯，這一切應該就是值得的？

體制變化與蒙巴頓因素

幾位知名的戰後人物都是集中式管理的擁護者。在英國，最大的倡導者也許是親自監督了中央國防參謀部創建的海軍元帥——路易斯．蒙巴頓勳爵（1900~1979）。這怎麼可能？蒙巴頓上將誠摯地相信，透過集中式管理有助於高效率，堅信各軍種之間應該合作，而非競爭。他曾於一九四一年至一九四三年擔任聯合作戰司令部司令，這是他的第一個將官要職，期間大力提倡跨軍種協同作戰。一九四三年至一九四六年，他在遠東地區擔任盟軍東南亞最高司令部司令時，看到了跨軍種合作的巨大價值。當時他所指揮的部隊，就是二次大戰後誕生的「五眼聯盟」的雛形。

路易斯．蒙巴頓勳爵在各方面都是個相當獨特的人物；他是伊麗莎白二世女王的遠房表哥，也是伊麗莎白二世的夫婿愛丁堡公爵菲利普親王的叔叔。他的家世非常顯赫：他是巴滕貝格的路易斯王子（Prince Louis of Battenber）與黑森的維多利亞公主（Princess Victoria of Hesse）的么兒兼次子。他於一九一三年五月進入奧斯本皇家海軍學院（Royal Naval College at Osborne）。一九一四年，他的父親成為第一海務大臣兼海軍參謀長。但巴滕貝格（因與德國家族的關係而將姓氏改為蒙巴頓）家族卻在此時遭受重大打擊，他的父親因英國的反德情緒而遭到免職。

年輕的蒙巴頓克服了這個家族背景的障礙，在一九五五年四月至一九五九年七月間擔任最高軍職——第一海務大臣兼海軍參謀長，並於一九五九年至一九六五年間擔任有史以來任職期間最長的國防參謀長。他和他的父親是皇家海軍史上同時擔任第一海務大臣及海軍參謀長的唯一一對父子檔。

因此，蒙巴頓勳爵擁有極大的影響力。蒙巴頓在經歷了一九五〇年代的韓戰、冷戰的升溫、蘇聯入侵匈牙利，以及一九四九年八月蘇聯首次試爆原子彈後核武競賽的升級，確信英國軍方需要實現在實際組織上的一體化。他開始與歷任首相哈羅德·麥米倫（Harold Macmillan，

擔任盟軍東南亞最高司令部司令時的海軍元帥路易斯·蒙巴頓勳爵。
（圖片出處：Wikimedia Commons）

一九五七年一月至一九六三年十月在位）、亞歷克．道格拉斯．休姆（一九六三年十月至一九六四年十月在位）及哈羅德．威爾遜（一九六四年十月至一九七〇年六月在位）政府合作，改革英國國防體制。實際上，他在政治與軍事架構上打破皇家海軍的傳統，皇家海軍作為單一軍種，並由兼任內閣成員的海軍大臣在國會中擔任代表的情況已不復見。這件事產生了蒙巴頓勳爵可能沒意識到，或因認為此改革是必要的而沒特別重視的戲劇性影響。

皇家海軍在國會中不再擁有自己的席次，也不能再直接接觸到內閣層級。海軍部（Admiralty）成為一個受國防部管轄的機構。由第一海軍大臣領導的海軍參謀部，仍然以過去的形式存在。負責海軍計畫、作戰需求、作戰與資源採購等的重要部門也維持不變。這些海軍的重要部門，以及領導物資採購的海軍管制官（Controller of the Navy）與海軍參謀長（Chief of Naval Personnel）轄下人員，從未有官僚習氣或過多冗員，一直都是勤勞高效率的精簡組織，海軍情報局也是如此。由於失去了直達高層的政治管道與影響力，如今海軍必須透過中央國防參謀部的架構運作。這個架構新增了一些許多人認為重複的協調功能，而這些功能在之前的數十年裡是透過參謀委員會運作的；參謀委員會也是同樣精簡的組織，如今在國防參謀長轄下獲得擴編。參謀委員會在聯合作戰層級，複製了皇家海軍參謀部的個別功能。後者在二十世紀的兩次大戰中表現不俗。

海軍的四星將領發現自己失去了直達領導階層的政治管道，也無法向一體化的國防部內的中央國防參謀部，以及國防參謀長與副參謀長層級，彙報所有的主要國防事務——政策、計畫、行動、情報、人事及採購（也包括研發）。因此，在兩次大戰中及數十年來，甚至數百年來都運作良好的原海軍部架構上，又增加了一個規模龐大的參謀功能與相應的人力及官僚主義，造成了極大的文化衝擊。此外，皇家海軍突然發現自己不僅要透過這些新的國防層級體系運作，還要與一個不斷膨脹且在一段時間後變得頑固僵化的公務員官僚體系合作，這增加了皇家海軍的運作程序與成本。這些變化造成的長期組織性影響，在一九六四年到正式改革的幾年間，並未得到充分的分析或理解，因為當時面對冷戰帶來的安全挑戰，集中化與一體化被認為有助於促進協同、整合與規畫。

皇家海軍發現自己得在這樣的新環境裡競爭，也失去了在海洋戰略上能直達天聽的代表。這是一個很大的轉變，因為自從十八世紀後半的納爾遜時代以來，皇家海軍一直以透過制海權，尤其是遠洋作戰，來實踐英國大戰略的化身自居，而且認為這一點是不言自明且全國公認的。

一九六〇年代，在英國首相哈羅德．麥米倫發表了著名的「變革之風」（Winds of Change）演說後，英國開始計畫性且全面地展開去殖民化，尤其是在非洲、亞洲及西印度群島地區。印度獨立（以及印度和巴基斯坦分治，與後來東巴基斯坦獨立成為孟加拉）開啟的獨立風潮，讓哈羅德．威爾遜的工黨政府與國防大臣丹尼斯．希利認為，英國應該回歸歐洲。「撤軍」（Withdrawal）成為英國國防詞彙裡的一個關鍵詞，尤其是針對遠東及駐守新加坡與香港的英國遠東艦隊（British Far East Fleet）。希利認為，英國艦隊已經沒有必要繼續維持一九五〇年代到一九六〇年代初期的規模。除了聚焦北大西洋之外，他並沒有提出一套將皇家海軍融入冷戰環境下的政策或戰略。英國海軍計畫性撤出了歷史上長期掌控的地中海，地中海艦隊司令被降級為馬爾他海軍少將，最後隨著馬爾他海軍基地的關閉，皇家海軍對地中海的長年支配就此告終。遠東各基地也循此模式，將規模縮小為輔助設施，最後在新加坡降下了遠東艦隊的旗幟。這一切除了出於英國掌控的領土減少而產生的預算與外交政策考量，也與國防組織架構的改革有關。

新的國防組織創造了一個截然不同的政治－軍事環境，並在其中做出關鍵決策。在撤出殖民地時期，新的國防部必須處理許多相互衝突的優先事項。其中最重要的是在傳統軍力與戰略核防禦之間保持平衡，還有以駐守西德的「駐萊茵河英國陸軍」（BAOR），支援歐洲大陸上的北約陸軍部隊。在這些經常相互衝突的資源問題裡，還有其他的潛在問題，例如皇家海軍與皇家空軍之間日益激烈的競爭。

英國首相麥米倫與美國總統約翰．甘迺迪（John Kennedy），在一九六一年十二月於百慕達進行歷史性的會面後，美國同意與英國分享核動力潛艦和戰略彈道飛彈技術。皇家海軍從此開始建造核攻擊潛艦與彈道飛彈潛艦，而後者成為英國透過核威懾來執行國家戰略防禦的核心，如今依然是支柱。皇家空軍為了維持其具備核攻擊能力、合稱三V轟炸機的火神式（Vulcan）、勝利者式（Victor）與勇士式（Valiant）轟炸機而爭取資源，這些轟炸機類似於美國戰略空軍司令部（Strategic Air Command）的B-52轟炸機，具有攜帶核彈的能力，而這些需求與性能都需要投入大量資源來維持。

丹尼斯．希利認為英國撤回前領地駐軍，等同於縮減海上軍力與前沿軍事部署。這支曾經全球部署的海軍必須面對現實。希利認為，這場撤軍能大幅節省成本，縮小皇家海軍的規模，可以透過將英國陸軍與空軍部署在歐洲，致力於歐陸防務，並將皇家海軍部署在北歐海域，致力於對抗日益茁壯、試圖取道格陵蘭島－冰島－英國缺口進入大西洋及其他海域的蘇聯北海艦隊。整體戰略取決於可用資源，而不是深入分析英國在依靠美國的支援與技術打造一套獨立戰略核威懾之外的主要戰略目標。皇家空軍希望能繼續負責英國防務及駐德皇家空軍的歐陸防務，同時負責海上巡邏任務，將皇家空軍海防司命部（RAF Coastal Command）轉移到皇家空軍第十八大隊（18 Group Royal Air Force），該大隊起初使用夏可頓巡邏機，後來又改用獵迷海上巡邏機。

當更換艦隊主力航空母艦的決定，被送到丹尼斯．希利的辦公桌上時，皇家海軍發現自己陷入了一個不利的處境。如今，海軍參謀部不僅得與皇家空軍競爭，也得與一個關注戰略又想節約成本的中央國防參謀部競爭。核威懾以外的主要英國國家戰略利益，都不再受重視；遠洋作戰的核心概念，也不再被視為聚焦歐洲防務以外的全球性替代方案。

國防大臣丹尼斯・希利的改革

國防大臣丹尼斯・希利是一位知識分子，也是戰後工黨的主要思想家之一（見附錄）。他認為，航空母艦無法招架新型核攻擊潛艦的魚雷攻擊，將它們形容成船員被迫寄居的海上貧民窟。他沒有做過更深入的分析，也沒有探討新型的獵殺潛艦（hunter-killer submarine）在未來能如何保護航空母艦戰鬥群。他拒絕承認皇家海軍的海上艦艇正在思考如何以反潛作戰來保護航空母艦、兩棲攻擊艦及商船，以及新的防空飛彈系統如何能反制空襲來保護這些主力部隊，此外，使用固定翼飛機（簡稱定翼機）進行機動攻擊的戰略價值，也不在國防大臣希利的戰略詞典裡，使得英國海軍航空部隊面臨了皇家海軍迄今最嚴峻的挑戰。

在一九六四年的重大改革後建立的政軍架構，對皇家海軍航空母艦更換計畫的辯論毫無幫助，因為

丹尼斯・希利
（圖片出處：Wikimedia Commons）

隨著內閣層級的海軍大臣一職被取消，加上權力集中化的國防部內設立了中央國防參謀部，海軍已經不再擁有政治上的影響力。

定翼機航空母艦勝利號（HMS Victorious）、競技神號（HMS Hermes）、鷹號（HMS Eagle）及方舟號（HMS Ark Royal）有其服役年限，而兩艘輕型航空母艦——阿爾比恩號（HMS Albion）及堡壘號（HMS Bulwark）——已經被改裝成可搭載直升機、供皇家海軍陸戰隊使用的兩棲登陸艦。皇家海軍汰換定翼機航空母艦的計畫以失敗告終，導致皇家海軍不再有主要的定翼機航空隊，直到二〇二〇年左右，兩艘伊麗莎白女王級航空母艦中的第一艘，將搭載洛克希德－馬丁（Lockheed-Martin）F-34戰鬥機作為艦載機，才得以恢復。海軍參謀部盡可能延長方舟號的服役年限，使其成為一九七九年退役的最後一艘主要航空母艦。原本艦上的F-4戰鬥機、海賊式（Buccaneers）攻擊機及塘鵝式（Gannet）反潛機，不是被移交給皇家空軍，就是被解體。

許多海軍及獨立戰略專家認為，國防部與中央國防參謀部嚴重誤判了，而海軍參謀部原本計畫在短期內補救此情況，但還是花了五十年才得以糾正這項重大的失策。皇家海軍有史以來最大的航空母艦——伊麗莎白女王號（HMS Queen Elizabeth）在二〇一七年十二月服役，而威爾斯親王號（HMS Prince of Wales）則在二〇一九年十二月服役。

這樣的決策，體現了如今必須在白廳層級運作的皇家海軍典型行事方式。由於缺少了在內閣與議會層級的直接代表，海軍不再能以傳統的方式獲得政治影響力及參與辯論。新的中央國防參謀部及國防部的功能，將海軍參謀部排除在主流之外，僅能執行最直接的職責。第一海務大臣不再像昔日那樣是海軍部的要角，而是一名日益需要捍衛自己的觀點，又得在國防參謀長麾下參與團隊合作的首長。第一海務大臣必須體認到，如今他僅是國防部裡的四人之一（三名軍種首長加上國防參謀長），而且他的海軍參謀要與權限很大的文職官員祕書處，以及中央國防參謀部抗衡；中央國防參謀部中有一些海軍官員，但最多只有其中三分之一，而且通常必須在三個軍種之間輪替。上述種種都不利於皇家海軍根據身為英國國防守護者的歷史傳統，來制定、闡述及說

方舟號與美國海軍尼米茲號（USS Nimitz）於維吉尼亞州諾福克（Norfolk），1976年4月。（圖片出處：Wikimedia Commons）

服政府將海洋戰略作為主要戰略的必要性。皇家海軍爭奪龍頭地位的能力遭到削弱。

新的中央國防參謀部成為一個程序導向的組織，而高度官僚化的委員會運作、平衡利益衝突、不斷嘗試透過妥協以滿足每個軍種的要求與資金需求等，成為中央國防參謀部的日常行事。在這個過程中，基於英國的關鍵國防利益，針對大戰略所進行的辯論、決定與合意之核心且極為重要的功能，往往被各軍種彼此妥協的喧囂所淹沒。最近數十年的英國〈國防戰略與安全報告〉（Strategic Defence and Security Reviews, SDSR）也被認為有著同樣的問題。

美國的政治制度避免了改革的負面影響

與皇家海軍相比，美國海軍在一個關鍵方面最為幸運。美國的政治制度與憲法的本質，能幫助美國海軍在前述的組織改革之後，維持持久的影響力。最重要的兩個因素，一是美國的立法與行政是分離的，二是美國海軍部長的地位與角色維持不變且不受挑戰，即使海軍部長於一九四九年失去了內閣席次，而且改革後的國防部長在層級上權力極大。弗朗克（William Franke）、康納利（John Bowden Connally, Jr）、科思（Fred Korth）、費伊（Paul Burgess Fay Jr.）、尼采（Paul Henry Nitze）、伊格納蒂斯（Paul Robert Ignatius）及查菲（John Lester Hubbard Chafee），在一九六〇年至一九七二年間仍然享有自主權，可以透過完善的憲法管道，為美國海軍謀取最大利益。從一九六〇年至一九七四年間的海軍作戰部長（Chiefs of Naval Operations），包括海軍上將伯克（Arleigh Albert Burke）、安德森（George Whelan Anderson Jr.）、麥克唐納（David Lamar Mconald）、穆勒（Thomas Hinman Moorer），以及朱姆沃爾特（Elmo Russell "Bud" Zumwalt Jr.），從未面臨過同時期的英國第一海務大臣及麾下參謀人員所面臨的困境。

美國海軍的領導階層，能以各種明確且合法的形式，接觸到國會的各個層級。他們不僅能代表海軍爭取計畫性、資金上的利益，也能以核心戰略問題來影響年度國防預算。美國海軍能在非機密性聽證會的公開辯論中，充分闡述其利益。歷任海軍作戰部長的個人優勢，在眾議院軍事委員會（HASC）及參議院軍事委員會（SASC）的公開質詢中，以及不向民眾及媒體開放的機密性閉門聽證會中展露無遺。關鍵戰略性問題的激烈辯論會被公開轉播，氣氛通常是嚴謹、坦率中帶有幽默感，但也有委員和參議員從幹練且知識淵博的委員會及幕僚聽取過詳情，在此提出尖銳且犀利的質詢。這些委員會的主席及委員們享有極大的權力。因此，美國海軍常有機會透過由專人精心準備的國會報告，來陳述其爭取資源的訴求。海軍作戰部長的幕僚群中，有專司聯絡國會的人員，可以合法與國會裡的各委員會互動，影響國防辯論及計畫、人力、艦艇、潛艦、飛機、武器，以及關鍵運作與維修的預算。

這個過程中的另一項因素，是工業界與海軍的關係，因為承包商都想爭取所有與海軍相關的生產和服務業務。這些承包商、其遊說者，以及在自己的選區定居並營商的眾議員與參議員，構成了錯綜複雜的網絡，一同爭取有關就業及其他利益的案子。海軍的資金來源，則被控制在參眾兩院的撥款委員會（Appropriations Committee）手裡，參眾兩院的軍事委員會可以批准海軍所提出的要求，但唯有參眾兩院撥款委員會中的國防撥款小組委員會（Defense Appropriations Sub Committee）才能合法撥款。這些委員會權力極大，既能撥款幫助某個計畫成功，也能終止撥款而宣判某個失敗計畫死刑。美國憲法賦予海軍影響這個過程的權力，而這項權力也被清晰地定義、徹底地理解並專業地行使。高階將領的成功，有一部分取決於在國會山莊的表現。三星與四星將領擁有在國會山莊的發言權，海軍部長也常得坐鎮其中，身旁分別坐著海軍作戰部長及海軍陸戰隊總司令。皇家海軍則沒有這種憲法賦予的特權，既無法在議會裡陳述需求，也無法透過直接影響來爭取經費。

文化與人脈是美國海軍和國會的關係中，往往不為人知卻根深柢固的兩大因素。許多國會議員曾在美國海軍服役，其中有些還曾有優異表現，例如，已故的亞利桑那州參議員約翰．麥肯及維吉尼亞州參議員約翰．華納（John Warner），都是傑出的海軍退伍軍人。其他還有許多不勝枚舉的例子。許多國會議員曾在波多馬克河（Potomac）沿岸兩側的五角大廈與國會山莊任職。因此，他們不僅了解這個過程，而且對於每件事是怎麼回事、該怎麼做，都有著先入為主的信仰與觀點。他們對美國海軍的忠誠度根深柢固，也了解海軍的戰略主張。他們的幕僚能填補所有技術知識方面的空白，並與海軍人員聯手從海軍作戰部長的幕僚那裡取得各種簡報及文件。在二次大戰後的時期，行政與立法部門之間一直存在著健康、充滿活力且不斷變化的政軍對話。英國的體制非常不同，而且在刪減國防預算的時代，不太能為皇家海軍爭取利益。

或許沒有什麼比最高統治階層的屬性及憲法賦予的地位，更能彰顯皇家海軍與美國海軍運作環境的根本政軍差異。美國有幾任總統曾有任職國會的經驗，因此懂得從不同的角度看待政府。羅斯福總統在職業生涯早期曾擔任過美國海軍副助理部長（Assistant Secretary of the US Navy），邱吉爾也曾當過兩任海軍大臣。二次大戰後，有幾任美國總統曾在美國海軍服役，包括甘迺迪、詹森、尼克森、福特、卡特及小布希，都是傑出的美國海軍退伍軍人。其中幾位甚至還曾因為立下顯赫戰功而獲頒勳章。他們都了解海軍如何運作、其任務為何、背後動機，以及海權戰略上的重要性。

相比之下，二次大戰以來，僅有一位英國首相曾在皇家海軍服役：詹姆斯．卡拉漢（James Callaghan，一九七六年至一九七九年在位）曾自一九四二年服役至二次大戰結束。他的父親曾是一名皇家海軍軍官。卡拉漢首相以合格水手的身分加入了皇家海軍志願後備隊（RNVR），服役期間表現極為出色，退伍時官拜皇家海軍志願後備隊少校。然而，英國的政治高層裡，並沒有如這些美國總統般有深入的海軍知識與經驗，甚至曾參與激烈戰鬥的人物。這一點就造成了美國三軍總司令在面對艱難的決策與選擇時，與英國元首的顯著差別，因為美國三軍總司令瞭解戰爭的真實樣貌，以及決策可能造成的後果。此外，在同樣重要的預算分配與優先順序上，有海軍服役經驗的總統，比較可能理解並尊重海軍在爭取年度預算的過程中，所提出的要求及理由。

在阿根廷於一九八二年春季入侵福克蘭群島後，特倫斯・陸溫（Terence Lewin）及亨利・里奇（Henry Leach）兩位海軍上將被迫在一夕之間向首相柴契爾夫人灌輸她原本一無所知的海軍基本知識，幸好她有極強的學習能力，又有這兩位優秀的二次大戰老兵最專業的指導，方得以理解他們所提出的計畫。在二十年前的一九六二年古巴飛彈危機時，約翰・甘迺迪總統就算沒有這類指導，也能動用海軍來頓挫蘇聯的意圖與行動。

體制改革的戰略影響

相較於二次大戰時的情況，美國和英國的變化是相當巨大的。美國海軍在一九四七年的重大改革中，得以持續且持久地直接向國會陳述自己的立場，並爭取所需的資源。相較之下，皇家海軍卻在政治上受到制約，成為被排除在外的成員，不再有直接與領導階層建立實質關係的管道。需要強調的是，美國海軍所運作的制度，根植於美國憲法的基礎；其政府的文化及作業方式，也能使海軍不受繁複的官僚主義及組織改革所箝制。而皇家海軍在英國卻無從享有如此優厚的特權。一如前文所述，皇家海軍曾經以高級軍種自居，並在能持續陳述己方立場且得到傾聽與理解的環境下運作。英國政府的集中式領導、跨軍種合作、高度文官化的官僚機構，加上程序導向的國防部與中央國防參謀部，為堅守傳統且曾享有數世紀政治管道的皇家海軍敲響了喪鐘。

五眼聯盟共同面對了戰略挑戰。一九六二年，美國面臨自二次大戰及韓戰以來最大的挑戰——古巴飛彈危機。緊接著又有一九六三年甘迺迪總統遇刺，以及繼任的林登．詹森（Lyndon Johnson）任內的越戰升溫。這些事件的大背景是冷戰加劇以及美蘇在全球的競爭，尤其是在全球海洋上，美國海軍與皇家海軍幾乎每日都會與蘇聯及華沙公約組織國家的海軍對峙。美蘇兩國的盟邦與附庸國，也都被捲入了這場大博弈，直到蘇聯解體為止。一九六七年六月，以色列與阿拉伯國家埃及、敘利亞及約旦之間爆發的六日戰爭，引爆了一場危機，被當時的國務卿迪安．魯斯克視為比古巴飛彈危機更具威脅性。

一九六〇年代晚期，歐洲局勢惡化，將西歐、華沙公約組織國家與北約的作戰地區前緣（Forward Edge of the Battle Area）分隔開來的中央前線（Central Front），是一個重兵環伺、演習與戰備活動頻繁的地區。在北約軍事架構裡，歐洲盟軍最高司令（Supreme Allied Commander Europe）一直是由美國的四星上將擔任，他是依賴「相互保證毀滅原則」的核威懾報復計畫的守護者。這種核威懾在鐵幕兩側創造了一種軍事平衡，一旦作戰地區前緣崩潰，紅軍進軍西歐，北約必須以核武回應的政策，將讓蘇聯以傳統打法入侵西歐失去了意義。因此，「相互保證毀滅原則」這名稱取得很貼切。一九六八年，蘇聯在捷克領導人杜布切克（Alexander Dubček）的激烈抗爭後，占領了捷克斯洛伐克。當時大家都明顯看出，有鑑於軍事平衡與對峙升溫的壓倒性威脅，北約無法對布拉格的悲慘局勢伸出援手。

蘇聯與西方唯一可以展開激烈競爭，以爭取全球影響力、擴大民主或共產陣營勢力的場域是在海上，以及能借道海路對某些國家進行經濟與意識形態滲透的海域。蘇聯這種以持續壯大的海軍發揮影響力的策略，被稱為「蘇聯海軍外交」（Soviet Naval Diplomacy）。全球各大洋上才是冷戰真正的戰場。

北約的回應就是建立一套重要的海軍指揮架構，以設在維吉尼亞州諾福克的大西洋盟軍最高司令部（SACLANT）為核心，由一名美國海軍四星上將所領導。在這個架構下，美國海軍的實力與軍力極為重要，這一點體現在以數字編號的艦隊，也就是部署在大西洋的美國第二艦隊和部署在地中海的美國第六艦隊。部署在太平洋，與蘇聯太平洋艦隊抗衡的美國第三艦隊和第七艦隊也同樣重要，但是，相較駐紮於科拉半島的蘇聯北方艦隊及駐紮於黑海的蘇聯第五艦隊，蘇聯太平洋艦隊的發展則受限於地理及其他地緣政治因素。

蘇聯北方艦隊及華沙公約組織盟國海軍的擴張與行動，加上駐紮於列寧格勒的蘇聯波羅的海艦隊的角色及任務，對北約構成了嚴峻的挑戰，雙方在海上對峙的激烈程度，除了沒有在敵對行動中交火之外，絕不亞於一場真正的衝突。而如今回頭分析，會發現這場持續到蘇聯解體的海上衝突，無疑比中歐陸上的對峙更重要，因為蘇聯在海上具有在核保護傘之外擴張、影響並削弱西方的實際機會。美國海軍與盟軍的任務，就是防止這種情況發生。實現這項目標的策略是複雜、具挑戰性、持續演變，而且高度技術性的。

英國在一九六〇年代經歷了一場長達十年的認同危機，在去殖民化時達到高峰，接著在所謂「蘇伊士以東」（East of Suez）政策的撤軍後趨緩。該政策的軍事戰略，主要基於海軍戰略的前沿部署／存在及基地駐紮，以海上、空中、水下及兩棲的海軍軍力，來支援盟邦及英國在蘇伊士以東的經濟利益。英國在一九六〇年代為了支援前殖民地馬來亞（今馬來西亞）而與印尼對峙是相當重要的，因為它證明了海軍、海軍陸戰隊及特戰部隊（空降特勤隊〔SAS〕及皇家海軍陸戰隊的舟艇特勤隊〔SBS〕），能在婆羅洲（東馬來西亞）的叢林中與河流上，阻擋印尼正規軍及準軍事部隊的入侵。皇家海軍與皇家海軍陸戰隊並肩打了一場仗，其類似於英國第十四軍（Fourteenth Army）在叢林對抗日軍，以及二次大戰後在馬來亞對抗共產主義叛軍。回顧婆羅洲戰役，會發現那是一個在叢林戰場對抗叛軍的範例。在此之前，英國關於這類戰役的教範，是根據鎮壓肯亞的茅茅起義（Mau Mau Uprising）、賽普洛斯的賽普洛斯鬥士（EOKA），以及在包括現今的阿拉伯聯合大公國、葉門與亞丁（Aden）、馬斯喀特（Muscat）與阿曼在內的中東地區的第一手經驗寫成的。

英國遠東艦隊的計畫性撤退、裁減，並在後來關閉新加坡與香港海軍基地的主要設施，不僅標誌著帝國的終結，也標誌著戰略思維的轉變。在戰略思維上，英國已不再重視海上及全球的擴展。哈羅德·威爾遜政權與國防大臣丹尼斯·希利的政策，僅以歐洲為重心，形同一場未曾廣泛且深入分析失去全球海上強權地位意味著什麼的「海上撤軍」。平心而論，英國當時受到資源因素限制，在經歷幾場經濟危機及英鎊貶值之後，更無力維持三軍的全球部署，只能在以去殖民化為基礎的外交政策下退守至歐洲，聚焦於中央防線與北大西洋海上交通網，建立並維持一支獨立的核威懾軍力。

前文分析的政軍改革，以高度官僚化、程序導向的觀點，主導了英國的國防。在一九六〇年代，國防部的詞典裡顯然沒有「大戰略」（Grand Strategy）這個詞。海洋戰略是基於對海洋力量之概念的理解、詳細記錄與分析，但如今，已經在由北約驅策的核武術語所造成的動盪中被淹沒，成為巨大的、官僚化的妥協。這種情況在國防預算的分配中更是明顯，變成了以歐洲為中心，分割一塊大餅來滿足三個軍種的需求，不再以全球海洋視角來思考預算。

這個問題的心理因素，與英國在一九六〇年代面臨的經濟現實同樣重要。如今回頭看，這是一個過度簡化的等式：從帝國撤退等於從全球制海權撤退。這個等式埋下了英國數十年的戰略斷鏈的種子。英國從根本上忘記了，其海上強權的傳統，不是源於殖民，而是源於一件非常簡單的事——貿易。自從最早的大航海探索以來，英國一直是一個海上貿易國家。為了生存，英國不僅需要貿易，還需要利用海洋做生意。英國有許多學校每天都要為「乘船出海到大洋上做生意的人們」祈禱，這不是出於愛國主義的好奇心，而是對一個非常簡單的經濟事實的真實且持久的反思，也就是英國最早是一個農業國家，後來成為一個工業國家，但一直都得靠海洋生存。此外，皇家海軍不僅是這些貿易及生存利益的保護者，也是英國外交政策透過前沿部署／存在及作戰行動，支持政治經濟利益的主要軍事工具。

歷史上，英國在陸地參與的大型戰役，一向是由「平民軍隊」（Citizen Armies）負責，而不是由大規模、正規且常備的軍隊。包括了亨利五世於阿金庫爾戰役（Battle of Agincourt）的軍隊；後來成為馬爾博羅公爵（Duke of Marlborough）的約翰・邱吉爾（John Churchill），在布倫亨戰役（Battle of Blenheim）中的軍隊；後來成為威靈頓公爵（Duke of Wellington）的亞瑟・威爾斯利（Sir Arthur Wellesley），在拿破崙時期的半島戰爭（Peninsular War）的軍隊；伯納德・蒙哥馬利將軍在阿拉曼戰役（Battle of El Alamein）的第八軍（Eighth Army）；以及威廉・斯利姆將軍（General William Slim）在科希馬戰役（Battle of Kohima）的第十四軍（Fourteenth Army），全都是由一小群和平時期養成的專業幹部，在戰爭期間徵召並訓練出來的平民軍隊。皇家海軍則不同，它是由一群訓練有素且經驗豐富的專業官兵，也就是廣義的海員所組成的大型常備軍力。

當丹尼斯・希利做出不再更換皇家海軍航空母艦艦隊的重大決定時，實際上等於否定了英國精心設計且執行了數個世紀的海洋戰略。諷刺的是，一九六〇年代，布萊恩・蘭夫特教授等傑出學者，正在戰爭與參謀學院（War and Staff Colleges）的格林威治皇家海軍學院，教授海洋戰略及海軍史的同時，國防部的參謀卻在系統性地撤銷數百年來一直很成功的海洋戰略。

相較之下，美國海軍就與一九六〇年代的英國走了完全相反的路，即使美國也經歷了政治軍事上的組織性改革。一九六二年的古巴飛彈危機，展現了一位曾在二次大戰中服役的美國總統，如何利用海軍的力量化解國家危機。他以有強大海軍撐腰的外交運作，阻止了蘇聯海軍侵入古巴並展現核武軍力；也就是美國海軍以強大實力，就地阻止了蘇聯的海軍行動。如果沒有這種認知及這支軍力的實際存在，再加上美國總統將在必要時動用這支軍力的公開意圖，結果將大不相同。此外，甘迺迪總統能透過動用海軍，來化解其軍事幕僚，例如美國空軍的柯蒂斯·李梅（Curtis Lemay）將軍所提出的某些令人恐懼的激進主張。

身為前海軍，甘迺迪總統牢牢掌握著大局；如果沒有美國艦隊的力量，他可能永遠無法將蘇聯總書記尼基塔·赫魯雪夫（Nikita Khrushchev）逼到談判桌前，並牽制自國軍方內部的極端鷹派。回頭看來，美國在一九六二年可能動用核武一事，不僅聽來離譜，也有些令人難以置信，但當時這的確是一個選項，而且在對美國利益造成威脅的某些情況下，還會有一些支持者。即使面臨巨大壓力，甘迺迪總統依然保持冷靜、沉著、自制，並巧妙地運用了他的海軍。

古巴飛彈危機凸顯了美國海軍戰略在一九六〇年代的發展方向。資源從來不是一個大問題，因為美國海軍能以明確的海洋戰略，提出有憑有據的需求並獲得資源。除了實際的行動，以及美國海軍在越戰、皇家海軍在東馬來西亞的行動之外，還有一些方面在當時沒有受到深入分析，如今卻很值得目前乃至未來的海軍作戰借鏡。

海外基地的重要性

數個世紀來，海外基地一直是英國海軍戰略的基礎。皇家海軍在歷史上曾擁有一條海軍基地鏈，以及無線電台及蒸汽時代的煤站等相關設施。大家可以輕易地喊出一長串地名：香港、新加坡、馬爾地夫的甘島（Gan）、錫蘭（斯里蘭卡）的亭可馬里（Trincomalee）、波斯灣入口附近的馬西拉島（Masirah）、亞丁、巴林、迪亞哥加西亞島、蒙巴薩（Mombasa）、模里西斯（Mauritius）、西蒙鎮（Simon's Town）、直布羅陀、馬爾他、加拿大東海岸各基地、西印度群島基地群，以及南大西洋的福克蘭群島（史丹利港，Port Stanley）。

這是一條了不起的後勤鏈，橫跨全球，包括在澳洲與紐西蘭港口互惠性的停泊。如果沒有固定的基地與加油、補給及維修設施，海軍就會面臨嚴重的問題，除非船舶使用核動力，並且擁有一個不必依賴陸上基地，便能跨洋持續為大艦隊進行海上補給的能力。船員需要休息和娛樂，而且港口訪問在外交與貿易關係上，一直扮演著重要角色。對一個活躍於全球的海軍來說，擁有能穩定且定期使用的港口設施是不可或缺的。這些設施的有無，對航行時間、待命時間、補給彈藥及官兵士氣等關鍵因素影響甚巨。即使是一艘核攻擊潛艦從珍珠港駛往南海，也必須航行很長一段時間，雖然核子反應爐能提供源源不絕的動力、電力、新鮮空氣及水，但官兵的耐力、在衝突爆發時補給彈藥、電子與機械系統的例行及緊急維修等，都是很重要的因素。

古巴飛彈危機（美國國防部，國防部古巴飛彈危機簡報資料）。波士頓甘迺迪總統圖書館暨博物館（John F. Kennedy Presidential Library and Museum）提供。

當英國撤守北大西洋，僅偶爾造訪其他地區時，並沒有審慎評估未來的種種可能性，就放棄了歷史悠久的基地。基地所在國家的去殖民化與獨立，不代表未來就無法再使用這些設施；然而，關係一旦斬斷，要重新建立就會變得益發困難，而且這一點對美國這樣的主要盟友來說同樣重要。然而，時間和國際情勢轉移對美國有利。美國海軍除了在北約的舞台，在新加坡與巴林等地也建立了良好的關係，填補了皇家海軍的空缺。英國明智地將印度洋要地迪亞哥加西亞島基地的使用權授予了美國。義大利那不勒斯與西班牙羅塔（Rota）的基地仍在運作，因此，英國關閉馬爾他的基地，並不影響美國在地中海的行動，雖然初期曾擔心潛在敵方的勢力可能會想方設法介入，但截至目前還沒有什麼重大事件發生。

基地關係對於以互惠合作為基礎的海軍結盟非常重要，特別是在冷戰時期的北歐與地中海港口訪問，以及二〇二〇年美國海軍與馬來西亞皇家海軍、新加坡海軍、印尼海軍、菲律賓、越南、泰國、韓國及日本之間迅速升溫的亞洲關係中；港口訪問與透過這類訪問所催生的相關設施，是聯合作戰與演習的基礎，而後者就是如今在亞洲的海軍結盟的黏合劑。

在海上進行加油、彈藥補給及裝載糧食，是重要的航海技能，需要透過練習及擁有最佳科技，才能應付惡劣環境下的挑戰。美國海軍與皇家海軍都是這類技能的高手。兩支海軍都發展出了堅實的艦隊補給能力，補給艦隊實際上就像一支海軍中的海軍，若少了他們，作戰單位將無法運作。即使是核動力航空母艦也需要補充飛機燃油、彈藥及生活物資。若沒有被暱稱為「艦隊列車」（Fleet Train）的皇家輔助艦隊（Royal Fleet Auxiliary，也就是補給艦），海軍在整個冷戰期間就無法成功執行任務。相反地，由於蘇聯發展及掌握海上補給技術的速度緩慢，因此處於嚴重的劣勢。美國加州懷尼米港（Port Hueneme）海軍基地的馬文・米勒（Marvin Miller, 1923~2009）所領導的先進航行補給系統及技術發展的傑出成果，讓蘇聯海軍一直無法匹敵。

五眼聯盟海軍之間的戰略性科技交流、情報蒐集合作與分享，在一九六〇年代成為第三與第四個關鍵重點。在一九六〇年代，這兩個因素在日常行動與長期軍購中產生了最關鍵的影響，得以讓皇家海軍免於在撤離政策生效後的裁軍中，陷入滑坡式的衰退。

英美核動力潛艦協議

《拿騷協議》（Nassau Agreement）是美國總統甘迺迪與英國首相麥米倫於一九六二年十二月二十二日簽署的條約。該協定讓英國擁有了使用英國彈頭的北極星（Polaris）彈道飛彈，美國海軍則得以長期租用蘇格蘭神聖湖（Holy Loch）的潛艦基地。這場在巴哈馬的會議也昭告了，原本英國在首相麥米倫與美國總統德懷特・艾森豪（Dwight Eisenhower）達成協議後，計畫向美國購買的AGM-48天雷（Skybolt）核子飛彈計畫的結束。皇家空軍繼續保有以3V轟炸機及後來的龍捲風（Tornado）戰鬥機執行的戰術核武攻擊能力。然而，如今皇家海軍才是維持獨立核威懾力量的主要軍種，即使勞勃・麥納馬拉（Robert McNamara）及迪安・艾奇遜（Dean Acheson）等美國高階將領曾對此表達疑慮，質疑美國讓英國擁有可行的威懾力量是否為明智之舉，因為英國研發的藍鋼（Blue Steel）遠攻飛彈系統及藍光（Blue Streak）中程飛彈均以失敗告終，預計向美國購買的AGM-48天雷飛彈系統，也遭遇技術上的困難。

隨著冷戰升溫，兩國海軍在蒐集、分析及共享情報方面益發密切，這些情報不僅用於軍事行動，也是為了維持技術優勢，以及確保軍購過程能因應最新的重大威脅。兩國海軍的情報人員在一九六〇年代奠定了涵蓋情報領域所有等級的高度機密合作的基礎，在水下情報方面尤其明顯。

五眼聯盟的情報分享與技術交流緊密相關。美國政府，尤其是海軍上將海曼・李高佛（Hyman B. Rickover）所創建的核動力海軍，慷慨地向皇家海軍提供大量的技術援助，包括開啟了英美之間最長久的工業合作，也就是美國康乃狄克州格羅頓鎮（Groton）的通用動力電船公司（Electric Boat Division of General Dynamics）與英國巴羅發內斯市（Barrow-in-Furness）的維克斯造船與工程公司（Vickers Shipbuilding and Engineering，後被貝宜系統公司〔BAe Systems〕所併購）之間的核動力潛艦技術援助。此外，在美英交流中尤其突出的，是與五眼聯盟的所有海軍共同蒐集並交換高度敏感的音響情報與其他特殊情報（SI）。

❖
❖
❖

雖然英美兩國的國防組織經歷了許多改革，英國撤出蘇伊士以東之舉又造成了許多動盪，但美國海軍、皇家海軍及其他三國的海軍之間，依然保持著緊密的聯繫。這是一種由五個獨立機構所組成的機構間獨特關係，形同在五國之內的又一個國家，不僅建立在協議與高度機密的合約上，也建立在人際關係、相互信任，以及在海上行動中與面對共同威脅的情況下，所累積的長年連帶感上。五眼聯盟海軍之間的這種獨特關係，從未為其他機構所享有，也從未在範圍比五眼聯盟各成員國更廣的北約，以及其他重要國際協議、條約及聯盟中出現。

五眼聯盟之所以能保持獨特的地位，關鍵原因就是他們蒐集與交換情報的性質。但不僅止於此，機動、前沿部署的情報蒐集資產，具有持續性及隱蔽性，五國必須透過重要會晤及持續的日常合作與人員交流，才能真正了解彼此間相互參與的程度。各種法律協議與較正式的外交情報交流，是正式關係的外在展現，但五眼聯盟具有歷史意義的核心與靈魂，自一九四一年八月溫斯頓．邱吉爾與富蘭克林．羅斯福在威爾斯親王號上握手以來，已經透過這種私人關係堅實地發展了超過七十九年。各成員國的人員克服了前述的變革與動盪，不僅把關係維持下來，還進一步蓬勃發展。這就是我在這偉大傳承裡的崗位；我在冷戰高峰期間參與了英國國內以及其他五眼聯盟成員國各情報機構的合作，直到一九八三年十二月永久移居美國為止。

反制蘇聯與其盟國、代理人的行動

在一九八三年底之前的這段時間，我參與了英美情報機構以及英國與加拿大、澳洲及紐西蘭的特殊關係中，多個領域及計畫的工作。蘇聯對英國國家安全及整體利益，構成了重大的潛在威脅。起初，我加入一個負責兩項相關任務的小組，這兩項任務在組織上彼此相關，但在領導及報告鏈上各自獨立，而兩者都受英國內閣辦公室的聯合情報委員會的管轄。理所當然的，蘇聯、其華沙公約組織盟國及代理人所構成的威脅，互有連動關係。其中一種手段，是蘇聯的兩大情報機構——國家安全委員會（KGB）與俄羅斯聯邦軍隊總參謀部情報總局（GRU），會利用蘇聯、華沙公約組織盟國及代理人的商船，與其他懸掛方便旗（flags of convenience，編註：登記為其他國籍的船舶）的船舶，掩飾他們所進行的非商業活動。

另一個威脅來自潛伏的蘇聯國家安全委員會特務，以及重要軍情機構——俄羅斯聯邦軍隊總參謀部情報總局——旗下的高手「特種部隊」（Spetsnaz，為俄文「特殊用途部隊」的縮寫）。這兩個機構都派遣人員滲透英國及其他北約成員國，目的並不僅是執行傳統間諜活動（策反擔任關鍵敏感職位的英國公民成為蘇聯間諜，並針對英國的科技與科學目標進行情報蒐集），而是為蘇聯及華沙公約組織與英國及北約之間爆發一場大規模戰爭的最壞情況做準備。

這些潛伏的人員被訓練成與英國人一模一樣，充分掌握語言、文化與居住地的環境，在英國公民身分的偽裝下生活、工作。在數位加密時代以前，這些人可以成功使用假護照及其他身分證明，而不會立刻被發現持有的是假證件。他們受到祕密資助，一旦苗頭不對就可以迅速撤離。他們的任務是在爆發一場大戰時，直搗英國的國家安全與生存的核心，包括：暗殺關鍵政治及軍事領袖；擾亂及摧毀關鍵通訊設施；破壞軍事設施，以及滲透並摧毀英國的核威懾通訊系統。後者對維持英國的威懾力，以及支援英國的四艘彈道飛彈潛艦的基礎設施尤其重要。

讀者應該能體會這項任務的敏感性，我們必須要偵測、標定、阻撓、逮捕，或欺騙並控制住這種最令人擔憂的威脅。我們的團隊很小，可直接與蘇格蘭場政治部（Special Branch）內一個專案小組（Task Force）聯繫，蘇格蘭場作為執法單位，具有法律權力可以逮捕那些我們認為特別值得逮捕的人，而不是放任他們繼續進行偵察與情報蒐集，讓英國的國家安全付出高昂的代價。在採取實地行動與對威脅進行資料分析的兩年多裡，我開始擔心這些缺乏想像力的戰略與戰術並不足以遏制，而且最重要的是，從我的角度來看，它們也不足以消除這種邪惡的威脅。

我接受過二次大戰時期最優秀人才的訓練，他們創造並管理了對抗希特勒及其整個納粹集團的「雙重間諜系統」（Double Cross System）。我的建議是在嶄新、有創意的偽裝下，利用我們手頭上許多巧妙且隱蔽的手段來改革它。我與蘇格蘭場的一位聰明能幹的偵察總警司（Detective Chief Superintendent）並肩工作，一同探討了許多問題，以及如何以最有利於國家安全的角度來解決它們。他與他的小團隊很喜歡我的方法，但上層的公務員領導階層卻不願承擔任何風險。我與同僚一致認為，這一套方法在技術上與運作上，並不存在約翰・馬斯特曼爵士（編註：負責運作雙重間諜系統）與其傑出的同儕在二次大戰期間就已經徹底了解的風險，而是領導階層更在意自己的升遷前景，擔心萬一出了什麼問題，自己會被究責。這讓我既難過又沮喪。

記得某個深夜於倫敦，我在所屬機構裡工作，請求文職上司授權在隔天清早展開一場時間緊迫的抗威脅行動。但他以徹底的官僚作風回應，想要把責任推給相關首長。我接受了他的處理方式，但心底意識到，自己可能永遠不會拿到許可，而蘇聯得以繼續大辣辣地蒐集英國某些目標最敏感的情報資料。與蘇格蘭場的同僚喝咖啡時，我們試著揣測，如果首相柴契爾夫人被清楚告知，自己已被列為衝突爆發時的重要暗殺對象，難道不會想以精心策畫並執行的祕密行動，來阻擋及控管這種威脅？我們都同意她會這麼做，但我們的層級都不足以繞過這堵堅硬的官僚主義高牆，接觸到高層，讓人想起那句俗話：「當一股勢不可擋的力量碰上一個巋然不動的物體，會發生什麼事？」結果讓蘇聯收穫甚豐。

如今的世界可以從這個故事裡學到很重要的教訓。現任俄羅斯領導人普丁（Vladimir Putin）將使用一切手段，繼續破壞偉大的西方民主國家，其手法與我當年對抗的蘇聯如出一轍，沒什麼改變。唯一的例外是，如今又多了數位革命、網路及上述傳統方法之外的嶄新滲透手段，需要以良好的反間諜手段及創新的工具和行動來因應。但老方法依然是最恰當、最有價值的行動方式。我們必須向新一代傳授老技巧，以免這些技巧在無可避免的世代更迭與組織失憶中流失。

❖❖❖

如前所述，蘇聯利用商船以各種偽裝來滲透及撤收特務，而一切都是以商船船員的掩護身分進行的。在資料庫數位化之前的時代，要控制出入境及身分審查，並不是一件容易的事。另一個令人困惑的因素是，許多船員並不是蘇聯籍，這種人就是利用假資料及護照進行祕密滲透的理想人選。在提伯利（Tilbury）或赫爾（Hull）上岸及回到船上離開的，是不是同一個人？

除了諜報人員的滲透，有關技術情報蒐集的威脅也是一大問題。進入英國領土外十二海里內的領海及港口，或在國際認可的無害通過（innocent passage）制度下過境的蘇聯船、華沙公約組織船、方便旗船及代理人商船，是一個非常嚴重的威脅。這些船通常配備特殊的通訊截聽、電子情報蒐集，以及各種水下行動的相關設備。當這些船舶的位置與英國及盟國的海軍艦艇及潛艦行動一致，尤其是當離港及入港的潛艦，為了確認航向、安全及水深等原因而浮出水面航行時，它們的威脅性就特別高。這些船舶通常停泊在港口，表面上是在裝卸貨，實際上是為了接近海軍設施及船艦。

我們知道，這些蘇聯諜報資產是蘇聯海洋監測系統的一部分，在蒐集技術情報的同時，也會向蘇聯提供我方艦艇與潛艦行動的即時情報。對抗這種行動，就是我們小組的關鍵任務。我們最大的擔憂，是這類船舶所提供的情報，可能為部署在沿海、英美船艦及潛艦航道上的蘇聯潛艦所利用；我方這些船艦與潛艦，必須在特定深度的海域及通道上，而且通常在水面上行駛，才能到達安全的潛水位置，此時很可能遭到對方跟蹤。為了抵消這類突發狀況，我們擬定了幾種對抗這類威脅的方法。我們對他們的了解，可能不亞於他們對我們的了解，甚至可能更多。控制排放（emission control, EMCON）一直是一種避免通訊及電子情報攔截的安全策略，當然，我們也很快就查出哪些船是不法船隻，並且可以根據他們所通報的到港與離港時間進行相應的調整。一如蘇聯國家安全委員會（KGB）與俄羅斯聯邦軍隊總參謀部情報總局在冷戰期間的許多行動，它們在規畫上的確巧妙，雖然從來都不夠好，但能讓他們相信自己能神不知鬼不覺地滲透到英國海域與港口，本身就已經是一個有價值的策略了。

除了掌握他們如何以間諜手段侵犯英國主權，我們也掌握到他們的商船在全球從事哪些非商業任務，以及如何部署、如何移動、有哪些技術能力與祕密滲透的方式。這些情報都很有價值，能讓我們知道在萬一衝突爆發的最壞情況下，必須移除哪些資產。幸運的是，事後看來，我們可以確信自己在蘇聯國家安全委員會與俄羅斯聯邦軍隊總參謀部情報總局的反監視下，確實透過良好的情報蒐集與行動，抵禦了這種種威脅。

直到如今，普丁的聯邦安全局（FSB，蘇聯國家安全委員會的後繼組織）與俄羅斯聯邦軍隊總參謀部情報總局，仍在對俄羅斯叛逃者及為西方從事間諜活動者採取報復行動。曾經有刺客滲透到英國，根據媒體報導，他們的手段尤其陰險，包括使用化學及生物毒劑。因此，如今依然迫切需要繼續追蹤那些以祕密及公開手段，進入英國及其他盟邦的俄國間諜或代理人。從莫斯科持合法護照及入境簽證飛抵英國的俄國公民，威脅性可能不亞於從停泊英國港口的俄國或代理人商船偷渡入境的特務。資料庫、影像過濾、生物識別、指紋識別，以及利用閉路電視和其他標記、追蹤與定位的設備，都能讓這些刺客、間諜或其他不法人員，更難以在英國領土及與英國有情報互惠關係的盟邦中隱身潛藏。

近年來，與恐怖分子和其他祕密暴行相比，來自內部的威脅似乎更為嚴峻。這些內部威脅包括極右翼團體和個人，以及心智失常且往往具有反社會人格的殺手所犯下的大規模槍擊事件。這些槍擊事件常常是針對宗教團體和少數群體的報復性屠殺。仇恨犯罪已經變得與傳統的外國情報機構及代理人的臥底行動同樣普遍，甚至有過之而無不及。

我在一九八三年底移居美國時，美國在雷根總統的領導下，對蘇聯所構成的各種威脅益發警覺，也意識到必須擬定計畫並採取行動與之抗衡。在此之前，我離開第一線實務工作，轉而領導幾個性質截然不同的特殊計畫，在接下來的三年裡專注於蘇聯戰略威脅的情報蒐集與分析。

柴契爾夫人在情報方面最大的投資與貢獻

除了每天蒐集與分析蘇聯海軍的軍力、行動、造艦與研發計畫，我在一九七〇年代晚期還加入了一支特殊科技情報小組。這個小組由英國頂尖科學家之一奈傑爾・休斯（Nigel Hughes）所領導，他多年來一直埋首從事情報工作，並對白廳的政治情勢瞭如指掌。我被任命為特殊計畫負責人。

一九七九年，當選英國首相的柴契爾夫人在國家安全方面的首要任務之一，就是決定英國的威懾力量，也就是四艘皇家海軍彈道飛彈潛艦的未來。如果決定這是英國該選擇的最佳方案，就需要迫切制定既有潛艦的計畫與經費，以被命名為「先鋒級」（Vanguard-class）的新型潛艦，取代老舊的決心級（Resolution-Class）彈道飛彈潛艦。決心級彈道飛彈潛艦，包括一九六四年至一九六八年建造的「決心號」（Resolution）、「反擊號」（Repulse）、「聲望號」（Renown）與「復仇號」（Revenge），搭載了北極星A-3飛彈；先鋒級新型潛艦則於一九九四年開始編入艦隊服役，搭載三叉戟（Trident）飛彈系統，包括「先鋒號」（Vanguard）、「勝利號」（Victorious）、「警戒號」（Vigilant）與「復仇號」（Vengeance），是由隨後被併入貝宜系統公司的維克斯造船與工程公司於一九八六年至一九九九年在巴羅發內斯市所建造。該計畫將解除皇家空軍的核武攻擊能力，僅以四艘先鋒級潛艦作為英國核威懾的平台，並在一九九八年皇家空軍將WE.177自由落體原子彈除役時成真。

目前，英國計畫在美國以哥倫比亞級（Columbia-class）彈道飛彈潛艦取代俄亥俄級（Ohio-class）潛艦的同時，將先鋒級除役。這兩項持續到二〇三〇年代初的造艦計畫，將為兩國打造最出色的潛艦。

回到一九七九年，柴契爾首相希望能百分之百確定自己做出的是正確決策，因此，這項任務被移交給情報體系，尤其是科學及技術情報專家。我早年對蘇聯軍力的深入研究，給了我加入這個即將成為情報工作領頭羊小組的機會。

當時，每個人最關心的不僅是蘇聯的能力，還關注著它們未來以及在英國有史以來最大的單一國防與安全投資的生命週期裡可能的發展方向。最關鍵的問題是生存能力。這些潛艦在被編入艦隊服役的三十多年裡，能否在巡邏時保持無懈可擊？英國隨時保有至少一艘潛艦執行巡邏任務，並至少有一艘潛艦離港前去接替這艘執勤艇（on station boat，非潛艦人員會以「艇」〔boats〕而不是「船」〔ships〕稱呼潛艦），因此，四艘潛艦可以常時維持威懾能力，並輪流維修與保養。

因此，準確預測蘇聯的能力，攸關這四艘造價不菲的平台在戰時巡邏時，能否永不被偵測、追蹤、破壞，或最在壞的情況下遭到摧毀。即使在承平時期，也要確保這批潛艦無法被偵測到，否則將危及它們的威懾價值。前述訊息的來源與方法，是我們可用的全部資產，且綜合運用起來的價值非常龐大。最基本的要求，是英國整體上與美國情報部門必須意見一致；我們一致認為，蘇聯在降噪、窄頻訊號處理及音響情報與被動聲納的領域落後於我方，但也不乏例外，例如針對蘇聯軍力的預測評估，英美就意見分歧，而且這些問題不容小覷。

美國沃克間諜網的影響

沃克間諜網在一九六八年至一九八五年間都在為蘇聯效力，美國卻毫不知情。直到一九八五年後，美國才意識到蘇聯獲得了為數驚人的情報，迫使他們對先前的國家情報評估（NIEs）進行重新評估。沃克間諜網洩露了寶貴的情報，而且我相信他們也讓美國情報部門在一九七〇年代變得自滿。當我在一九七〇年代和一九八〇年代初期，在華盛頓與美國同行開會時，儘管我主導的一份英國情報報告顯示了其他觀點，仍然很難說服他們改變看法。由於內容極度敏感，只有少數人讀過這份報告，報告中使用了大量代碼，直至今日我仍無法完全回想起來。在與美國同行合作期間，由於英方認為許多美國機構之間經常性的競爭關係，造成一些組織性的問題，我們必須遵循一些不成文但非常重要的指導方針。例如，中央情報局與美國海軍情報局之間，有時關係會明顯不協調，後者不願與中央情報局分享自己所蒐集到的高度機密且高度敏感的資料。

我的處境經常很尷尬，因為中央情報局總部的人會向我索取一些只有美國海軍情報局與我在倫敦負責的組織之間才能共享的資料。這讓我經常需要以圓滑的外交手段，在守住特殊權限與資料的同時，也與中央情報局中能力極為突出、分析品質也極高的各層級人員積極合作。這並不容易，卻是可以克服的，尤其是因為中央情報局裡有為數不少的人員曾擔任軍職。美國海軍很重視將情報蒐集與傳輸被破獲的風險降到最低。從英國的角度來看，我們還發現美國的國家情報評估並不準確，因為它們是為了滿足美方迥然相異甚至相互衝突的各情報機構而歸納出的結果。對我們在倫敦的同仁來說，這些國家情報評估似乎是多方妥協的結果，而不是針對蘇聯軍力、意圖、計畫與行動的明確且可靠的陳述。

當我向美國海軍及中央情報局，簡報英方對於蘇聯為了縮小潛艦性能的差距，尤其是在戰略偵測及追蹤方面，所發展的替代技術的擔憂時，這類問題就變得更明顯。有一段時間，美國海軍對我與其他英國代表在華盛頓提出的擔憂，態度十分消極，尤其是在反潛作戰中，西方最擅長且占主導地位的傳統被動聲納探測以外的替代偵測技術方面。非聲學（non-acoustic）反潛作戰成了關鍵問題，在這個領域代表英國的我，只能竭盡所能地針對蘇聯投資的增幅與詳細的計畫，向美國各主要機構提出警告。

中央情報局的關鍵人物，有一種與其立場不太相符的不情願，有一段時間還有某種程度的固執。在華盛頓做過多次訪問及簡報後，我了解到，美國海軍，尤其是潛艦軍力的一大部分，堅持在高度保密的掩護下，盡量減少曝光地直接處理這些問題。我們英方高度尊重他們這種立場，也能保證沒有一位英國情報人員違反過美國海軍的規定。英國十分了解美國海軍與美國空軍在戰略作戰能力上的對立（也就是美國空軍的B-52轟炸機及陸基飛彈，與美國海軍高度隱蔽且難以偵測的彈道飛彈潛艦部隊的對立）。我們對整個美國海軍，尤其是潛艦部隊的忠誠始終如一，在相關事務上會盡量遠離美國的政治分歧。

然而，我們不得不面對現實。蘇聯對我們構成的威脅，不僅是努力在落後的傳統被動聲納技術上追趕英美，我們在倫敦的團隊還認為，實際上蘇聯正在同時走這兩條路。蘇聯不僅在我的美國同儕堅信他們落後多年的領域上逐步追趕，同時也試圖以創新的系統與科技大幅領先英美。但在華盛頓門禁森嚴的密室裡，對一群重要人物提出這些觀點並不容易，而且他們不是中央情報局，不是國防情報局，也不是當時仍屬最高機密的國家偵察局。

在我回到英國一段時間後，情況因一批美國重要人員來訪而發生了戲劇性的變化。這場訪問由我負責。我安排一行人到漢普郡法恩伯勒（Farnborough）的皇家航空研究院（Royal Aircraft Establishment）的一座設施舉行會議，而不是在倫敦市中心，以便避開日常活動的干擾。身為一項特殊計畫的負責人，我必須天天關注蘇聯與華沙公約組織國家的行動，並蒐集和分析重大科學及技術相關的情報，因此，我需要暫時放下平日的情報工作，花一天時間聆聽這批美國訪客的想法。

這群認同我們對蘇聯發展方向之評估的美國訪客，是來自位於馬里蘭州米德堡（Fort Meade）的國家安全局。這群人當中的關鍵技術人員並非聯邦雇員，而是來自普林斯頓大學，對研究蘇聯計畫背後的情報與科學方面擁有豐富經驗的物理學博士丹尼斯・哈利戴（Denis Holliday）。他曾在美國國防體系與情報體系內相對知名的小公司 R&D Associates（簡稱

RDA公司）任職，該公司由知名核子物理學家阿爾伯特．拉特（Albert Latter）領軍，總部設在加州洛杉磯的瑪麗安德爾灣（Marina del Rey），在維吉尼亞州阿靈頓郡（Arlington）也設有辦事處。RDA公司由多位與美國國防體系及情報體系關係密切的科學家所組成，例如阿爾伯特．郝思達特（Albert Wohlstetter, 1913~1997），他是羅伯塔．郝思達特（Roberta Wohlstetter, 1912~2007）的丈夫；羅伯塔著有探討一九四一年十二月七日偷襲珍珠港的重要著作《珍珠港：預警與決策》（*Pearl Harbor: Warning and Decision*）；夫妻倆在一九八五年十一月七日一同榮獲雷根總統頒發總統自由勳章。RDA公司的高階人員，同時也是總統外交情報顧問委員會（PFIAB）的成員，對美國最新的最高機密情報瞭若指掌。

在這場重要會議中，我們對蘇聯計畫的重要性，以及這對於英美國家安全，尤其是對於維護兩國主要威懾力量的不可侵犯性所構成的潛在威脅達成共識，並商定了一項合作與技術交流計畫。

然而，我們也處理了一些敏感的政治問題，尤其是與美國海軍情報局有關。我們的團隊與美國海軍情報局不僅有著密切聯繫，也是由羅斯福總統與邱吉爾首相在二次大戰期間建立的特殊關係的直系繼承者。我深知，英國情報團隊絕不能也絕不會扯美國海軍情報局的友人兼同儕的後腿。我們必須採取圓融的外交手段，逐步在這個關鍵議題上，巧妙地與美國海軍情報局共享我們所有的評估結果，也繼續與美國國家安全局小組維持各自獨立卻也極為關鍵的聯繫。一九七〇年代晚期到一九八〇年代初期，英國對蘇聯新潛艦級別的預測被證實極為正確，而我在從事高度敏感的技術情報工作的同時，也與對蘇聯的計畫與意圖做出突破性評估的詹姆斯．麥康納及其團隊，保持密切聯繫。

這項工作促成了一系列高度機密的英美合作倡議與計畫。接下來發生的事，不僅大幅改變了我的個人與工作，甚至改變我的人生與家庭，如今我才得以在移民美國三十七年後寫下這本書。由於我們所從事的工作得到重視，當時正在啟動各種計畫的美國，邀請我離開皇家海軍及先前的職業生涯，舉家遷往華盛頓，在RDA公司的指導下參與至少一項計畫。我與我的上級，尤其是英國科學技術情報總監奈傑爾．休斯，以及官拜海軍中將的情報局長洛伊．哈利戴爵士（Sir Roy Halliday），討論了這個問題。他們都熱情地支持我接受這個邀請，包括將我的權限轉移到駐華盛頓大使館，並協助我從皇家海軍官過渡到美國平民的新身分。所有人都將此視為一個機會，能夠強化英美兩國在幾個領域上的關係，也能透過我與美國建立特殊計畫合作關係。

經過一連串繁瑣的手續後，我以最有利的條件退休，並獲得了我的導師、上級，以及在情報體系與皇家海軍的工作夥伴和同仁的全力支持。我們夫妻及三個孩子登上了一架英國航空公司的班機，在一九八三年聖誕節前不久抵達華盛頓特區，就此展開一段全新的人生。

Chapter 4

英美特殊關係的最佳體現（一九八三～二〇〇一）

接下來在一九八三年到一九九〇年的七年間，我的工作相當艱鉅、繁忙、嚴苛，也需要密集地到海外出差。在柏林圍牆倒塌、蘇聯解體時，我在華盛頓的制高點上，目睹了一個新世界成形，而我所認識的絕大部分英國公民對此都一無所知，其中包括肩負了解與匯報美國政治情勢，以及維護兩國特殊關係使命的英國大使館的外交官員。當時，我的工作地點在維吉尼亞州阿靈頓郡的威爾遜大道（Wilson Boulevard），位於波托馬克河（Potomac River）南岸，離五角大廈不遠，沿喬治華盛頓公路到位於維吉尼亞州蘭利（Langley）的中央情報局總部，也僅有一小段距離，地理位置相當便利。我有幸能在參議院軍事委員會傳奇性的主席——維吉尼亞州參議員約翰・華納（John Warner）的幕僚支持下，於維吉尼亞州亞歷山卓市（Alexandria）的美國地方法院，宣誓成為美國公民。

一九八四年，雷根總統對蘇聯採取強硬姿態，他的海軍部長約翰・雷曼也積極推行「六百艦隊」計畫，以便在全球各個角落挑戰蘇聯。這是個令人興奮的時代，華盛頓發動了一場壓縮、控制並削弱蘇聯影響力與擴張主義的競賽。出於對抗蘇聯的迫切需要，我加入RDA公司後不到數週，就到國會山莊與眾多重要成員會面並進行簡報，包括眾議院軍事委員會、眾議院情報委員會（HPSCI）以及參議院的同質性委員會。RDA公司在與五角大廈及美國情報體系的聯繫上，處於相當有利的立場，為委員會及其關鍵人員提供最佳的技術支援。這絕不是任何形式的遊說，而是表示國防部及各情報機構需要由RDA公司人員提供專業支援。這種模式運作良好，我很快就能利用由英國大使館授權的，在五眼聯盟及英國最高機密的敏感隔離資訊方面的權限，深入參與政治、軍事及情報流程，直到我成為美國公民為止。

英美政府採取行動，結合兩國最優秀的人才，展開一項成功的新計畫。這項計畫一直持續到冷戰結束，並受到政府最高層的矚目。詳情尚未解密，但我可以透露，自己身為其中一員的英美團隊，取得了卓越的成果，不僅明確分析了蘇聯構成的威脅，也採取了相應對策來反制。嶄新且振奮人心的科技，以及對既有原則的改良，在這幾年來出現。在我眼裡，這也體現了與二次大戰時期的文化差異，也就是在一九八〇年代的環境裡不需要過多人力，只要有少數優秀人才，就能解決我們這一代最卓越的高手無法以傳統手段及科學方法因應的關鍵問題。直到一九九〇年代為止，我花費極多時間投入這項工作，同時也利用我移民美國之前的英國資歷與人脈，指導其他的計畫。

我在東南亞及東亞也擁有強大的專業及個人人脈，主要人脈在馬來西亞。我將這些人脈帶到美國，並在美國國務院的技術協助協定（Technical Assistance Agreement）下，擔任馬來西亞婆羅洲沙巴州第六任沙巴首席部長（Chief Minister of Sabah）的「技術顧問」。實際上不止如此，我親自與加沙里沙菲宜（Ghazali Shafie, 1922~2010）合作；加沙里沙菲宜曾任馬來西亞內政部長（一九七三年至一九八一年在位），後來又擔任外交部長（一九八一年至一九八四年在位），是一位勇敢且傑出的傳奇人物，也是馬來民族統一機構（UMNO）的成員。二次大戰期間，加沙里沙菲宜是對抗日本占領軍的地下抵抗運動的重要成員，因此，他曾帶我去看過他在戰爭結束時親自處決一名高階日本軍官的地點。由於這座村莊曾收留襲擊日軍的抵抗軍戰士，這名日本軍官便下令將村裡所有成年男性斬首；加沙里沙菲宜也帶我看了當時展示死者頭顱的橋梁，並告訴我，這名日本戰犯也是在這座橋邊遭到制裁。加沙里沙菲宜被尊稱為「丹斯里」（Tan Sri，編註：為馬來西亞第二等護國有功勳章和第二等王冠效忠勳章佩戴者的頭銜），也被暱稱為「加沙里大王」（King Ghaz），是一位深受人民愛戴的民族英雄。

我們與哈里斯．沙烈（Harris bin Mohd Salleh）也合作密切，當時他是馬來西亞沙巴州首席部長（一九七六年至一九八五年在位）。大家通常稱呼哈里斯．沙烈為「哈里斯拿督」（Datuk Harris，編註：拿督〔Datuk〕是馬來西亞對有地位和崇高名望者的尊稱），他將沙巴州海岸的納閩島（Labuan）交由吉隆坡的聯邦政府管轄，使其成為馬來西亞的第二個聯邦直轄區（Federal territory）。哈里斯拿督也曾擔任沙巴人民黨（Berjaya）的主席。

納閩島位處南海的戰略要地，擁有優良的港灣，以及船舶建造與維修設施，包括位於維多利亞港（Victoria Harbor）的新型七千噸海中電梯系統，因此在一個關鍵計畫中扮演要角。我們在一九八〇年代中期發起了一個為馬來西亞皇家海軍建造潛艦的計畫。在美國這一方，我則獲得了優秀的美國海軍退役中將傑羅摩．金（Jerome King, 1919~2008）的協助，他是耶魯大學校友、二次大戰退伍軍人，曾在輕巡洋艦特倫頓號（USS Trenton）及莫比爾號（USS Mobile）上服役，並曾擔任美國駐越海軍（US Naval Forces in Vietnam）中校，在他於一九七四年退役前，還擔任過海軍作戰部水面作戰次長（Chief of Naval Operations Surface Warfare）及五角大廈聯合參謀部的作戰總監（參謀代碼為J-3）。我將傑羅摩．金暱稱為傑瑞（Jerry），他是我在與加沙里沙菲宜及吉隆坡的聯邦政府合作時，在美國海軍方面的重要聯絡人，我們曾多次與馬來西亞前首相馬哈迪．穆罕默德（Mahathir bin Mohamad）開會；馬哈迪於一九八一年至二〇〇三年擔任首相，並於二〇一八年重掌政權。馬哈迪是一位非常能幹的人，曾在愛德華七世醫學院（King Edward VII College of Medicine，現已併入新加坡國立大學）接受醫學教育。這個計畫在二〇〇二年完成，馬來西亞簽署了購買兩艘法國鮋魚級（Scorpène-class）潛艦的合約。雖然過程漫長，但最終宣告成功。

在進行這項計畫的同時，我還與加沙里沙菲宜在印尼、菲律賓、泰國、巴基斯坦、汶萊及中國等地，參與了多項其他計畫。我為此頻繁出差，而這些工作內容大多至今仍被列為最高機密或敏感情報。對我而言，這是一段神奇的時光，讓我真正了解了亞洲、伊斯蘭文化，以及這個已成為世界經濟命脈之地區的地緣政治背景。多次走訪巴基斯坦所建立的人脈，讓我成為幫助美國總統及情報體系破解各種關鍵問題的特殊消息來源。

在亞洲工作期間，我在美國曾參與發起的先進戰略反潛技術開始動了起來。由於蘇聯後期的發展帶來更多隱憂，我為此參與了一項英美合作計畫的細節工作，後來這成為我多年內的工作重點，直接為國防部、國防高等研究計畫署（DARPA）及美國情報體系的重要部門服務。我在這段期間頻繁出差，並為能協助英美關係和諧發展而感到自豪，英美兩國的頂尖人才不斷尋找各種方案，解決了許多複雜的物理層面及操作層面的問題。

柏林圍牆倒塌後，我短暫經歷了兩段在職業上和收入上都很充實的時光，先是擔任卡曼航太公司（Kaman Aerospace）的海軍市場總監（Director of Navy Marketing），後來又與曾是眾議院軍事委員會高階成員的前美國國會議員威廉・迪金遜（William L. Dickinson）一同擔任國會山莊的合作夥伴，在距離眾議院及參議院辦公大樓不遠的第一街（First Street）上，一間絕佳的辦公室裡，致力於為一些大公司提供符合美國國家安全利益的投資建議。基於道德及法律因素，我們拒絕協助遊說，僅提供優質的建議。迪金遜議員因曾與國防部一同發起相關計畫，而對「黑色計畫」（Black Program）的領域知之甚詳，我則是在一九七〇年代於華盛頓任職期間及一九八〇年代裡，累積了不少相關知識。我們這兩個主要成員都曾在最艱辛的冷戰高峰期積極參與委員會的工作，同樣了解有哪些威脅、有哪些計畫，也熟知對美國及盟邦，尤其是英國的利益而言，未來應如何發展。

蘇聯解體、冷戰結束後，從東柏林的德國統一社會黨（Socialist Unity Party of Germany）

宣布德意志民主共和國（東德）的公民，自一九八九年十一月九日當天午夜起可以自由穿越邊界的那一天起，直到二〇〇一年九月十一日為止，國際上享受了自一九三〇年代希特勒在中歐發動第一場侵略行動以來，相對平靜的近十二年時光。兩德於一九九〇年十月三日統一，這不僅對歷史上衝突不斷的歐洲意義重大，對世界其他地區也影響深遠。在伊斯蘭極端主義崛起之前，美國情報體系與五眼聯盟盟友繼續如常運作。

英美海軍情報系統在五眼聯盟裡的重要性

五眼聯盟中存在時間最長且持續不懈的兩個情報組織，就是成立於一八八七年的英國海軍情報部（NID），以及成立於一八八二年的美國海軍情報局（ONI）；其中英國海軍情報部是由成立於一八八二年的外國情報委員會（Foreign Intelligence Committee）組建而成。以英美海軍情報系統從一八八二年到二次大戰後的歷史來看，顯然它們不僅是情報體系的主導力量，還是領導性的組織。當軍情六處（MI6）在一九〇九年成立時，首任負責人是皇家海軍中校曼斯菲爾德·卡明（後來獲封爵位並晉升上校），他一直執掌著軍情六處，直到一九二三年去世為止。他的外號「C」的由來，是他在簽署文件時，習慣以綠色墨水簡單地寫個「C」，而此習慣後來也被軍情六處的局長所延續，只是如今有些人主張「C」代表的是

「首腦」（chief）。伊恩・佛萊明（Ian Fleming）在他的詹姆斯・龐德小說中，稱軍情六處的首腦為「M」，就是仿效卡明的簽名習慣。

在英國，海軍情報部成立於一八八七年，軍情六處及軍情五處分別成立於一九〇九年與一九一六年，政府密碼及暗號學校成立於一九一九年，並在二次大戰爆發時發展成布萊切利園，隨後，政府通訊總部（GCHQ）於一九四六年六月成立，英國特別行動執行處（SOE）於一九四〇年七月成立，並於一九四六年一月關閉。一九四六年，英國政府在內閣辦公室內，成立了一個集中化管理的聯合情報委員會（JIC），而在一九六四年，隨著國防部和中央國防參謀部的成立，各軍種的情報部門被統合成「國防情報組」（DIS），後者於二〇〇九年被定名為「國防情報局」（DI）。英國政府於二〇一〇年五月十二日成立一個名為「國家安全會議」（NSC）的內閣委員會，負責監督所有國安、情報協調與國防戰略的相關事務。英國國家安全會議的職權範圍，包括外交政策、國防、網路安全、抗災韌性、能源及資源安全，主席由英國首相兼任。

在美國，海軍情報局（成立於一八八二年）已被併入美國海軍的N2/N6機構，也就是作戰部長辦公室（Office of the Chief of Naval Operations），而且依然是美國歷史最悠久的情報機構，由一位三星上將指揮。歷史第二悠久的美國海岸巡防隊情報處（Coast Guard Intelligence）則成立於一九一五年，再次凸顯了海洋要素在美國情報工作中的重要性。

直到二次大戰後，美國海軍情報系統一直是通訊攔截及密碼破譯的主力。論歷史，其他機構均相形見絀。

雷根總統於一九八一年十二月四日簽署了一項行政命令，確立美國總統為美國情報體系的領導人。[1]在總統的領導下，國家情報總監辦公室（ODNI）直接監督整個情報體系（IC），除了海軍情報部門外，還包括了美國空軍情報司令部（AFIC，成立於一九四八年，由第二十五空軍管理）；美國陸軍情報與安全司令部（INSCOM，成立於一九七七年）；中央情報局（CIA，成立於一九四七年）；國防情報局（DIA，成立於一九六一年）；以及能源部（DOE）情報與反情報辦公室（OICI，成立於一九七七年）。能源部負責美國核武計畫，並掌管田納西州橡樹嶺國家實驗室（ORNL）等，負責核武的研發及生產的關鍵國家級實驗室與設施。

國土安全部（DHS）的情報與分析辦公室（I&A）成立於二〇〇七年。然而，美國國務院情報研究局（INR）成立於一九四五年，比中央情報局更早。在九一一事件後，美國財政部於二〇〇四年成立了恐怖主義與金融情報辦公室（TFI）。美國司法部轄下的美國緝毒局（DEA）於二〇〇六年成立了國家安全情報辦公室（ONSI）。聯邦調查局（FBI）主要是調查執法機構，歷來並不參與傳統的情報蒐集與行動。但在九一一事件後，美國司法部有鑑於九一一事件後世界局勢的變化，並基於與中央情報局及國家安全局等其他美國情報機構之間更緊密合作的需求，於二〇〇五年成立了聯邦調查局情報處（IB）。為了整合危及美國國家安全的恐怖主義等威脅的國內外相關情報，國家反恐中心（NCTC）於二〇〇三年成立。隸屬於美國國防部的海軍部美國海軍陸戰隊，於一九七八年成立了獨立的海軍陸戰隊情報處（MCIA）。

有三個重要機構在美國情報體系的高科技及科學領域居主導地位，為英美情報系統及整個五眼聯盟有卓越貢獻，並涉及多個情報蒐集與分析領域。這些機構包括由美國國防部成立於一九五二年，為英國政府通訊總部（GCHQ）姊妹機構的國家安全局（NSA）；成立於一九六一年，提供太空情報等多源情報的國家偵察局（NRO）；以及成立於一九九六年，與國家偵察局等重要機構相輔相成，提供太空情報等高度專業且極為出色的地理空間情報的國家地理空間情報局（NGA）。總的來說，美國目前一共擁有十六個情報機構及部門，相較於五眼聯盟的其他四個成員國，以及其他任何國家的情報機構，這都是非常突出的。

五眼聯盟的實力：加拿大、澳洲與紐西蘭

英美以外的其他三個五眼聯盟成員國，在初期傾向遵循英國模式，這是由於它們與英國有著歷史上的淵源，起初是殖民地，後來成為自治領地，最後成為獨立的大英國協國家。

在加拿大，皇家騎警（RCMP）透過一個成立於一九二〇年的情報部門執行情報工作。加拿大遵循了英國政府通訊總部的模式，創立了通訊安全局（CSE）。在加拿大，皇家騎警

處理各種國內威脅的方式，尤其對魁北克分離主義運動的相關事務，曾引發不小的爭議。一九八四年，加拿大政府解散了皇家騎警安全局（RCMP Security Service），並成立了一個獨立於皇家騎警之外的新機構：加拿大安全情報局（CSIS）。加拿大軍方遵循一九六四年後的英國模式，成立了加拿大軍事情報處（Canadian Forces Intelligence Branch），該單位可以跟五眼聯盟內有關加拿大軍方的角色及任務的所有機構聯繫。例如，加拿大皇家海軍在二次大戰期間及戰後，皆能自然地與英國海軍情報部進行密切合作。

在澳洲，則是由政府成立了澳洲安全情報組織（ASIO）及澳洲祕密情報局（ASIS），類似於英國祕密情報局／軍情六處。在澳洲軍事情報方面，澳洲國防部則設有澳洲通訊局（ASD）及國防情報局（DIO），非常類似於英國的國防情報組／國防情報局（DIS/DI）。此外，澳洲還擁有國防影像與地理空間局（DIGO）。在中央層級則有國家評估局（ONA），在某種程度上同樣類似於英國聯合情報委員會。美國與澳洲之間有著非常特殊的關係，這已不再是祕密，在位於愛麗絲泉（Alice Springs）的松樹谷（Pine Gap）的設施內，有為數不少的澳洲與美國人員，為五眼聯盟情報系統的利益夙夜匪懈地並肩合作。

雖然紐西蘭的人口最少，但對五眼聯盟也是貢獻卓著。紐西蘭擁有一個在南太平洋地區包含數百名高素質人員的政府通訊安全局（GCSB），相當於一個小型的英國政府通訊總部。此外，紐西蘭還設有紐西蘭安全情報局（NZSIS），相當於一個小型的英國祕密情報局／軍情六處。儘管紐西蘭安全情報局的人員規模可能不大，卻是一個非常專業的組織。如同英國與澳洲，紐西蘭政府設有一個相當於英國聯合情報委員會的國家評估局（NAB）。在國防方面，紐西蘭擁有一個國防情報安全局（DDIS），以及隸屬於警察、海關與移民機關的情報部門。即使規模不大，紐西蘭的貢獻卻不小。例如，光是政府通訊安全局就設有兩個重要的情報站，為五眼聯盟提供寶貴的情報。

在詳細研究五眼聯盟成員國各自負責哪些事務時，必須比較兩個相互關聯的因素，也就是各成員國的人口規模與國內生產毛額（GDP）。這些因素在很大程度上決定了各國在情報方面的投資策略，以及各國靠年度預算所能負擔的工作。基於五眼聯盟情報活動的性質，它們的預算被列為機密，必須在檯面下祕密批准，或被隱密地藏在其他預算裡。每個五眼聯盟成員國的總預算裡，都隱藏著一部分與祕密行動有關的資金。

在比較五眼聯盟各成員國的人口規模與國內生產毛額時，就不難看出每個國家對五眼聯盟，乃至全球安全所做出的寶貴貢獻是何其重要。

	人口（百萬）	國內生產毛額（兆美元）
美國	325.7	18.57
英國	65.64	2.619
加拿大	36.29	1.53
澳洲	24.13	1.205
紐西蘭	4.693	0.185
合計	456.453	24.109

中國與俄羅斯的資料比較如下方表格。

	人口（百萬）	國內生產毛額（兆美元）
中國	1.379（十億）	11.2
俄羅斯	144.3	1.283[2]

這些數字反映了五眼聯盟國家是何其富有，以及在人均收入上與中國及俄羅斯的差距是何其巨大。中國與俄羅斯國內生產毛額的總和，約為五眼聯盟總和的一半。加州的國內生產毛額為兩兆四千四百八十萬美元，是俄羅斯國內生產毛額的兩倍。那麼，俄羅斯在世界經濟排名上會被排在哪裡呢？低於加拿大，僅略高於澳洲，不過澳洲的人口僅有兩千四百一十三萬，俄羅斯則有一億四千四百三十萬。但俄羅斯在國際勢力均衡上還是不容小覷，不僅是聯合國安全理事會的常任理事國，擁有歷史性的否決權之外，也擁有可觀的核武儲備及核動力潛艦部隊。

無論如何，五眼聯盟是一個由強大的經濟體支撐的情報強權。它們的能力加總起來十分可觀，能維持並不斷提升個別與集體的情報能力。另一個關鍵因素是將各個部分結合成總體的凝聚力。集體的評估使得整體實力比個別機構的產出大上好幾倍。在未來數十年裡，五眼聯盟面臨的最大問題，不是資金或承諾能否維持，而是能否做出一些難度更高的決策，也就是在威脅千變萬化、技術環境迅速改變的情況下，該投資在哪些新的情報資源與方法上。

例如，摩爾定律（Moore's Law）可能已被視為過去電腦時代的遺物。這是由快捷半導體公司（Fairchild Semiconductor）與英特爾公司（Intel）的聯合創辦人高登．摩爾（Gordon Moore）在一九六五年預測的，他表示，「積體電路上可放置的電子元件數量，將會每兩年翻一倍」，但這是一種觀察與預測，而不是物理或自然法則。資訊與數位革命的進展，快到讓任何預測都變得很困難，甚至不可能。

回顧一九一七年齊默曼電報（Zimmermann Telegram）的時代，以及英國的布萊切利園與美國的海軍情報局在二次大戰期間取得的巨大功績，我們確實可以說，那個技術時代已成過去，在當時高頻編碼通訊被巧妙地截獲並解碼，導致日本海軍上將山本五十六等敵人滅亡。山本五十六是二次大戰期間的日本聯合艦隊司令，因美國密碼破譯人員截獲了他的飛行計畫，導致其座機於一九四三年四月十八日在巴布亞新幾內亞遭到擊落。

負責這項任務的，是華盛頓特區西方的維吉尼亞鄉村地區的一座重要情報站：維特希爾農場（Vint Hill Farms）。這座情報站於一九九七年關閉，如今有部分成為聯邦航空總署（FAA）的航空交通管制設施。該站建於一九四二年，二次大戰期間在竊聽敵軍通訊方面發揮了關鍵作用。例如，一九四三年，維特希爾農場截獲了一份由日本駐柏林大使發送給東京領導階層的重要訊息，後來也曾截獲法國沿岸納粹要塞的詳細描述。盟軍最高統帥德懷特．艾森豪將軍，曾贊許維特希爾農場的資料在諾曼地登陸戰的成功中居功厥偉。冷戰期間，維特希爾農場也對蘇聯採取了類似的行動。

在五眼聯盟成員國之間，對於盟軍在二次大戰的勝利及冷戰的終結，做出重要貢獻的情報站多得不勝枚舉，維特希爾農場只是過往輝煌成就的一例。隨著科技的進步，這些成就也逐漸失去光芒。即使還沒完全消失，高頻通訊在很大程度上已經成為過去時代的遺物。畢竟科技不同了，情報目標也不同了。

蘇聯解體的影響

一九九〇年代蘇聯的解體及事後餘波，並未讓五眼聯盟為之懈怠，而是發現了轉移方向的需求。當時，圈內已有許多人察覺到有些威脅已然出現，但尚未引起媒體的關注。一九九〇年代是一個裁軍與「世界太平」心態勝行的時代，直到中東的現實問題開始浮現。

中東地區的情勢在一九六七年六月的六日戰爭前、中、後，一直處於緊張狀態。被這場戰爭的影響所波及的，不僅是中東國家，還包括美國、歐洲國家，而從情報角度來看，還有五眼聯盟，他們始終維持警覺地蒐集與分析的情報，並非只聚焦在中東，還涵蓋了與這舞台有牽連的所有大國的相關情報，包括俄羅斯、伊朗、敘利亞、伊拉克、約旦、以色列、沙烏地阿拉伯、埃及、波斯灣阿拉伯國家、阿曼、葉門、黎巴嫩與真主黨、土耳其。除此之外，還有其他代理人與第三方武器供應國參與其中，情報蒐集的複雜度因此增加。如果把聯合國的角色也考慮進去，那麼大多數積極、負責的會員國，都還有各自的意見及觀點。

從六日戰爭後到一九九〇年代的歲月裡，一些擁有財富與影響力的阿拉伯少數民族，對美國在以阿紛爭中所扮演之角色的仇視與日俱增。與此同時，伊斯蘭教遜尼派與什葉派國家之間，以及每個阿拉伯國家不同族群之間，歷史悠久的宗教與文化分歧，也是隨時可能被外來勢力引爆的潛在災難。情報為決策者提供了靈通、可操作的訊息，但其本身並不能制定政策，也不應試圖影響政策。它的關鍵作用是向政策的決定者與執行者提供真實可靠的資料。有時，某些結果似乎無可避免，可供選擇的選項原本就不多，但即使如此，情報並不具有做決策的功能或權威。自二次大戰以來的數十年裡，包括我在內的許多觀察家都曾說過，一個國家的情報與情報人員的素質，就是衡量該國的標準。技術與科學水準、專業度與忠誠度、對國家安全及保護敏感資訊的堅持，以及最重要的，獨立思考與分析的專業素養，還有不受政治壓力與偏見干擾的能力，都是情報人員不可或缺的素質。此外，還需要特務的勇氣與體力，以及在艱難環境下堅持到底的耐力。

伊斯蘭極端主義不為人知地悄然崛起，直到它與戲劇性的通訊革命同時爆發，才開始吸引媒體與大眾的關注。這兩者相互重疊，直到某個時間點在情報的蒐集與分析方面碰撞出火花。美國在國防部的國防高等研究計畫署開發出通訊網路阿帕網（ARPANET）後，成為網際網路的先驅。BBN科技公司（BBN Technologies）在一九六八年開發出第一組路由器，就此掀起了資訊革命。後來，牛津大學出身的傑出物理學家及電腦科學家提姆．柏內茲－李爵士（Sir Timothy John Berners-Lee）又在一九八九年三月首度提出了「全球資訊網」（World Wide Web）的概念。

網際網路與全球資訊網徹底改變了全球通訊在各個層面的聯繫方式，包括個人、企業及政府皆是如此。與此同時，數位通訊革命受益於美國資金以及幾位高瞻遠矚之人的推動，例如微軟公司的比爾·蓋茲（Bill Gates），蘋果公司的史蒂夫·賈伯斯（Steve Jobs），以及和他一起在加州家中車庫裡創業的史蒂夫·沃茲尼克（Steve Wozniak）與羅納德·韋恩（Ronald Wayne）。在九一一事件發生時，伊斯蘭極端主義者已經開始使用衛星電話進行通訊。五眼聯盟不僅需要跟上這些發展，即使注定不可能成功，還是必須試著走得比它們更快。互聯網在商業領域迅速發展，遠遠超出美國國防部及其發明者國防高等研究計畫署所能掌控的範圍。

此外，一場標榜神權政治的伊斯蘭革命，在對美國及其盟友的強烈憎恨下爆發的同時，通訊革命也迅速向全球蔓延。除了少數例外，在五眼聯盟實際掌握權力與影響力的階層中，幾乎沒有人預見這一切會匯流在一起，也沒能預測到這對中東乃至全球安定可能產生的影響。當奧薩瑪·賓·拉登（Osama Bin Laden）及其夥伴的活動，在一九九〇年代中後期為世人所知，且活動為舉世所追蹤時，以書籍《以上帝之名的恐怖》（*Terror in the Name of God*）及其他傑出的公開分析聞名的潔西卡·斯特恩（Jessica Stern），正任職於美國國家安全會議的核心。賓·拉登在蘇丹的行蹤與意圖，以及極可能以攻擊美國的利益為目標，都使他成為一個明顯且現實的威脅，但對白宮決策與思維具有關鍵影響力的美國國家安全會議，卻不能或不願建議官方趁賓・拉登及家人與隨從還在蘇丹，尚未逃竄到阿富汗山區躲藏時將他們抹除，以改變歷史的進程。一九九八年八月七日，位於坦尚尼亞三蘭港（Dar es Salaam）及肯亞奈洛比的兩個美國駐東非大使館，同時遭到卡車炸彈攻擊，導致兩百多人喪生。在這起攻擊的前後發生了許多情報處理上的失誤，這些失誤最終只能歸咎於一個人，那就是美國總統。

即使種種警告與跡象顯而易見，但唯有果斷的政治決策，才能防止最嚴重的災難發生。雖然美國法律嚴禁暗殺政治領袖，但這些恐怖分子的領

一九九八年，遭炸彈攻擊後的美國駐東非大使館。（中央情報局提供）

導者沒有一個是國際認可的政治領袖。假設希特勒等納粹領導人在一九三〇年代就被抹除，便可能拯救全世界及數千萬人免於死亡與磨難。但希特勒是一名國家領導人，因此，當時沒有任何國家準備採取重大行動，來對納粹領導階層展開祕密攻擊，這與一九九八年的大使館恐怖攻擊事件，到九一一恐怖攻擊事件前夕的情勢，並沒有多少雷同點。賓・拉登只是一名資金有限，僅擁有少數追隨者，只能策畫非對稱攻擊的恐怖分子。而五眼聯盟坐擁優質資料，但可操作的情報卻只有在人們付諸行動時，才能發揮其應有的價值。

誰能利用可操作的情報來預防災難？

在第一次波斯灣戰爭（一九九〇年八月至一九九一年二月）結束後，直到紐約世貿中心於一九九三年二月二十六日遭受炸彈攻擊之前，這些徵兆就已經非常清楚。當天，一枚重達一千三百三十六磅的尿素硝酸鹽氫炸彈，在世貿中心北塔（一號塔）的下方引爆。恐怖分子的目標是使北塔倒向南塔，讓兩座塔同時倒塌，以造成上萬人喪生。幸運的是，他們沒有達成這個目標，但還是有六人喪生，其中五名是港務局（Port Authority）員工，另一名則是當時在停車場裡的商人。此外，還有一千零四十二人受傷，大多數是在爆炸後的疏散過程中導致的。

這場恐怖行動由拉姆齊・尤塞夫（Ramzi Yousef）所主導，資金則是由他的叔叔哈立德・謝赫・穆罕默德（Khaled Sheikh Mohammed）所提供（電匯六百六十美元）。在一九九四年三月與一九九七年十一月，美國成功將六名犯罪者定罪。尤塞夫生於科威特，曾在阿富汗的蓋達組織（Al-Qaeda）訓練營受訓。尤塞夫的審判紀錄顯示，他的動機是為了報復美國支持以色列對抗巴勒斯坦。審判紀錄也顯示，一名聯邦調查局線人，前埃及陸軍軍官伊馬德・塞勒姆（Emad Salem），曾提供重要資訊。他宣稱，自己早在一九九二年二月六日就提出攻擊可能發生的警告。巴基斯坦的三軍情報局（ISI）也提供了協助逮捕尤塞夫的資訊。紐約的聯合反恐工作小組（JTTF）、聯邦調查局、紐約南區聯邦檢察官辦公室、中央情報局、國家安全委員會和美國國務院，都沒發現伊拉克與此案有關的任何證據，因此，伊拉克在一九九三年的攻擊事件中被證明無罪。

這一切顯然都是不祥之兆。五眼聯盟在全球加強了對恐怖主義嫌疑人，以及他們在五眼聯盟成員國以外的聯絡對象的監控。一九九三年的恐怖攻擊事件，證明了一個人力與資金皆有限的小團體，也可能在紐約市這種人口密集的都會區造成大規模的破壞。一九九三年這起恐怖攻擊，成為許多類似的非對稱作戰的典型，證明攻擊者能以非常規、非傳統的軍事手段，對於類似紐約市的龐大且有組織性的軍事及民間實體造成破壞。

回顧當時，五眼聯盟在組織上、文化上，都沒做好因應這種挑戰的準備，而美國各主要情報機構，尤其是中央情報局與聯邦調查局之間的對立，讓問題變得更為嚴重。這兩個機構往往不願共享情報，同時又有文化上的分歧；中央情報局是負責海外祕密情報蒐集的機構，聯邦調查局則是側重於犯罪發生後之調查的執法機構，並不會與中央情報局這種機構聯手蒐集、分析及分享美國國內情報。事實上，聯邦調查局的反間諜部門，能以需要監視可能潛藏於中央情報局內部的叛國者，以及蘇聯等國間諜的行動為由，選擇不插手。事後看來，這種對立對於情報共享與合作來說是一場災難。整個五眼聯盟既無法改變，也無法預見這種情況，最後導致悲劇性的情報失靈，以及九一一恐怖攻擊事件的發生。然而，在美國國家安全體系的另一個部分發生了重大改革，而且美國海軍處於這場改革的前鋒，預期到了非對稱威脅下的新世界局勢，並為此做好了準備。

我們已經看到，在一九九一年的波斯灣戰爭中初次使用的戰斧飛彈（Tomahawk）等日益精準的武器，在一場衝突的初期可以發揮關鍵作用。一九九一年之後的武器改良，讓精確武器變得更加有效。然而，一九九一年的第一次波斯灣戰爭，暴露了一些現地軍事指揮官很早就意識到的嚴重弱點。簡單地說，無論武器有多好（無論是戰斧飛彈，還是一支裝備手持武器的特種部隊），它們唯有在目標鎖定系統及其資料及時、準確且可靠的情況下，才能發揮性能。在瞬息萬變的戰況中，或是部隊對眼前戰局缺乏了解的情況下，就很需要民眾與敵方的相對位置等即時或近乎即時的資料，因為出乎意料的戰況往往可能違反交戰守則、《日內瓦公約》，並引發人道主義的爭議。在上述脈絡下，我們必須謹記這些因素對標定、追蹤及打擊恐怖主義非對稱攻擊是何其重要。

情報資料的傳達，對前線作戰人員、第一線特務或小型特種部隊非常重要。在一九九一年，有幾項因素阻礙了關鍵情報資料，尤其是得自空中／衛星來源及方法的情報資訊的自由流通。安全限制阻絕了高價值情報的廣泛傳播，以及包括具備必要權限者在內的人員獲得情報的及時性。當情報被蒐集、分析並透過特殊管道分發給極少數人時，往往為時已晚，其對快速反應的戰術行動就此失去意義。在一九九〇年代初，美國國家偵察局是美國情報體系唯一一個尚未曝光的機構。將從高空蒐集來的資料即時傳遞給前線作戰人員，不僅是前所未聞的，而且與情報體系的文化與組織（以及通訊系統）格格不入。

第一次波斯灣戰爭期間的情報並沒有不足，但的確不夠好。這一點在特種部隊「獵殺飛毛腿」（Scud hunting）的行動中特別明顯，他們試圖在伊拉克將飛毛腿飛彈（Scud missile）射向以色列及以美國為首的聯軍目標前，將之鎖定並加以消滅。伊拉克耍了幾個花招，來掩蓋並偽造飛毛腿飛彈的位置及活動，而以精確武器打擊施加偽裝且具機動性的飛毛腿飛彈部隊，看似簡單，實則不然。由於威脅具機動性，必須有即時的空中影像情報、訊號情報及電子情報，才能鎖定並確認飛毛腿飛彈部隊的行蹤，並在準備攻擊時持續追蹤。這些因素全都需要衛星輔助，以及透過規畫衛星的軌道、地面軌跡與覆蓋範圍，及其下載程式，並即時將情報傳送到作戰指揮中心，再將之傳給亟需情報的作戰人員。這些事都不容易。因此，許多作戰人員僅能獲得不夠好或不夠即時的情報。

第一次波斯灣戰爭後的改革與技術創新

美國情報體系在一九九〇年代為了彌補第一次波斯灣戰爭後的局勢，付出巨大的努力與大量的投資，導入了許多充滿想像力與技術力的建構及溝通方案。此外，情報系統也意識到衛星以外的其他系統的需求：無人機（UAV）的誕生，以及對移動目標進行空中精密追蹤的需求。例如，掠食者（Predator）與全球鷹（Global Hawk）無人機，或是美國空軍的聯合監視目標攻擊雷達系統（簡稱Joint STARS，又譯「聯合星」）預警機等系統與平台，就是在戰爭經驗中培育而出的。雖然預警機裝備了令人驚歎的雷達，但這種飛機的航程與續航能力是有限的，即使有空中加油的能力，還必須考量機組人員疲勞的因素。雖然預警機能在相對良好的防空環境下，從目標區域的遠距離進行成像，但也受到機組人員的耐力、空中加油的可行性，以及可提供維修與支援的友方機場的有無等限制。

第一次波斯灣戰爭讓情報體系深刻體認到，必須有大規模的文化改革，找到將情報去敏感化的方法，以將保密程度降低到讓所有需要知道並擁有機密級別許可的使用者利用。這意味著需要發明巧妙的方法來修改最高機密的資料，在不損及其原本價值的同時，即使資料曝光，敵方也無法推斷出我方情報蒐集系統的真正能力。這個影響對五眼聯盟來說是無價的，尤其在九一一恐怖攻擊事件之後，五眼聯盟的軍力，特別是特種部隊，合作得相當緊密。

我直接參與了幾項關鍵計畫，其目標是要解決一九九一年第一次波斯灣戰爭中所暴露的弱點。一個至今仍需要特別關注的領域就是特種部隊，例如美國海軍的海豹部隊（SEALs）的行動。海豹部隊經常置身高度危險的情境中，也接受了因應這些情況的精良訓練。然而，海豹部隊始終需要最好的、最新的戰術情報。要辦到這一點並不容易，因為即使是最新的輕量小型收發器，也會增加額外的負重，為此只得犧牲部分攜行的武器、彈藥、飲水與糧食。在一九九〇年代，還沒有經過實地測試且獲得批准的手段，能即時將衛星圖像傳送給海豹部隊。數位通訊及iPhone時代的科技正在發展，但仍相當粗淺。不僅是欠缺小巧、輕量且堅固的硬碟與小型顯示器，頻寬也是個問題，時至今日，這個問題仍困擾著傳統的美國軍事通訊手段，尤其是衛星系統。

五眼聯盟預計在二〇二〇年代以後使用的次世代系統，將能傳輸大量的資料、語音及影像，讓第一次波斯灣戰爭中的情報問題，看起來幾乎與納爾遜隔海向法軍敵艦發射著名的彈跳式「約克」（Yorker）炮彈一樣古老。即使衛星很容易重設軌道來支援特種作戰，美國情報體系仍然花了很長的時間，才能在不透過衛星語音通訊的情況下，向海豹部隊提供即時情報，而這些通訊並不是時時都能發揮應有的高效率。美國海豹部隊於二〇〇五年六月二十七日在阿富汗展開的紅翼行動（Operation Red Wings），留下了詳細紀錄與大量評論，而失敗的其中一個關鍵原因，就是在一個出色的商業通訊系統普及的時代，他們所使用的通訊系統的性能與可靠性卻都很差。對小規模的海豹部隊來說，獲得威脅所在位置的影像或影片，包括敵軍人數、動態、相對位置及可能擁有的武器，都是讓他們得以極力避免與大規模敵軍交戰，以及避免遭到包圍與攻擊而失去勝算的關鍵情報。對以直升機進場及撤離的特種部隊來說，情況亦然。

部隊必須有足夠的時間來辨識地面上的威脅，而不是拖到太遲才開始著手。無人機有助於改變這種模式，而持久、可靠、即時的情報（包括影像情報、訊號情報和電子情報）是無可替代的。一九九一年，英國空降特勤隊在沙漠裡不僅得面對惡劣環境，還得面對劣質且無法即時傳送的戰術情報所產生的未知因素。手持式衛星收發器能在極危險的戰況中減輕許多壓力，前提是硬體必須可靠，當一套系統失效時，還有另一套電量足夠的備用系統可供使用，而且還能獲得所需的情報，無論它是透過語音、影像、影片或其他組合直接或間接地傳送。

英國在一九八二年的福克蘭群島戰爭中，也遇到了相同的戰術困境。即使衛星語音通訊能有效運作，但預計在阿根廷本土執行的行動，還是被糟糕到幾乎可忽略不計的情報與不可靠的即時可操作情報所阻礙。如果沒有可操作資訊可傳送給前線部隊，這些通訊系統就形同無效。世上最糟糕的局面，就是遠方的指揮中心（例如位於英國諾斯伍德的聯合作戰中心）可能對身處火線上的特種部隊擁有全面的指揮與控制權，但卻缺少有價值、可靠、即時的可操作情報，可以提供給他們正在通訊且有權指揮和控制的部隊。最糟糕的戰術情境，可能在這種情況下發生：地面部隊直到與敵方發生直接接觸，才掌握到現地局勢，發現在任務前簡報中聽取的情報評估，不是不準確，就是不完整，甚至以上皆是。

現在，必須注意的是，在第一次波斯灣戰爭後的二十五年裡，民間與軍方／產業與政府的關係有了重大的轉變。五眼聯盟成員國的軍購過程與週期已經明顯落後於產業的研發及採購週期，因為企業唯有跟上科技及工業生產過程的快速發展，並且盡可能領先競爭對手才能生存。如果競爭對手是未來可能成為威脅或敵方的對象，顯然在軍方－政府的關係中，不能使軍購過程的時間變得過長，否則會導致技術上的領先才剛達到初始作戰能力便已經過時了。例如，如果需要花上十年或更久才能配備一套系統，那麼它服役時可能就已經過時了。

這在數位時代是一大問題，尤其是在指揮、控制、通訊、情報、監視及鎖定目標的領域。產業界有必須維持領先的必要。如果五眼聯盟成員國的軍購單位繼續依照當前的慣例行事，就得承擔在科技曲線上落後的巨大風險。在通訊領域，尤其是在非商業衛星系統方面，這一點是最迫切的。全球網路化的4G長期演進技術（LTE）與5G系統，可以傳輸各種類型的大量資料。當代高度安全的加密網路，可以提供全面性的網路安全防護，事實上，甚至還能為五眼聯盟的機構建立網路攻防系統。

美國海軍在非對稱作戰上的進展

五眼聯盟中第一個認真檢討非對稱作戰，以及其在廣範圍的恐怖主義上應用的，就是美國海軍。

在美國海軍一九九〇年代的改革中，駐守在加州聖地牙哥、總部設於艦隊旗艦科羅納多號上的美國太平洋艦隊第三艦隊，扮演著重要角色。第三艦隊關注的不僅是非對稱作戰，儘管這支大膽創新、充滿活力且領導有方的艦隊，在最早開始關注將在下個世紀成為常態而非異常的重要議題上，的確居功厥偉。第三艦隊中有幾位關鍵人物走在時代尖端，體認到美國海軍，乃至整個美軍，未來必將面對非對稱的威脅。第三艦隊思維的核心，體現在一些情報模式的關鍵層面上。後來，這種思維對五眼聯盟造成了顛覆性的影響及轉變。

非對稱作戰的概念本身並不新鮮，指的是兩支敵對勢力、派系或力量所掌握的戰爭資源極為懸殊，但資源較弱的一方利用戰術及較低階的系統與科技，來彌補數量上的不足與素質上的弱點。較弱的一方能利用非結構化且非正式的手段，來削弱較正規、裝備較好、組織性較高的敵方軍力。軍事史及海軍史上，不乏非對稱作戰的例子，較近代的典型例子就包括美國獨立戰爭、約翰．莫斯比上校（John Mosby）在南北戰爭期間的行動、南非的波耳人（Boers）在第二次波耳戰爭期間的作戰方式、阿拉伯的勞倫斯對土耳其軍的襲擊，以及二次大戰期間法國抵抗運動與南斯拉夫游擊隊勇敢的戰術等等。

第三艦隊及美國海軍陸戰隊人員體認到世界又一次發生變化，這次是朝非對稱的對抗方向發展，而不是冷戰時期有組織的兩極對立。這個觀點的證據，來自國際戰略研究所（IISS）與斯德哥爾摩國際和平研究所（SIPRI），以及政府的情報評估機構等，可靠的全球智庫與組織所蒐集到的資料。在一九九〇年代裡，原本鮮為人知的暴力極端主義，在近東與中東地區悄然崛起，所謂的和平紅利（Peace Dividend）逐漸遭到侵蝕。英國二十多年來一直面對著愛爾蘭共和軍（IRA）的威脅，中東地區則有對美國駐黎巴嫩海軍陸戰隊營區的攻擊，以及巴勒斯坦—以色列—黎巴嫩地區的無數次暴力事件，這一切都具有非對稱作戰的明顯特點。隨後又發生了東非大使館炸彈攻擊、美國正規軍在索馬利亞摩加迪休（Mogadishu）的潰敗（黑鷹墜落事件），以及科爾號（USS Cole）驅逐艦在亞丁灣遭到攻擊，都是二〇〇一年九一一恐怖攻擊事件的前兆。聰明的第三艦隊人員意識到世界均衡的轉變與戰爭性質的變化，而海軍必須做好因應這些威脅的準備。

一九九〇年代，無論是從訓練經費還是正式聲明及相應文件來看，華盛頓方面顯然都沒有針對全球變局的警訊做出任何回應。這項觀察不僅包括國防部，也包括國家情報體系的三大情報機構（中央情報局、國家安全局、國防情報局）。伊斯蘭極端主義勢力正在蓬勃發展，但官方卻沒有做出任何回應。如今回頭看，聖地牙哥的第三艦隊在概念與行動上都是革命性的。第三艦隊團隊並沒有等著華盛頓當領頭羊，而是主動發起行動。第三艦隊透過領導力、創造力、資源獲取，以及組成一支完全理解其主張且有強烈企圖心的獨特聯盟，找到了領先的途徑。他們找到了兩種主要手段來發起改革，而且在國防部與美國國會沒有採取任何正式行動的情況下，做到了這一點。他們的成就最終促成了巨大改革，不僅是對本身已具有重大意義的海洋戰略與戰術，對整個情報體系乃至五眼聯盟也產生了影響。

第三艦隊使用的手段包括：艦隊戰鬥實驗（FBEs）及限定目標實驗（LOEs）。這些實驗被用於測試那些因應世界變化、促進教範創新的新想法。在一九九四年到二〇〇三年的九年裡，美國海軍沒有任何一支艦隊能達到堪與他們匹敵的成就，而這些成就得歸功於兩位優秀的第三艦隊指揮官的傑出領導，分別是赫伯特・布朗中將（Herbert (Herb) Browne，一九九六年十月至一九九八年十一月在位），以及丹尼斯・麥金中將（Denis (Denny) McGinn，一九九八年十一月至二〇〇〇年十月在位），兩位都是第三艦隊中以小威廉・海爾賽上將（William F. "Bull" Halsey）為首的歷任傑出指揮官的直系繼承者。其他著名的前任指揮官，包括小薩繆爾・格雷夫利中將（S. (Sam) L. Gravely, Jr）、金納伊德・麥基上將（K. (Ken) R. McKee）及山繆・洛克利爾上將（S. J. Locklear）。當我從皇家海軍被派往核動力巡洋艦班布里奇號時，曾經有幸與格雷夫利中將一同服役。

布朗中將與麥金中將在任內都得到美國太平洋艦隊總司令的全力支持。「美國太平洋艦隊總司令」是具有歷史意義的頭銜，因為它後來與其他軍種的總司令，一同被國防部長唐納・倫斯斐（Donald Rumsfeld）依法更改為「太平洋艦隊司令」（Commander Pacific Fleet），理由是軍方只有美國總統一位總司令。由於這兩位第三艦隊指揮官聽命於美國太平洋艦隊總司令，而傳統上此職位都是由美國海軍四星上將擔任，因此，形同有一群顯赫的四星上將為他們背書。

從一九九六年十一月到一九九九年十月，美國太平洋艦隊總司令由亞奇・克萊門斯上將（Archie Clemins）擔任，他的艦隊總部位於夏威夷歐胡島上，距離珍珠港海軍基地不遠的馬卡拉帕。克萊明斯上將本身就是一位創新者，利用以網路為中心的概念與技術，率領艦隊邁入數位時代。他個人對於促成改變深感興趣並積極參與。因此，在九一一恐怖攻擊事件威脅到美國之前，美國海軍在太平洋艦隊裡就已經有一支堪稱一流的團隊，對五眼聯盟產生了巨大的後續影響。

布朗中將及麥金中將都是傑出的海軍飛行員，擁有極為亮眼的指揮履歷。布朗中將在越戰期間獲頒海軍十字勳章（Navy Cross），在加入第三艦隊之前曾指揮過海軍太空司令部（Navy Space Command），後來又擔任位於科羅拉多泉（Colorado Springs）的美國太空司令部（US Space Command）副司令，又在退休後擔任武裝部隊通訊與電子協會（AFCEA）會長。麥金中將則是在離開第三艦隊後，到五角大廈海軍參謀本部擔任執掌作戰需求的海軍作戰部副參謀長，負責海軍未來戰力的研發；他曾在第三艦隊任內推行諸多創新，因此這個職位非常適合他。他在退休後，又於二〇一三年在巴拉克．歐巴馬（Barack Obama）政府擔任負責能源、設施與環境相關事務的海軍助理部長，為美國海軍充分發揮他對綠色能源的知識與熱情。

海軍官方預算中並未編列第三艦隊計畫的資金，也沒有透過國會間接撥款的「專用」資金，後者來自參眾兩院的軍事委員會和國防撥款小組委員會的重要成員，因為他們有權額外撥付一筆特殊經費來「補足」總統的官方海軍預算，以挹注他們個人支持的項目。艦隊指揮官只能從年度國防預算中現有的預算線裡，被證明為有足夠合理性的各種支出預算項目中，來調度資金，推行改革。

同時，華盛頓有一批高階海軍將領對第三艦隊的目標表示支持，積極確保迅速撥款，以合法手段挹注那些沒被列在官方預算程序中的艦隊戰鬥實驗及限定目標實驗。其中一位支持這些創新的傑出將領，是當時名列海軍參謀部第六號人物的亞瑟·賽布羅斯基中將（Arthur Cebrowski）。塞布羅斯基是在華盛頓大力推行海軍轉型的改革之父。身為第六號人物，他是推動美國海軍指揮、控制、通訊、電腦及其他海軍作戰專業領域未來發展的一大功臣，對五眼聯盟而言也是一大恩人。

塞布羅斯基中將在華盛頓大力推展海軍改革的同時，布朗中將與麥金中將也在海上帶動改革。塞布羅斯基意識到，大型積體電路將促成以網路為中心的資訊流動，徹底改變海戰的遊戲規則。他看到民間產業在科技上的進展，堅信海軍、甚至整個美國軍方都需要跟上腳步，搭上資訊科技革命的快車。一九八一年，塞布羅斯基是位於羅德島州紐波特市（Newport）的美國海軍戰爭學院（US Naval War College）戰略研究小組的一員，他與旗下的年輕海軍指揮官威廉·歐文斯（William Owens，後來擔任參謀長聯席會議副主席）等人，一同得出海軍亟須創新的結論。

他們主張，資訊從多個來源流向作戰人員的網路環境，將在戰場上提供某種程度的資訊優勢，減少了自古以來為制服敵方而必須動員大規模致命武力的需求。後來，美國參謀長聯席會議辦公室製作了一份名為〈聯戰願景二〇一〇〉（Joint Vision 2010）的文件，成為未來十年事務運作的規範。然而，並非每個人都支持以這種理念作為激進改革的基礎。事實上，當大力支持塞布羅斯基的約翰·夏利卡什維利（John Shalikashvili）與威廉·歐文斯這兩位將軍於一九九八年退休時，聯合參謀部和海軍內部都明顯存在一些反對聲浪。有些人對這種新詞彙抱持懷疑態度。有些人使用了更具貶意的術語及行話，來形容塞布羅斯基一派的理論。比較有修養的分析則認為，塞布羅斯基沒有注意到商業世界的科技動力及對軍事的影響與運用，是循序漸進而非革命性的，海軍應該像之前許多基於科技的變革那樣來利用這類新能力。

還有人單純從海軍的角度，將塞布羅斯基倡導的資訊革命，與從主動聲納過渡到數位化的被動聲納的過程做比較。塞布羅斯基在美國海軍戰爭學院院長一職留下優異表現後，於二〇〇一年十月一日結束了軍旅生涯，但又在九一一恐怖攻擊事件的數日後，在深受他影響且能保持緊密聯繫的國防部長唐納·倫斯斐的邀請下，以文職身分接下軍隊轉型（Force Transformation）辦公室主任的職位。可惜，塞布羅斯基還來不及對整個國防部施展影響力，就在二〇〇五年十一月十二日因癌症去世，享壽六十三歲。雖然他對五眼情報體系下游的正面影響從未得到充分肯定，但第三艦隊在他的直接支持下所達成的成就，對美國乃至整個五眼聯盟的情報體系，都留下不小的影響。

亞瑟·塞布羅斯基所留下的思維，證明了資訊科技也能轉換成軍事力量，並催生出新的戰略思維、概念及主張。而且，將網路化軍力與傳統軍力結合起來，能產生壓倒性的效果，以資訊優勢減少戰爭中的消耗，從而為政治領導階層提供了全新的政軍體系選項。塞布羅斯基的理念，主張資訊優勢必能戰勝純粹的蠻力。反對論點則強調，這種改革只是軍事科技演進的一部分，而諸如入侵伊拉克、推動國家建設的決策，則是政軍戰略的關鍵元素，與資訊科技的革命無關，也不是它的成果；在歷史的脈絡下，戰略並不受資訊科技的革命所影響。

一些人認為，在中東穆斯林核心地帶爆發的遜尼派和什葉派間的歷史衝突，與當前和未來的資訊科技，以及在這樣的科技基礎上衍生而出的軍事網路架構，是毫不相干的戰略問題。許多人認為，資訊優勢是傳統電子戰的一部分，演進方式就跟在海上進行導航及截取通訊一樣，從二次大戰期間的ULTRA與MAGIC情報時代，一路朝如今數位通訊時代高度先進的訊號情報與電子情報領域發展。電磁波譜從未改變，但以嶄新、巧妙的方式利用自然現象的科技則不斷演化。相同的論點也適用於數位通訊及整個微波領域，那是演化，而非革命。然而，這對海軍戰術層面與前線的作戰情報所產生的影響，是明顯且長遠的。

改革支持派在這段期間強烈主張，必須重新評估軍工產業做生意的方式。目前的計畫發展狀態、曠日費時的軍購與簽約流程，以及裝備達到初始作戰能力所需的漫長時間，全都成為抑制創新的因素。美國國防部完全跟不上民間產業資訊科技發展的腳步，而且軍方還落後好幾年。回頭看來，這似乎是能催促軍方跟上民間產業步伐的有力理由，然而，這個問題仍然無法改變軍購過程及現行的《美國聯邦採購規則》（US Federal Acquisition Regulations）對迅速推行科技改革的抑制。賽布羅斯基希望在美國海軍戰爭學院中培養出一批創新人才，這可能是他所遺留的最大資產；畢竟，教育是改革最真切的催化劑，不受束縛的環境則是盡情構思如何推行改革最強大的盟友。

「聖地牙哥的堅定聯盟」：美國太平洋艦隊第三艦隊

位於聖地亞哥的第三艦隊，以不同的方式與節奏，展現了實際作為。這支在太平洋艦隊之中格外團結的艦隊，將言辭轉化成行動。那麼，他們做了什麼？如何做到？又取得了什麼成就？

首先來談談他們做了什麼。第三艦隊非常清楚網路中心性，並且三星級的領導階層對國家偵察局最新的機密計畫都有清楚的理解。他們所做的，就是將嶄新且創新的網路概念，與既有的系統和指揮、控制、通訊架構結合起來，轉化成新的先進作戰。

一場名為BRAVO的重要艦隊戰鬥實驗，其副標題是「火環」（The Ring of Fire）。這場自一九九七年八月至九月間舉行的實驗，有美國海軍、美國海軍陸戰隊和海軍特種部隊參與，由海軍作戰部長贊助。主要參演船艦包括第三艦隊旗艦科羅納多號，以及另外兩艘主要水面船艦——貝里琉號（USS Peleliu）及羅素號（USS Russell），並得到了法倫海軍航空基地（使用F-18戰鬥機）、中國湖海軍航空武器站（Naval Air Warfare Center China Lake）及穆古角海軍航空站（Naval Air Warfare Center Point Mugu）的支援。國家偵察局及海豹部隊也提供了重要的服務。作戰概念的重點，是使用一套透過衛星即時連結到感應器與其他資訊來源的嶄新戰場區域網路（LAN）架構。目標是測試並展示透過網路架構成功攻擊、摧毀目標，並進行即時戰損評估的能力。

其中一個情境，是一支小規模的海豹部隊偵察隊登陸並朝內陸挺進，回傳即時情報資料，再加上透過衛星傳回並在科羅納多號上進行分析的影像，並將情報即時傳送給一架F-18戰鬥機，供該機成功以照明彈擊中目標。該旗艦從多個來源（包括前進空中管制員〔FO-FAC〕提供的影像情報）建立指揮戰術圖像（CTP），由前進空中管制員指定目標。在數英里外海域的科羅納多號，從多種選項中決定並執行武器對目標的配對，最後由一架F-18戰鬥機完成最後一擊。其他選項還包括以海豹部隊發動攻擊及發射戰斧飛彈。美國海軍陸戰隊的前進空中管制員由第十三海軍遠征支隊所提供。

BRAVO的子項目之一「沉默狂怒行動」（Operation Silent Fury），是國家級C4I架構的一場非常成功的測試及展示，由國家偵察局提供系統與直接支援。這是一場在海軍史上，國家衛星系統的廣度與規模首度在海戰中發揮作用的獨特事件。

這場艦隊戰鬥實驗的結果相當驚人，也帶動了涵蓋艦隊全體的重大改革，而這些改革在九一一恐怖攻擊事件後，很快就開始展現成效。利用新架構與透過衛星連結美國海軍的機密互連協議路由網路（SIPRNET），也就是機密版的非機密網際網路協定路由網路（NIPRNET）

的即時感應器資料，獲得了豐碩的成果，讓美國海軍擁有對潛在對手的巨大優勢。自一九九七年以來，美國海軍在第三艦隊的布朗中將及繼任的麥金中將領導下，屢有傲人的發展。

新型運作模式與「準時制」

美國海軍從一九九〇年代晚期至九一一恐怖攻擊事件前的艦隊戰鬥實驗ECHO，與限定目標實驗ZERO中，採用了新的作戰模式。麥金中將帶著這些知識與經驗，接下華盛頓美國海軍水面作戰處（OPNAV）的新職，在二〇〇一年九月十一日那天，他也在五角大廈裡，辦公室距離飛機撞進樓內的位置非常近，之後於二〇〇二年退伍。他在第三艦隊的前任布朗中將，在美國太空司令部總部表現優異，則是於二〇〇〇年退伍。當九一一事件發生時，美國海軍立即做好了以海上的航空母艦及海軍特種部隊攻擊阿富汗的準備。美國與五眼聯盟其他成員國的部隊展開祕密行動，在一位美國海豹部隊高階指揮官的帶領下，對賓・拉登在阿富汗境內的藏身處、洞穴及訓練基地發動襲擊。

這些由第三艦隊引領的改革，使五眼聯盟獲益匪淺。這些改革在美國內部推展的速度原本就相當緩慢，因此，要擴及分享給整個五眼聯盟只會更加緩慢，但九一一事件改變了大家的思維與行動。

九一一事件後的時期，與珍珠港事件前後的時期有點相似。大家的思緒突然開始緊繃，優化情報不僅成為當務之急，也成為世界秩序面臨新威脅時的求生命脈。美國海軍透過展現領導力、創新與冒險精神，成為引領改革的領頭羊。美國第三艦隊對五眼聯盟的貢獻，也許不僅超出大多數人所意識到的，甚至超出官方正式向大眾所公布的。在瞬息萬變的世界裡，美國情報界在所有領域一直沒有多少改變，無論在政治、理論、技術及組織文化等方面，都停留在過去的模式裡。新的非對稱作戰、恐怖主義威脅與數位資訊革命、通訊基礎設施的重大改革，以及全球網路的大幅擴展同時發生，而五眼聯盟成員國政府無法悉數管控這一切。

九一一事件帶來了五眼聯盟內的各部門與機構極少能預測並因應的變化，而美國海軍與國家偵察局是唯二試圖透過創新與改革來保持領先的國防組織。能在此情報技術與科學演化的關鍵階段與這兩個組織共事，讓我倍感自豪與榮幸。

Chapter 5

二〇〇一年九一一事件及其後果

二〇〇一年九月十一日東部夏令時間上午八點四十五分，一個晴朗的星期二早晨，美國航空公司一架滿載兩萬加侖航空燃油的波音七六七客機，撞上了紐約世貿中心北塔。稍後，另一架飛機撞上了維吉尼亞州阿靈頓郡的五角大廈，另一架飛機在乘客的干預下，墜毀於賓州尚克斯維爾（Shanksville）附近的石溪鎮（Stonycreek Township）。二〇〇一年九月十一日的這起事件，不僅改變了整個世界，也在全球通訊與資訊流科技革新的背景下，讓五眼聯盟面臨一系列全新的挑戰。

英美情報系統及整個政府對九一一事件相關情報的誤判，被詳盡記錄在一些關鍵報告中，尤其是二〇〇四年在美國發表的所有九一一相關報告，以及遲至二〇一六年才在英國發表的《齊爾考特報告》（*The Chilcot Report*）。英國的《齊爾考特報告》，是英國首相戈登・布朗（Gordon Brown）在二〇〇九年宣布將對自國在伊拉克戰爭中所扮演的角色，展開公開調查的結果，其中採用了不同的側重點與推論方法。

《對美恐怖攻擊國家委員會成果報告》（*The Final Report of the National Commission on Terrorist Attacks upon the United States*）由成立於二〇〇二年十一月二十七日的該委員會，在二〇〇四年七月二十二日發布。這份報告遭致許多批評，因為它明顯粉飾了政府的許多過失，並將責任推到聯邦航空總署頭上。聯邦航空總署並不是反恐組織，該事件根本不在其管轄範圍內。不論大眾、媒體還是國會，對這份九一一相關報告都不甚滿意。美國情報體系不僅因資訊導致失誤，組織缺陷也導致溝通嚴重失效，尤其是中央情報局與聯邦調查局之間，以及沒有針對重要線索採取行動的聯邦調查局內部。英國的《齊爾考特報告》則是針對廣範圍的政治－軍事－情報互動，對於政治決策乃至更廣泛的戰略問題的影響，提供了較深入的分析。

整個五眼聯盟都沒能發現薩達姆・海珊（Saddam Hussein）與蓋達組織之間有任何關聯。事實上，針對伊拉克境內，像是蓋達組織這樣可能危及當權者的恐怖組織而言，海珊反而才是嚴重威脅。他無情地鎮壓了任何形式的反對勢力。沒有任何證據顯示攻擊世貿中心及五角大廈的組織與伊拉克有關。英美兩國對伊拉克是否擁有大規模毀滅性武器的情報扭曲，更加劇了這種誤判。

美國國務卿柯林・鮑威爾（Colin Powell）在紐約聯合國大會上的表現，將永遠被視為失真、甚至是錯誤的情報施政紀錄。鮑威爾本人可能是情報資料的無辜受害者，當他在聯合國發表這場重要演講、發表所謂伊拉克大規模毀滅性武器的證據時，中央情報局局長喬治・

坦納（George Tenet）就坐在他背後。這短暫的一刻，成為美國政府高層誠信的一大災難。許多人認為，坦納身為中央情報局局長，只能向總統及其重要顧問屈服，支持他們早已確定要入侵伊拉克的行動方針，不計較原因、不在意後果，也沒有制定在戰後幫助遭遜尼派－什葉派的文化分歧撕裂的伊拉克，恢復安定的戰略。

在英國，曾有高級軍事顧問從法律角度，警告政府不應對伊拉克動武。根據國際法，除非能確切證明伊拉克對英國的國家安全構成威脅，否則英國有什麼合法權利在沒有宣戰理由的情況下入侵該國？毫無疑問的，東尼・布萊爾（Tony Blair）政權下了一步險棋，以英國情報史上前所未有的方式濫用情報，只為了向美國盟友輸誠。對於入侵伊拉克，後來延伸到在阿富汗打擊蓋達組織，最後擴大到與塔利班（Taliban）及後來的伊斯蘭國（ISIS）打全面戰爭，相信讀者對這些事的是非曲直自有看法。

許多享有盛名的學者認為，這些是美國政府在美國歷史上所犯下的最嚴重的戰略錯誤，必須根據決策者可獲得的所有情報，以及這些情報如何被使用來加以檢視。做決策並非情報部門的職權，其主要職責是提供當權者未經修飾、品質最佳、具可操作性的資訊，協助他們做出明智的政治決策。如果這些決策不能準確反映情報，該負責的是政府政治部門及民選代表，而不是英美情報體系的專業人員及無數部門與機構。情報的作用並不是主導政策，而是以冷靜的非政治性資料來協助制定政策。

九一一事件促成了局部改革

其他五眼聯盟成員國並沒有效仿美國情報體系重組的路線。為了避免通訊及資料交流失效，美國在二〇〇四年根據《情報改革與防恐法案》（Intelligence Reform and Terrorism Prevention Act）成立了國家情報總監辦公室，由跨機構人員以新的方式對美國各情報機構與部門，進行集中化的協調。同時也成立了國家反恐中心，將美國情報體系的計畫與行動結合起來，五眼聯盟的資訊則成為新的關注焦點。跨機構合作成為新的重中之重。英國與其他三個五眼聯盟成員國，享有規模較小、聯繫較密切的優勢，他們已經擁有完善的溝通管道及組織架構，運作模式較團結一致。相比之下，美國各機構常因情報來源及情報蒐集方法方面的問題，而不願彼此合作。美國的情報評估經常被其他五眼聯盟成員國視為相互妥協的結果，而非經過徹底整合的評估。

在某些情況下，美國主要機構有充分理由不去共享資訊，這主要與安全和「僅知原則」有關。前文曾提及為什麼英美的海軍情報部門不與其他機構分享許多行動和資料。美國內部的改革並非沒有代價。跨機構間合作的增加，意味著更多人，包括政府雇員與承包商，能夠以前所未有的方式接觸到更多資料。本質上，這意味著，如今更多人可以接觸到那些原本擁有密碼的「僅知」使用者才有權使用的高度保密電腦系統，而其中有許多人不一定符合過去的「僅知」標準。這在一定程度上導致了一些情報承包商及政府雇員的洩密事件，這些人可以進入高度保密的設施，並在同事、主管及安全人員的眼皮下，以隨身碟竊取高價值的情報資料。

此外，人員數量的急劇增加也是一個因素。九一一事件發生後，美國情報體系的反應是雇用數量上遠遠超過其他四個五眼聯盟成員國的人員。整個五眼聯盟的工作人員的確有所增加，尤其是在反恐領域，但完全比不上美國，例如，新成立的國土安全部（DHS）擴編成一個龐大的機構，甚至將歷史悠久的美國海岸警衛隊（US Coast Guard）從國防部與海軍部手中納入其傘下。一七九〇年八月四日，國會在亞歷山大・漢彌爾頓（Alexander Hamilton）的支持下，成立了美國海岸警衛隊的前身水陸關稅隊（Revenue Marine，編註：於一八七一年轉型為美國海關緝私局〔USRC〕），而後在一九一五年一月二十八日改制成隸屬於美國財政部的美國海岸警衛隊。雖然將海岸警衛隊轉移到國土安全部旗下，在組織上看似合理，但在一些專家眼中，這是對九一一悲劇的過度反應，假借改革之名而對一個完善組織進行不必要的干預。不過，名列全球第十二大海上軍力的美國海岸警衛隊，還是可以根據總統的命令或在戰時根據美國國會的指示，將管轄權轉回海軍部。改制及招聘大量新進人員，被某些人視為不必要的過度反應，應該將重心放在從既定來源及全球通訊網路持續催生的新方法，獲得高品質的情報。

誰能監視誰？

與二〇二〇年的世界相比，二〇〇〇年的數位革命與全球通訊領域的各種科技運用，仍處於起步階段。然而，二〇〇〇年的通訊領域生態與冷戰剛結束時也截然不同。在二〇〇〇年，英美國與三個盟邦，在透過衛星、電話線及海底電纜對全球數位資料的控制與利用上，仍占有主導地位，而負擔得起相對昂貴的設備與服務的人，則享有使用衛星電話的優勢。手機、iPad及國際市場上五花八門的數位產品的時代尚未來臨。各種通訊、媒體及資料流相關科技，在二〇〇〇年至二〇二〇年間都經歷了革命性變化。

訊號情報領域有一個非常簡單的前提，就是對方必須進行通訊，己方才能攔截他們的通訊。還有一個很關鍵的推定：對方沒有通訊，並不代表沒有壞事發生。在冷戰期間，如果北約沒有攔截到蘇聯及華沙公約組織可能對西方展開攻擊的相關通訊，並不代表他們沒計畫這麼做。同理，潛艦也不喜歡通訊，只喜歡收訊。理由很簡單：就連最保密的通訊也可能被攔截。在高頻通訊的全盛時期，潛艦可以透過幾種非常成熟的低攔截機率（LPI）模式進行通訊。即使如此，訊號情報任務還是能攔截並解碼這些訊息。當賓・拉登與其同夥意識到自己的衛星電話可能被截聽時，賓・拉登乾脆將自己的衛星電話關機停用，重拾文書、口頭指示及信使的古老手段，攔截目標也因此變成了鎖定及追蹤賓・拉登的信使。

網路在二〇〇〇年已經很蓬勃，但複雜度完全不及如今。當時，使用網路及衛星電話的人，必然會被五眼聯盟攔截，直到九一一事件後，政府攔截國內通訊的計畫曝光後，才開始出現隱私問題及對政府侵犯個人通訊與資料的法律質疑。美國、英國、加拿大、澳洲及紐西蘭政府不得監視本國公民，除非在受控管的情況下，例如，在美國通常需要事先取得聯邦法官核發的法官命令。

一九七八年十月二十五日的《外國情報偵察法》（Foreign Intelligence Surveillance Act）是一項確立針對「外國勢力」及涉嫌從事間諜活動及恐怖行動的「外國勢力代理人」之間的「外國情報資訊」，進行電子及物理監視與情報蒐集的法律程序的聯邦法律。在法案推出後，成立了外國情報偵察法院（FISC），負責監督情報體系及聯邦調查局的監視令申請。由於在國內攔截美國公民的通訊，存在許多隱性問題，該法案在九一一事件後進行了修訂，並在多次修改中一再更名，包括：《美國愛國者法案》（USA Patriot Act）、《二〇〇七年保護美國法案》（2007 Protect America Act）、《外國情報偵察法二〇〇八年修正案》（2008 FISA Amendments Act）及《美國自由法案》（USA Freedom Act）。二〇〇五年十二月，《紐約時報》（*New York Times*）的一篇報導[1]宣稱，國家安全局自二〇〇二年以來，一直在喬治·布希總統的命令下，執行沒有取得監視令的監聽，這類監聽開始受到大眾關注。後來，《彭博社》（*Bloomberg*）又有一篇報導[2]暗示，這類監聽早在二〇〇〇年六月便已經開始。

五眼聯盟成員國之間，一直都有不互相監視的共識，甚至有針對此事的相關條款。但這種普遍認知，並不意味著各國之間不會分享資訊，例如，一國可能透過另一國的情報機構

（外部來源），獲得自己國內間諜活動的相關資訊。同樣的，在後九一一時代，五眼聯盟的每個成員國都擁有攔截國內通訊（比方說美國公民的國內通訊）的技術與組織能力。這一點相當關鍵，值得仔細研究。

全球通訊網路的本質與資訊流動的方式，意味著一名美國公民可能在美國國內進行通訊，但此通訊會經過多個五眼聯盟的伺服器，也會經過其他五眼聯盟無法掌控、但能進入的非五眼聯盟的伺服器與路由器。從這一點可以清楚看出，一個美國公民可以坐在位於堪薩斯州威奇托市（Wichita）的家中，透過網路或種類繁多的全球數位通訊手段，經由非美國電信據點與設備進行通訊。這些通訊無論是語音、資料還是影像，都可能被五眼聯盟攔截。同樣的，一個在倫敦的英國公民，可以透過位於美國的伺服器及電信服務供應商進行通訊，由於這些資料經過美國境內並受美國控制，這類通訊也可能被美國國家安全局等在英國境外的情報機構所攔截。全球電信的複雜性，讓辨識通訊哪些在國內、哪些在國外，變得非常困難，不僅是在通訊路徑的層面上，也在新興的隱私法，以及誰可以、能如何控制個人資料的法律層面上。

後設資料開發

在二〇二〇年，「後設資料」（metadata）已經成為家喻戶曉的詞彙，然而，在二〇〇〇年，除了通訊及資料專家之外，還沒有任何人使用或真正理解這個詞。後設資料是什麼？它並不像大多數人所以為的那麼現代。後設資料就是描述資料的資料。後設資料有幾種通用的類型。首先是最基本的描述性資料，用於鑑定及識別關鍵字等片斷性的資訊。在反恐的脈絡下，諸如伊斯蘭國、激進化、伊斯蘭學校（madrasa）、爆炸物等詞彙往往會引起關注。結構性後設資料（structural metadata），讓我們知道數位資料的不同類型、版本及特徵。純粹的管理性後設資料（administrative metadata）用於管理資料資源，例如，資料是何時建立的、如何建立的、在何處建立的、傳輸機制、資料類型（影像、文字、語音），以及哪些人能以密碼及其他身分驗證與加密等手段閱讀資料。後設資料的儲存與閱讀可以被比喻成圖書館，而後設資料就好比數位時代之前羅列在圖書館索引卡上的資訊。

如今，同樣的資料被寫進電腦檔案裡。五眼聯盟能利用透過全球電信網路傳輸的後設資料，無論是語音通話、電子郵件還是銀行轉帳的資料傳輸。大家可以預先設定自己感興趣的後設資料來源，透過關鍵字鎖定並／或追蹤熱門的資訊，可能包括非法毒品轉運、人口販運資料、軍火買賣及各種海盜活動。透過機器人光速的關鍵字流量分析，五眼聯盟的特務可以近乎即時地掌握活動的現況。一封電子郵件在傳輸過程中，內容可能在經由全球或某國境內的伺服器及路由器時被截獲。普通的電話通話、網頁造訪、視頻流量、手機通話，以及各種網際網路通訊協定（IP）這些全球網路賴以運作的基礎，在遼闊的網路世界裡傳輸的大量數位資料，全都是五眼聯盟各機構可利用的情報來源。當代全球電信領域裡的其他熱門詞彙，如傳輸控制協議（transmission control protocol）、各種類型的電腦網路（computer network）、網際網路服務供應商（ISP）、路由器、乙太網路、區域網路、網路電話（VoIP）、網域名稱系統（DNS）、超文本傳輸協定（hypertext transfer protocol）、動態主機組態協定（dynamic host configuration）、使用者電報傳輸協定（UDP）、虛擬私人網路（VPN）、網路封包（network packet）等等，只是描述基礎設施功能的一部分術語，而五眼聯盟能實際滲透進這套基礎設施，並為了國家安全而以合理且道德的方式利用它。現在我們可以說，即使這套全球電信配置模式有最複雜的安全協定保護，各種點對點通訊在本質上仍有漏洞。即使一套系統從未連結上網路等外部電子源，也存在「內部威脅」等其他類型的漏洞。

在上述脈絡下，不難理解為何各國政府一直在努力處理數量龐大的資料，尤其是美國政府試圖以大規模招募來因應，這看似合乎邏輯。然而，經驗與歷史證明，就人數而言規模龐大的情報組織，不一定就是正確答案。簡而言之，這是追求數量或品質之間的權衡問題。若是真的需要大量特務執行例行任務，那麼就有正當理由雇用大量人員。但歷史證明，優秀的少數人也能產生巨大的影響，而太多人「擋路」的確可能會妨礙或減緩優質情報工作的進行。

二次大戰期間的布萊切利園與美國海軍情報局，以及冷戰高峰期編制相對小的英國情報機構，都證明優秀的少數人也能完成出色的情報工作。這當然不適用於反間諜監視行動，因為此行動需要大量訓練有素的人員，不眠不休地鎖定及追蹤間諜人員，或在當前環境下企圖透過隱密手段，竊取飛機設計、武器細節及核子技術等關鍵智慧財產的人。如今機器能以人類無法企及的方式提供資料，聰明絕頂的人類也能與機器互動並利用這些資料。

除了數量還是品質的問題外，還有知識與經驗的問題。例如在九一一事件前，美國情報部門對中東地區歷來缺乏深入的知識與經驗。美國擁有傑出的中東外交官，但他們的功能非常不同。到了後九一一時期，區域知識的重要性驟增。很少有人能操流利的阿拉伯語、波斯語及相關的方言，而在決定入侵伊拉克時，對當地的政治、社會及宗教派系結構，也缺乏足夠深入的理解。實際上，二〇〇一年的美國總統在國際旅行方面的經驗非常有限，這的確不是他個人的錯，但反映了對中東與西南亞事務之理解的制度性匱乏。

美國主導入侵伊拉克，導致遜尼派與什葉派分裂所產生的影響，並未被保羅·布雷默（Paul Bremer）等人充分理解。布雷默曾在二〇〇三年五月至二〇〇四年六月間擔任伊拉克臨時聯合政府（Coalition Provisional Authority）的最高行政長官，那是一個犯了許多錯誤的關鍵時期。這證明，即使人員聰明且受過良好教育，但除非真的擁有夠深厚的知識與經驗，否則立意再良善的人也可能以慘敗告終。良好、健全且負責任的情報，可以減少災難性決策的制定。然而，如同我們先前在國務卿柯林·鮑威爾針對所謂伊拉克大規模毀滅性武器向聯合國所做的報告看到的，情報專業人員能做的還是有限。有時好情報能引起關注，有時則是遭到忽視，因此產生截然不同的後果。

新數位時代對二〇二〇年代之安全的衝擊

幾乎每個人、每件事都被網路連接在一起，這讓政府、企業及五眼聯盟都得以建立所有人的詳盡檔案。企業不眠不休地為供應商提供行銷資料，若要在網路上互動，我們就必須忍受這種無害的商業活動，但也可能從中獲益。五眼聯盟必須面對一個關鍵問題——隱私。政府情報機構能在什麼時候、該在什麼時候窺探你的個人資料及網路銀行交易？馬克．祖克柏（Mark Zuckerberg）在二〇〇一年九一一事件發生時才十七歲，谷歌與臉書在二〇〇〇年還處於草創初期。如今，英國與歐盟已經通過了全世界對國家獲取公民個人電話及網路資料控管最徹底的法律。英國於二〇一六年通過了《調查權力法案》（Investigatory Powers Act），比二〇一八年五月二十五日生效的歐盟《一般資料保護規則》（General Data Protection Regulations）還要早；《一般資料保護規則》這個重要法案全面保護所有歐盟公民不受任何形式的網路攻擊，並將這類行為定為犯罪。五眼聯盟中，僅有英國在此法案的涵蓋範圍內，而且只會持續到英國正式脫歐為止。這標誌著一個新時代的開始。雖然這些法案表面上禁止對公民後設資料的大規模搜尋，但五眼聯盟的公民在需要情報機構保護的同時，也面臨隱私方面的疑慮。

二〇一〇年代，一場重大的全球電信與資訊科技革命開啟，規模遠遠超過最早的阿帕網與全球資訊網。網路的用途在二〇〇一年仍然有限，但二〇一〇年代的平板電腦與iPad革命改變了一切。五眼聯盟可以攔截這些新通訊設備經由光纖電纜與其他電信媒介傳輸的資料，範圍不僅限於國內，甚至遍及全球的電信來源。例如，一個英國用戶可能在英國境內進行國內或國際通訊，但此通訊經由一個位於美國的網路平台及服務供應商進行傳輸。從中可以看出全球通訊的相互連結的本質，這讓前文提到的隱私保護法案變得複雜。美國國家安全局、英國政府通訊總部及其他五眼聯盟的機構，都能在法律許可的範圍內，利用這些來自國外的資訊。

在英國，政府通訊總部曾利用一九八四年的《電信法》（Telecommunications Act），從電信公司獲得大量資訊，而五眼聯盟通常會利用這些商業關係來運作及攔截通訊。如今，英國在法律上有了改變，必須由英國司法委員決定是否可以發布網路搜索令。這是一個具有重大影響的改革。一個五眼聯盟的主要成員，如果要在英國國內進行網路搜索，必須提出某種形式的相關資訊，才可能拿到這類搜索令。

過去，網路一直是主要的資訊來源，而相關法律更加劇了此困境對五眼聯盟的影響。合乎法律與道德的解決方案，源於全球電信，尤其是網路相互連接的性質。以英國為例，攔截經由美國的伺服器或其他非五眼聯盟成員國系統的資料是合法的。如此一來，後設資料的分析技術就變得相當關鍵。事實上，五眼聯盟的機構，並沒有時間與資源去檢索每秒數十億位元的資料。後設資料分析僅能將檢索範圍縮小到可能與國安問題有關的關鍵資料點（data points），而這需要五眼聯盟的高科技電信巨頭、主要硬體製造商與相關機構的合作才可能辦到。我們都生活在一個沒有邊界的數位世界裡，遍布全球的無數通訊節點，都是情報工作可以利用的資源。這些資料不僅可以用於傳統情報工作，也可以用於關鍵的執法行動，例如拘捕侵害未成年的網路性侵犯。

同樣的情況也適用於網路犯罪。五眼聯盟能與國家執法機構聯手偵測並逮捕網路犯罪分子，也能在這方面協助五眼聯盟的盟友。二〇一七年，德國政府通過了《網路執行法》（Network Enforcement Act），對於未能在德國執法機構投訴後的二十四小時內刪除非法網路內容的公司及組織，處以高達五千萬歐元的罰款。這與傳統情報略有出入，但它讓大家看到，情報機構與執法機構聯手杜絕網路犯罪及其他非法使用網路之作為，能做到什麼程度。

「雲端」：開發利用與隱私保護

一種新的戰略性模式出現了。「雲端」（Cloud）這古老的詞彙，如今已成為一個電信領域的新術語。要讓雲端持續呈指數級成長，必須先確保它的安全性。雲端容易遭受網路攻擊。美國國家安全局、英國政府通訊總部與五眼聯盟所面臨的困境，是一個角色與任務相互衝突的典型案例。五眼聯盟成員國公民的通訊和資料的安全，與雲端技術的利用，孰者較重要？隸屬於政府通訊總部的英國國家網路安全中心（NCSC），負責保護英國免於遭受網路攻擊。歐盟的《一般資料保護規則》，目標同樣是嚇阻網路犯罪與產業間諜活動。這讓五眼聯盟該扮演什麼角色的基本問題隨之浮現。對五眼聯盟而言，透過網路防禦來保護其公民，與集中資源攻擊構成威脅的對象，哪一個比較重要？還是兩者同樣重要？

許多讀者可能曾收過來源不明、邀請你投資基金，或自稱是你好友在遙遠的異國遭竊，拜託你立刻匯款的電子郵件，這些都已經成為歷史。與目前先進成熟的網路攻擊相比，這類網路詐騙已形同恐龍。但需要注意的是，這些詐騙先驅的基礎，也是得先竊取到你與其他人的電子郵件地址。信貸機構艾可飛（Equifax）在二〇一七年遭到網路犯罪分子大規模攻擊時，駭客勒索了高達二十億美元的贖金，才願意解鎖檔案。而在那一年，商業電子郵件詐騙，造成了約九十億美元的損失。大多數網路用戶的電腦都遭到病毒感染，例如惡名昭彰的Not Petya及Bad Rabbit病毒。

如今的攻擊，主要由受雇於某些國家的代理人（他們為外國政府從事祕密活動，但不是這些國家的政府雇員，通常來自與這些國家毫不相關的地區）、組織性犯罪駭客，或心懷強烈惡意的個人駭客所發起。這一切是否都會對我們產生影響？答案是肯定的。大多數人的個人、家庭與職場都與網路緊密連結，可能是透過手機、個人電腦或職場複雜的電腦網路。要是沒有安全無礙的網路通訊，當代生活就會面臨根本性的挑戰。大多數人所做的任何事，幾乎都與網路相連。網路攻擊的最大問題，在於全都是「事後」才被發現，就算有密碼、加密及其他電子驗證手段保護。不論是個人資料還是智慧財產，這些破壞所耗損的成本、資訊的損失，以及修復損害所需的時間與成本，都極為龐大。由國家出資的網路攻擊，不僅仰賴大批受過高度培訓的網路攻擊者，也會利用高速運作的機器人，其速度之快是五年前人們難以想像的。

我們都生活在全球網路之中，然而網路供應十分易受攻擊。例如，區域網路中的一個薄弱環節，甚至自稱高度安全的點對點資料通訊系統中，都存在可能被利用的漏洞。個人資訊及技術性智慧財產的竊取，讓五眼聯盟的經濟與國家安全付出了遠超過傳統威脅的巨大代價。全球大多數的資料通訊，透過海底光纖電纜以十年前還無法想像的光速與傳輸率進行。即便英美兩國聯手，也不再能主導海底電纜通訊。悄悄進入的中國，對資料通訊與市場控制的投資，已經隨著全球資料需求的指數級增長而增加。光是美國國防部就擁有大約五十萬個路由器，在全世界的網路規模中超過了全球資訊網。

軟體漏洞、晶片故障、設計缺陷及軟體植入，都可能對其造成巨大的破壞。在個人層級，醫療與金融資料都很可能被利用。在地方及區域層級，關鍵基礎建設也很容易遭受攻擊。在國家層級，近年的事件證明了選舉可能會遭到各種狡猾手段操弄。在你閱讀本書的時間裡，就有數百萬起機器人攻擊事件持續發生，以驚人速度打擊脆弱的系統，而「內部威脅」使其在技術上變得更形複雜，因為可能有擁有使用權限的雇員為了經濟利益，或洩漏五眼聯盟的機密與情報活動的政治目的，而利用這些漏洞。

專家認為，花大錢購買無法保護系統、僅能在遭攻擊後辨識及補救的軟體，是毫無意義的。我們也被告知許多舊有系統，例如舊版的Windows作業系統，因缺乏內建的即時診斷功能，容易遭到駭客以後門程式入侵。在戰略層面上，美國必須承認美國政府部門與機構所採用的「堡壘模式」（Fortress Model）已經失效，因為它仰賴密碼、身分驗證及加密保護，卻忽略了系統整體在全球層面上的漏洞。從我的角度來看，我們需要次世代艾倫．圖靈（二次大戰期間布萊切利園的電腦與密碼破解天才），來開發出一套既能讓使用者在百分之百安全的環境下使用，又能讓美國的製造商在全球銷售無法被破解或以普通的技術鏡射（technology mirror-imaging）入侵的產品之系統。

這是完全可能的。五眼聯盟中不乏優秀人才。這並不需要人數龐大的電腦科學家團隊，僅需要一小群在自己的領域裡獨樹一幟的菁英數學家與電腦科學家，而這樣的人才是存在的。除非我們能在國家遭到前所未有的新威脅挾持前，對五眼聯盟的政治領袖與代表施壓，否則這種情況只會持續下去。這並不是在散布恐慌。在一名竊賊敲你家的門，確認有沒有人在家之前，你最好已經做好保護家園的所有預防措施。電子設備的情況可能與此有點類似，只是這名竊賊不僅可能以多種手段入侵，還可能早已在內部竊取資料。而在整個五眼聯盟裡，一定找得到足以抵禦網路攻擊的優秀人才。

為了實現上述目標，美國國家安全局與英國政府通訊總部，以及五眼聯盟的其他三個主要盟邦，必須進一步團結起來，在確保安全高效率的網路防禦的同時，也能利用網路進行情報工作。科技正在引領潮流，未來的重點是讓五眼聯盟各成員國的政府跟上科技變化的腳步。可以肯定的是，曾經在利用通訊方面領先全球的五眼聯盟機構，如今在某種程度上正日益落後，部分是由於政府的流程效率緩慢，尤其是在簽訂採購合約方面，甚至連那些傳統上步調更為快速的特殊權限機密專案也是如此。大約從二〇一五年以來，其原因變得非常清楚。五眼聯盟的領導者及政府人員，在思維與能力上都落後於產業界。美國國防高等研究計畫署式的解決方案，已經不太可能奏效，因為實在跟不上科技變化的速度。

美國國防部於二〇一五年在加州成立了國防創新實驗小組（DIUX），以幫助美國軍方快速利用新興的產業技術。時任美國國防部長的艾希頓．卡特（Ash Carter），在二〇一六年五月將國防創新實驗小組劃入他的辦公室轄下後，該小組得到了眾多產業界的支持，但成效至今不明。有些人認為，美國大企業發現國防創新實驗小組的競爭特質，阻礙了他們與美國國防部經年不變的合作方式；其他人則認為，國防創新實驗小組未能達到目標。時間將證明，這種冒險、創新的方法是否能繼續獲得政治與資金支持。這在某種程度上反映了一個令人沮喪的現實，某些投資者認為，對一些獲得國會全力支持的多年長期計畫而言，快速創新會造成財務上的嚴峻挑戰，倘若創新成為這些計畫的主軸，可能讓這些計畫失去平衡。

曾有某些優秀領導者逼著國家安全局等五眼聯盟組織內的工作人員創新，例如前國家安全局局長暨海軍上將麥可．羅傑斯（Mike Rogers）。他意識到要在新的世界秩序中保持領先，國家安全局必須在威脅出現之前進行創新，做好防範威脅的準備，不僅是面對，也要利用它，並在必要時擊敗它。

截至二〇二〇年，五眼聯盟在軍事指揮、控制、通訊、監視及偵察領域，取得了許多進步創新的成果，為五眼聯盟的正規軍及特種部隊作戰人員，以及不參與作戰的祕密支援部隊，提供整體狀態意識。後者以美國為例，就是不受《美國法典》第十編（US Title 10，定義並管控美國武裝部隊的角色、任務與組織的法律條文）管轄，但享有美國正規軍的技術優勢的部隊。無人機從早期的掠食者與全球鷹等機型，發展到二〇二〇年，各種機型在荷重、匿蹤、航程及續航能力等方面，都有了長足的進步。

如今，輕型手持無人機，填補了五眼聯盟所使用的一系列國家安全局先進衛星的不足，其他裝設在美國的衛星上，以及有人機、船舶及潛艦上的多元情報蒐集系統與感測器，也成為這些科技的一大助力。美國海軍中，取代功成身退的P-3獵戶座（Orion）的P-8海神式（Poseidon）海上巡邏機，在各方面的性能上都是一大飛躍。

最先進的科技與較佳的狀態意識規畫，已經消弭了一些美國特種部隊可能面對的最壞結果，有時可以克服因狀態意識錯誤及通訊不佳而導致的伏擊。二〇〇五年六月至七月，在阿富汗庫納爾省（Kunar Province）佩奇地區（Pech District）展開的紅翼行動，就是上述情況的悲慘例子。二〇一七年十月四日，尼日的通戈伏擊事件（Tongo ambush）中，美國軍隊遭到伊斯蘭國武裝激進分子的襲擊，造成四名勇敢的美軍喪生。上述案例與其他類似的行動，都需要範圍更廣的狀態意識資料，不僅需要即時，還必須在遭遇威脅之前獲取，以便五眼聯盟成員國的特種部隊與祕密部隊能避免伏擊，並充分利用這些情報。

五眼聯盟的科技與工業基礎結合起來威力驚人，必須將這些科技轉換到祕密情報蒐集，以對抗從傳統戰場逐漸朝網路空間及非對稱攻擊的方向發展的威脅。二〇一九年七月，伊朗在荷姆茲海峽（Straits of Hormuz）扣押英國油輪斯坦納帝國號（Stena Impero）的事件，證明了一個心懷惡意的敵方能利用船舶自動識別系統（AIS）資料，輕易標定、追蹤及攔截一艘在國際海域行使無害通過權的油輪。一般民眾只要在自己的數位產品上安裝「海上交通」（Marine Traffic）之類的應用程式，就能得到一模一樣的資料。

二〇一九年七月二十日是美國登月五十週年紀念日，正如查爾斯．費希曼（Charles Fishman）在《我們的一大步》（*One Giant Leap*, 2019）一書中詳述的，這一天也標誌著美國在數位革命中領先的開始。這項成就直接受益於甘迺迪與詹森總統在一九六〇年代展開的太空計畫。該計畫大舉推動了一整個世代的電腦等科學與工程的創新。或許大家將在二〇二〇年代見識到一場由「綠色革命」（Green Revolution）掀起的技術革命，以及許多有關取代化石燃料且收費低廉的替代能源的科學與工程突破。

二〇二〇年之後規模空前的數位創新

改革已經開始。二〇一九年，美國能源部選擇了阿貢國家實驗室（Argonne National Laboratory）與英特爾公司，並以克雷電腦公司（Cray Computing）作為承包商，聯手打造美國第一台百億億次級（exascale）超級電腦。這台超級電腦將能執行每秒百億億次計算，因此能夠即時處理超乎想像的大量資料。這在情報領域的應用範圍十分廣泛，尤其是在與人工智慧（AI）的進展相結合時。

同樣的，加密技術的競賽也已經開始。目前使用的傳統二進位運算技術，將受到高容量量子運算的挑戰，後者很有可能發展出能即時破解當前系統的技術。這項技術的基礎是「量子位元」（Qubits），或以光子、質子與電子，而不是目前的數位技術運算。目前的加密技術中，所謂的隨機亂數生成器，實際上並非真正的隨機，因為它們是由人工設計的電腦演算法生成的，而這將面臨量子電腦運算技術的挑戰，對目前所謂的安全加密技術產生巨大影響。除了美國之外，中國也在大力投資量子科技的研發。數十年來，加密技術一直是情報安全的重要支柱之一，但這一切可能都將改變。目前最大的挑戰，就是建立後量子時代的密碼學，創造出能抵禦量子運算的演算法。英美情報體系與其他三個五眼聯盟盟邦，一定要為中國可能發動的「量子奇襲」做好準備。

從九一一事件到二〇一八年這段期間，我參與了三個主要領域及三個機構——中央情報局、國家偵察局、海軍部，尤其是海軍的反恐行動。後者與潛艦、美國特種部隊及祕密特務的行動有關。這項工作的重點，是鎖定、追蹤及打擊恐怖分子。前文所述的許多於一九九〇年代中後期獲得的技能、系統與行動知識，被用來擊敗恐怖組織及恐怖分子，不過，其細節至今仍屬高度機密。可以說，這些系統與行動全都必須有重要的政治目標。我不只親眼目睹，更與有榮焉地參與了消滅美國及其盟邦所面對的種種威脅之過程，也體認到，如果沒有一套全面性的政治策略，最後必將陷入危機。這在二〇二〇年依然適用。

如果沒有清楚明確的戰略目標論述，一定會面臨恐怖主義無止境蔓延的嚴重危險，因此，做決策時必須認識並分析根本原因與影響，並將之套入整體大局。例如，以色列和巴勒斯坦在領土、控制權及政治上的爭執，其引發的中東根本性衝突，絕不能被忽視；我們也該在此脈絡下，檢視許多以支持巴勒斯坦獨立為名的恐怖行動。在北愛爾蘭經歷了數十年的暴力後，唯有靠政治解決方案，才能解決那些奪去了許多生命的派系屠殺。伊拉克、阿富汗、伊朗、葉門及以巴紛爭的複雜性，也將持續引發中東的敵對與立場衝突。我的經驗是，情報的功能有限，歸根究柢還是必須找到政治解決方案，而情報的角色就是提供未經粉飾的、不帶政治立場的、高度誠實的資料與評估。

在這段期間，我也有幸為美國的潛艦領域服務，從「武器－目標為中心」的角度出發，詳細證明英美兩國的核攻擊潛艦為自國提供了最多用途且最具成本效益的平台，進而幫助提升維吉尼亞級（Virginia-class）核攻擊潛艦的建造速度。有鑑於中國潛艦在東亞地區日益明顯的潛在威脅，以及俄羅斯潛艦計畫的復甦，現今急需將建造速度從我們原本主張的每年兩艘，增加到每年至少三艘。增加數量是第一要務，即使是美國的維吉尼亞級與英國的機敏級（Astute-class）這類高性能潛艦，也無法隨傳隨到，因此，兩國都需要提高建造速度，同時也必須關注無人水下載具、網路化的感測器、協同的即時情報，以及攻擊性與防禦性的網路作戰。

我在一九八〇年代為國防高等研究計畫署[3]所領導的工作，讓我獲得了知識與經驗，更重要的是，它幫助我建立了分析應對中國潛艦威脅與俄羅斯復甦的架構。我將這些技能傳授給團隊，並幫助美國海軍說服國會支持他們的發展方向。我清楚記得一場偕同德高望重的美國海軍潛艦退役軍官J．蓋．雷諾斯（J. Guy Reynolds）中將，與曾任海軍部長的參議院軍事委員會主席約翰．華納（John Warner）參議員，討論提升建造速度之重要性的關鍵會議。他對此表達了支持。同時，我也監督了一個重要的工業基礎模式的建構，以確保海軍與國會從二〇二〇年代起能同時進行多項重要計畫，包括增加維吉尼亞級潛艦的數量、以哥倫比亞級彈道飛彈潛艦取代俄亥俄級。在協助美國的同時，我也對英國建造取代先鋒級的新型彈道飛彈潛艦，提供關鍵協助。成功的關鍵在於，英美兩國的工業基礎確保了眾多承包商能以合乎成本效益的方式協力合作，在合理的成本下完成這些計畫。

跨領域網路威脅的嚴重性

我和英美兩國的同事一致認為，對我方的技術領先最嚴重的威脅，就是網路威脅，尤其是透過網路竊取智慧財產的威脅。我以高級顧問的身分，加入了一個分別設於英國切爾滕納姆與美國馬里蘭州兩地的英美聯合團隊。這是一個獨特且不尋常的團隊，由一些在技術領域獨樹一幟的成員組成，其中有一位被我譽為「二〇一〇年代的艾倫·圖靈」。成功的關鍵相當單純，就是有幾位成員在加入國家安全局之前，曾在微軟與谷歌等企業累積了重要的工商產業經驗，他們在英國的同儕則是政府通訊總部的瑰寶。這團隊合作無間。其中一位英方成員曾負責二〇一二年七月二十七日至八月十二日的倫敦奧運之網路與電子安全的技術工作。這個團隊的目標，是開發出大幅領先全球技科技基礎及主要威脅的系統

在一場令人難忘的會議中，我與團隊的高階成員，向時任英國駐美國大使、現為達洛克勳爵（Lord Darroch）的金·達洛克爵士（Sir Kim Darroch），闡述了我們對威脅的關切與技術上的解決方案。我對美國政府在網路防禦和攻擊方面的處理方式，依然擔憂不已。其中有很大一部分是結構性的領導問題，例如，由真正有能力的高階政府官員領導政策的連貫性；另一個問題是缺乏二次大戰時期的那種邱吉爾式作風，也就是「今天行動」（Action this Day）。換句話說，不該等到問題惡化，而是立刻由最優秀、最聰明的人著手行動，同時排除任何阻礙創新與進步的冗員。我們也發現，競爭性的承包法，以及將資金分配給各種承包商，抑制了最優秀的公司與人才帶頭衝刺的可能性。就我們看來，這種雨露均霑的作法，似乎導致了平庸的結果，不僅浪費了寶貴的資源，也浪費了時間。我們一再強調必須大幅領先對手，並預測他們的下一步行動。我與其他攜手共事的重要人物，對美國遲遲未能找到正確的模式，均感到憂心忡忡。

這段期間，我在工作與人生中最快樂的，就是與美國海軍反恐中心主任馬克．肯尼（Mark Kenny），以及他最重要的技術顧問、長年負責在美國核攻擊潛艦上安裝極為敏感且機密的「特殊設備」的傳奇人物湯姆．納特（Tom Nutter）合作的時光。我們三人與肯尼中將的主要幕僚，花了許多時間確保各種關鍵行動的成功。我們以東岸為行動據點，也曾數度走訪設在巴哈馬安德羅斯島（Andros Island）的美國海軍大西洋水下測試評估中心（AUTEC）。

其中一次最令人難忘的海上部署，是在美國海軍佛羅里達號巡弋飛彈潛艦（USS Florida, SSGN 728）上，這是一艘經過改裝的俄亥俄級彈道飛彈潛艦，能攜帶一百五十四枚戰斧巡弋飛彈（BGM-109 Tomahawk），擁有驚人的攻擊能力。我們從喬治亞州金斯灣（King's Bay）出海，帶了一批美國情報系統的高階官員，以及時任作戰指揮官兼潛艦少將的皇家海軍少將保羅．蘭伯特（Paul Lambert）；我曾在達特茅斯訓練艦（Dartmouth Training Ship）上幫助時為軍官候補生的他受訓。後來，蘭伯特在二〇〇九年擔任皇家海軍國防裝備性能副參謀長時，晉升為海軍中將保羅．蘭伯特爵士。我們所展示的特殊性能，讓這個英美聯合小組深受震撼。最重要的是，兩國為了保護雙方的核心利益，在美國東岸的海底共享最新的機密與行動，對英美特殊關係具有極大的象徵性意義。

Chapter 6

情報的角色、任務與行動（一九九〇～二〇一八）

英美情報體系與其他三個五眼聯盟夥伴的性格、地點及角色，在一九九〇年到二〇二〇年的新衝突時代中，經歷了戲劇性的變化，見證了衝突性質與解決方案的變遷。

這些衝突中，有許多證明了不能光靠武器科技；面對複雜的政治、軍事、宗教及經濟情境，壓倒性的軍事行動可能不是解決方案，而軍力及動武只會是其中的一部分。在某些情境中，例如，二〇一九年七月的荷姆茲海峽伊朗扣押油輪事件，要是動武的話，甚至可能使情勢惡化。

次世代英美及五眼聯盟應該擁有什麼樣的能力？這五個國家該如何攜手合作，維護國際秩序及各自的核心利益？

後蘇聯時代的情報投資

五眼聯盟情報能力的總和，要遠遠超過各成員國單打獨鬥的能力。例如，從客觀的角度來看，在波士尼亞、科索沃、獅子山、利比亞、阿拉伯之春、伊拉克及阿富汗的重大衝突，再加上敘利亞，以及整體的伊斯蘭國動亂中，我們可以看到這種能力整合帶來了多少優勢。這些事件告訴我們，五眼聯盟在情報方面如何投資，從中又獲得多少回報。

一九九二年至一九九五年在東南歐爆發的波士尼亞危機，讓舉世目睹了一場全面性的人道主義悲劇。這起事件發生在一九九一年南斯拉夫解體後，主要的當事國是波士尼亞與赫塞哥維納共和國，以及該國內的塞爾維亞裔及克羅埃西亞裔兩大勢力。這場紛爭是種族與宗教對立的衝突，而且各方都被野心勃勃的領導人所利用，尤其是塞爾維亞領導人斯洛波丹・米洛塞維奇（Slobodan Milosevic）。最惡劣的暴行，是針對波士尼亞穆斯林及克羅埃西亞裔的屠殺（或稱種族清洗）。五眼聯盟的情報全面且準確，但在這場如此接近歐洲大陸，情報評估也與日俱增的危機發展過程中，美國的不作為引發了不小的政治反彈。

歐盟在政治上致力於阻止及對抗任何源自中世紀初期、見證了無數屠殺的歐洲紛爭與流血事件。他們所提供的情報，促使美國與歐洲盟邦同意進行干預。英國政府選擇皇家海軍作為履行承諾的象徵，派遣無敵號（HMS Invincible）、光輝號（HMS Illustrious）及皇家方舟號（HMS Ark Royal）等三艘搭載海獵鷹戰鬥機的輕型航空母艦，進入亞得里亞海執行制裁任務。在剛展開這些行動的一九九四年四月十六日，一架英國海軍FA2型海獵鷹戰鬥機遭到塞爾維亞所發射的地對空飛彈擊落，幸好飛行員安然無恙。

除了皇家海軍的海獵鷹戰鬥機外，英國還提供了十二架皇家空軍的GR7戰鬥機。美國過了一段時間才開始直接參與科索沃（編註：亦在原南斯拉夫境內）的事務，於一九九九年三月二十四日展開盟軍行動（Operation Allied Force），試圖透過北約的轟炸，終止自相殘殺及種族清洗，旨在停止內戰和種族屠殺。這場行動是一個重要的里程碑，因為這是北約首次參與戰爭。美國海軍與英國皇家海軍攻擊的目標，是斯洛波丹·米洛塞維奇的部隊。皇家海軍也在這場衝突中，首度從輝煌號（HMS Splendid）潛艦上發射戰斧巡弋飛彈。由七架FA2型海獵鷹戰鬥機進行的空襲，與美國海軍發動的大規模空襲形成鮮明對比。英美情報體系所提供的優質情報，確保了空襲行動的成效，這是以涵蓋最先進的蒐集與分析手段的資料來源及方法，進行情報蒐集的成果。

英國在一九九九年支援澳洲為了穩定東帝汶局勢所主導的行動，派遣了巡防艦格拉斯哥號（HMS Glasgow）、一支皇家海軍陸戰隊舟艇特勤隊，以及一支三百多人的廓爾喀（Gurkha）部隊。情報支援不僅跨越英澳的分界，甚至涵蓋整個五眼聯盟的體系。同樣的，當英國在二〇〇〇年干預獅子山共和國內戰時，派遣了阿蓋爾號（HMS Argyll）和查塔姆號（HMS Chatham）巡防艦、海洋號兩棲突擊艦（HMS Ocean），以及載有十三架海獵鷹戰鬥機的輕型航空母艦光輝號；當時，五眼聯盟的情報網路也全力運轉，在情報來源與方法上為英國提供全面支持。五眼聯盟情報體系的敏捷性與靈活性，對支援海上遠征行動變得愈來愈重要。五國聯手組成的遠征軍戰力本來就很突出，一旦獲得《聯合國安全理事會第一三六八號決議》等國際法的授權，五眼聯盟情報體系在支援這類行動中所扮演的角色就會益發明顯。這種能力形同對《北大西洋公約》第四條的補充，也就是成員國在集體自衛的原則下應相互協助，對一國的攻擊等同於對所有成員國的攻擊。五眼聯盟情報體系總能在此脈絡下合作，甚至視情況需要，向其他非五眼聯盟的北約成員國提供情報。

自二〇〇一年十月七日英美兩國以海軍軍機及巡弋飛彈，對塔利班及蓋達組織的訓練營與通信設施發動攻擊以來，五眼聯盟的情報體系就發揮了關鍵作用，而五眼聯盟的特種部隊則在地面上扮演關鍵角色。二〇〇一年十一月十六日，美國根據優質情報發動空襲，抹除了蓋達組織的首腦穆罕默德・阿蒂夫（Mohammed Atef）。二〇〇一年十月四日晚間，西奧多・羅斯福號航空母艦（USS Theodore Roosevelt），搭載第一艦載機大隊（CVW-1）的軍機，從北阿拉伯海對蓋達組織發動了第一場空襲，接下來，完全不仰賴岸上支援，在海上持續航行了一百五十九天，打破了美國海軍自二次大戰以來連續航行時間的紀錄。這是一項非凡的成就，更重要的是，這展現了海軍軍力的靈活性及永續性。要是沒有五眼聯盟不眠不休地持續提供的優質情報，這項任務就會大受局限。在此關鍵時期，為了摧毀這群人數相對不多卻撼動整個文明世界的伊斯蘭基本教義派威脅，五眼聯盟以全天候情報支援這場持續的前線軍事部署。

我們不打算深入探討英美兩國於二〇〇三年做出的入侵伊拉克的決定。美國參眾兩院批准了《授權美軍對伊拉克使用武力聯合決議案》（The Joint Resolution to Authorize the use of United States Armed Forces Against Iraq，二〇〇二年十月二日通過，二〇〇二年十月十六日頒布），英國下議院也在二〇〇三年三月十八日的投票中，以四百一十二票贊成、一百四十九票反對而通過動議。可見除了少數人，大多數人對這項後來被許多人視為戰略性錯誤的決策都無法卸責。重要的是，五眼聯盟情報體系很快就對這些錯誤做了修正。情報無法制定政策，也無法影響大戰略，因此無權判斷「政權更迭」（regime change）政策的對錯，僅有提供支援的功能。然而，除了提供最優質的可操作情報，五眼聯盟情報體系還能發揮許多積極的作用。

每個五眼聯盟成員國在全球各戰略要地都設有基地。例如，英國在印度洋的迪亞哥加西亞島與賽普勒斯的亞克羅提利（Akrotiri）領土主權基地，都具有非常重要的情報與軍事功能。確立情報基礎設施與五國之間的通訊，都是首要之務。澳洲的松樹谷（Pine Gap）基地極為重要，英國本土約克郡的曼威斯丘（Menwith Hill）等基地亦然。但不論這些設施有多麼出色，優質情報的巨大價值往往可能被政治、軍事與情報互動的複雜性所掩蓋。這一點在伊拉克戰爭期間，遭遇包括宗派衝突與暴力等許多政治上始料未及的問題時，變得很明顯。在結構較清晰的情境下，比較能預期成功的結果，例如，五眼聯盟對亞丁灣及索馬利亞外海剿海盜的行動所提供的支援，就是可被量化衡量的。二〇〇九年曾發生過一百九十七起海盜襲擊事件，到二〇一三年僅剩下十三起。在筆者撰寫本書時，雖然這個問題還沒有完全被消除，某些地區仍存有如多數罪犯般孤注一擲的海盜，但基本上已經被克服了。

這再次證明了五眼聯盟情報支援的絕對有效性。二〇一九年的局勢讓大家逐漸發現了，要在波斯灣、阿拉伯海、荷姆茲海峽及阿曼灣入口處維護國際海事法，就需要全面的支援。二〇一九年七月二十二日，英國外交大臣傑瑞米・杭特（Jeremy Hunt）在下議院，將伊朗扣押英國油輪斯坦納帝國號斥為海盜行為。若要以軍力護航，在外交折衝的檯面下，仍需要堅實的情報支援，因此可靠的即時情報是不可或缺的。

在動盪地區的人道救援與撤僑行動，一直是英美兩國在承平時期的主要任務。例如，二〇〇四年十二月在南亞與東南亞發生的災難性海嘯，以及二〇〇六年七月皇家海軍在以色列與真主黨衝突期間，在黎巴嫩進行的撤僑行動，情報支援均不可或缺。二〇一〇年一月的海地地震，以及二〇一三年十一月在菲律賓造成毀滅性災情的海燕颱風，也都需要一定程度的情報支援。

除了天災，還有掀起國際政治變局的「阿拉伯之春」——二〇一一年初席捲整個中東地區的一系列反政府抗議及起義，起初在突尼西亞爆發，後來蔓延到整個中東地區，包括埃及、利比亞、葉門、敘利亞、巴林、科威特、黎巴嫩及阿曼。摩洛哥與約旦政府意識到抗議可能且注定升級，便透過各種憲法改革，提前消弭了抗議活動；此外，沙烏地阿拉伯、蘇丹及茅利塔尼亞也爆發了抗議，不過，變革的中心就是二〇一〇年十二月十八日的突尼西亞革命（Tunisian Revolution）。到二〇一二年中期，「阿拉伯之春」已逐漸轉變成「阿拉伯之冬」。二〇一二年春季，突尼西亞、埃及、利比亞及葉門的統治者被迫下台，巴林及敘利亞也爆發了大規模的起義。從英美情報體系的角度來看，二〇一一年利比亞爆發的起義需要支援。二〇一一年二月二十六日，聯合國通過了《聯合國安全理事會第一九七〇號決議》，對利比亞展開武器禁運，並以《聯合國安全理事會第一九七三號決議》劃定了禁航區。二〇一一年三月，英美情報體系支援了皇家海軍從潛艦凱旋號（HMS Triumph）及湍流號（HMS Turbulent）上發射戰斧巡弋飛彈，美國海軍也以水上船艦發動類似的攻擊——奧德賽黎明行動（Operation Odyssey Dawn），在第一波行動就以超過一百一十二枚戰斧巡弋飛彈，攻擊二十多個目標，包括的黎波里（Tripoli）、米蘇拉塔（Misratah）及蘇爾特（Surt）內外的利比亞防空飛彈基地、早期預警雷達及關鍵通訊設施。

整個五眼聯盟為這些行動提供了豐富的情報知識與經驗，而這些都是從冷戰初期到美軍於一九八二年至一九八三年在黎巴嫩、一九八三年在格瑞那達、一九八九年在巴拿馬的行動中累積而來的。這些經驗，再加上在福克蘭群島、獅子山及東帝汶的行動，都強化了五眼聯盟在情報協調方面的韌性。在這些行動中，都採用了多種情報來源與方法，例如，以來自高空的衛星影像情報，充實來自地面的特殊訊號情報與人力情報。到了二〇二〇年，英國、美國、加拿大、澳洲及紐西蘭的情報團隊，已經具備幾乎能因應各種情況的經驗。

在某些情況下，五眼聯盟即使擁有一流情報，也依然無計可施，例如，二〇〇八年美國與整個西方就沒有對俄羅斯入侵喬治亞做出任何軍事上的回應。二〇一三年八月，英國下議院投票否決對敘利亞危機與內戰進行干預，明確放棄以「政權更迭」為戰略目標進行干預的概念。五眼聯盟的情報機器非常優秀，但目的並不是引導或促成政治決策的制定。五眼聯盟坐擁優質情報，但沒有做出任何政治回應的例子，包括了印度在一九七一年為支援孟加拉獨立而入侵東巴基斯坦，並未挑起五眼聯盟任何回應；同樣的，越南在一九七八年至一九七九年入侵柬埔寨，摧毀了邪惡的紅色高棉（Khmer Rouge，又稱赤柬）政權，五眼聯盟僅保持觀望；坦尚尼亞在一九七八年至一九七九年干預烏干達，對抗同樣邪惡的伊迪．阿敏（Idi Amin）政權，五眼聯盟也沒有做出任何回應。也有些令人遺憾的例子，例如，五眼聯盟與整個西方在一九九四年沒有出手干預盧安達大屠殺，坐視宛如匈牙利起義與蘇聯入侵捷克斯洛伐克般的陰影，在另一個重要地區開始浮現。

一九九九年八月，前蘇聯國家安全委員會官員普丁，當上鮑利斯．葉爾欽（Boris Yeltsin）的總理。在第二次車臣戰爭後，普丁又當上了俄羅斯總統。二〇〇八年八月，普丁出兵入侵主權獨立國家喬治亞，違反了國際規範及五眼聯盟的共同立場。後來，俄羅斯占領克里米亞，又引發了更多關注。從這一切可以看出，五眼聯盟成員國在決定是否干預上是有選擇性的。

情報一直以來都扮演著支援的角色，而且僅限於此。事實上，從一九九〇年到二〇二〇年的三十年裡，國際上大多數的干預行動，都是在聯合國的主導與授權下進行的。這在一定程度上打破了許多人認為聯合國在面對挑戰時軟弱無力的誤解。在這段時期的初期，也就是一九八九年到二〇一三年間，聯合國在五眼聯盟成員國的支持下，一共指導並支援了五十三項記錄有案的維和行動。

美國與其他五眼聯盟成員國之間的政治分歧不多，但在外交立場上有一個微妙差異的領域，就是對《聯合國海洋法公約》（UNCLOS）的立場。這份公約於一九九四年十一月十六日生效，一開始的簽署國為六十國，在筆者撰寫本書時，已有包括整個歐盟在內的一百六十六國加入。國際法學家仍在爭論著這份公約是否真的將那些體現在從前的判例法（case law）中，已被普遍視為國際習慣法（customary international law）的內容法典化。聯合國在這份公約的執行上沒有任何作用，但國際海事組織（IMO）、國際捕鯨委員會（IWC）及國際海底管理局（ISA，由聯合國公約設立）等權威機構，則在其中扮演著積極的參與角色。美國並未簽署《聯合國海洋法公約》[1]，不過曾在一九七三年至一九八二年參與籌備會議，也在一九九〇年至一九九四年參與了後續的談判與修訂。《聯合國海洋法公約》實質上是一部海洋法（Law of the Sea），界定了各國在全球海洋使用上的權利與責任，勾勒出海上商業航運、環保議題，以及最重要的海洋自然資源管理規範。在美國，有一群知識分子積極主張美國國會批准並由總統簽署《聯合國海洋法公約》。當前南海與東海的局勢，也引發了許多爭論。

情報與核武協議

伊朗與北韓的核武發展計畫，對西方國家構成威脅。在伊朗問題上，伊朗、伊核問題六國（P5+1，包括美、英、俄、法、中五個聯合國安全理事會常任理事國，再加上德國）以及歐盟，在二〇一五年於瑞士洛桑達成了共同監督伊朗核研發的協議，並在二〇一五年七月十四日頒布了《聯合全面行動計畫》（Joint Comprehensive Plan of Action，簡稱「伊朗核協議」）。

二〇一八年五月八日，美國總統唐納·川普（Donald Trump）宣布美國將退出該項協議。[2]協議中，針對伊朗該做些什麼才能解除制裁，提出極為具體的要求，並由國際原子能總署（IAEA）負責在伊朗國內監測其遵守的情況。聯合國祕書長潘基文與國際原子能總署總幹事天野之彌都支持這項協議。理想上，情報體系的角色是提供優質的可操作情報。除了由國際原子能總署視察員進行監控外，五眼聯盟成員國也聯手展開自己的情報蒐集行動。英國、加拿大、澳洲與紐西蘭均未正式發表有證據顯示伊朗違反協議的聲明。這些成員國和美國使用並結合多種來源與方法，確保伊朗沒有違反協議。這些來源與方法的產出，再加上國際原子能總署視察員在伊朗國內的監控，讓伊朗違反協議的可能性變得非常低，因為違反協議會讓他們付出巨大的經濟成本。或許這比過去五年裡的任何案例更能證明情報的局限性。如同那句古老的諺語：「牽馬到河邊容易，逼馬喝水難。」情報絕不能直接影響政策。但反之，從入侵伊拉克的案例可以看出，即使情報是偏頗的，政客也能利用它為自己的政策與行動辯護。

五眼聯盟在伊朗的情報人員，仔細監視、聆聽、觀察、取樣並追蹤伊朗供應鏈的隱密環節。例如，從目前俄羅斯與中國的海上活動中，可以清楚看出一條鉅細彌遺的供應鏈，可供伊朗這類國家建造可能用於能源，也可能用於軍事的核能設施。伊朗作為一個國內生產毛額在二〇一七年為三千八百七十六．一一億美元的國家（當年全球的國內生產毛額排名第二十九位），在國內生產毛額排名上，介於三千六百一十七．三二億美元的印地安納州，與三千九百七十八．一五億美元的馬里蘭州之間，並無法自行生產核武計畫所需的所有關鍵零件。根據二〇一七年的資料（《CIA世界概況》〔*CIA World Factbook*〕），馬里蘭州為美國第十五大經濟體，印地安納州為美國第十六大經濟體。[3]從這些資料可以比對出，伊朗的國家資產與財富在全球的經濟地位有點類似俄羅斯。美國實施的進一步制裁，無疑讓伊朗在二〇二〇年的國內生產毛額出現下滑。從上述資料可以看出伊朗並不富裕，在這方面必須仰賴某些國家的資助與支援，而且智慧資本（intellectual capital）也極度匱乏。

核武科學家及技術人員並不會從天上掉下來。他們必須接受培訓，並獲得管理及發展核武計畫所需的必要技能。五眼聯盟的科學與技術情報圈，了解核武系統的每個部分及環節，在美國也有洛斯阿拉莫斯（Los Alamos）、勞倫斯利佛摩（Lawrence Livermore）及橡樹嶺等國家實驗室的專家提供支援，這些關鍵技術人員也屬於技術情報界的一部分。五眼聯盟內的另一個核武國家英國也是如此。關鍵零件與智慧資本的移動，是五眼聯盟情報體系監控的目標，從中可以看出有誰在協助伊朗，而協助者可能只是為了經濟利益，而非出於中東政局的政治結盟與陣營考量。這些國家也會被監視、監聽及密切監控，以釐清關鍵人物之間的技術提供與往來關係。一名伊朗核子科學家可以試著躲避五眼聯盟的監視，但這是一項極其困難的任務，而且這些關鍵人物愈是試著躲藏，他們的身分以及與第二方、第三方的合作就愈容易被揭露。一名極有才幹、學識淵博且經驗豐富的叛逃者或流亡者，可以提供幫助釐清整個層級結構的大量情報。

從軍情六處一場人力情報行動中，可以看到打進這種層級結構的眾多方式之一。這場行動在二〇一〇年十一月因英國《衛報》（*Guardian*）首席記者理查・諾頓－泰勒（Richard Norton-Taylor）的報導，而讓大眾見識到五眼聯盟的諜報手法。軍情六處雇用了兩名分別在英國考文垂（Coventry）的工具製造商Matrix Churchill與另一家公司Ordtec服務的商人，來監視薩達姆・海珊的核武計畫。這個行動之所以被公眾知悉，是因為Matrix Churchill公司的保羅・亨德森（Paul Henderson）及Ordtec公司的約翰・保羅・格里申（John Paul Grecian），不慎違反了英國對伊拉克實施的各種貿易禁運。英國政府的某個部門由於從未與其他部門溝通，對兩人的真實身分並不知情，此外，情報體系原本就希望這項高度機密的計畫不會受到英國監管貿易的公務部門的監控。兩人為此在倫敦的老貝利街（Old Bailey）受審，後來被無罪釋放，並得到英國政府的豐厚賠償。不幸的是，軍情六處藉由批准英國公司出售組件滲透進薩達姆．海珊的核武計畫，以從中獲取巴格達許多情報的事實，也就隨此曝光了。

如今，五眼聯盟對於核武相關原料、零件及專家的全球動態，也就是「哪些人、什麼原料、來自哪裡」始終保持密切關注。對於鈷六十與鍶九十等非核武相關的放射性同位素原料也是如此，倘若這些原料被用在不當用途，也能結合各種高爆藥製造出「髒彈」（dirty bomb）。

在數位微波通訊時代，五眼聯盟必須面對微波塔台外洩電子訊號的複雜性，並特別著重於未加密通訊，以便迅速收集大量通訊情報。衛星在這項任務中扮演著關鍵角色，並在分析時以高度複雜的關鍵字搜尋引擎，過濾出有價值的訊息。後者需要不斷升級軟體，倘若對方的語言中有多種方言，又會構成更大的挑戰。較之如今五眼聯盟分析大量即時通訊的需求，一九七〇年代克雷公司（Cray Inc.）的超級電腦早已完全過時。

在某種程度上，北韓對五眼聯盟而言是個比伊朗更棘手的對手。原因眾所周知，尤其因為北韓是一個封閉型社會，沒有任何滲透管道，而對於來自西方的訪客而言，隨時都得冒著被逮捕及監禁的風險。北韓對這類逮捕的解釋，通常就是從事間諜活動。面對北韓，在缺乏人力情報的情況下，太空情報蒐集就顯得非常重要，這與冷戰時期面對蘇聯的情境十分相似，如今面對中國也是如此，在中國，西方外交官被禁止訪問境內某些重要軍事設施。核子設施躲不過衛星偵察，北韓的飛彈設施與發射地點也是如此。現代商業衛星功能強大，其所回傳的影像，例如中國在南海的島嶼及島礁上建設的軍事設施，全球民眾都看得到。雖然設施藏不住，詳細的技術性計畫與進展狀況，就不太容易取得，但仍可利用科學及技術情報分析，找到一些蛛絲馬跡。針對北韓飛彈的遙測資料，透露了許多無法隱藏的重要情報。即使他們使用移動發射平台，並試圖以偽裝隱藏發射系統，美國的國家及產業的系統仍然可以看到這些平台。

在支援美國國家偵察局的情報蒐集方面，國家地理空間情報局在處理及呈現的技術與科技上，很可能領先其他任何非五眼聯盟的機構。地下設施與掩體對衛星偵測而言有些難度，但在建設過程中也是可以被成像的。五眼聯盟在核武計畫的情報蒐集與分析上，擁有豐富的歷史知識與專業經驗，最早可追溯到蘇聯核武計畫的初始時期，以及一九四九年八月二十九日，在現今位於哈薩克的塞米巴拉金斯克（Semipalatinsk）核武試驗場，所進行的首次核子試爆。五眼聯盟對空中試爆及地下核試驗的技術情報蒐集，發展得非常完善。測量與特徵情報並不像表面上看起來那樣新穎。這個籠統的名稱涵蓋了二次大戰以來發展了數十年的許多領域，包括：雷達情報（RADINT）、音響情報、核子情報（NUCINT）、無線頻率與電磁脈衝情報（RF/EMPINT）、光電情報（ELECTRO-OPINT）、雷射情報（LASINT）；材料情報，以及各種形式的輻射情報（RINT）。從這些非機密領域，可以看出五眼聯盟專家的技術情報蒐集發展到什麼程度。除了促進這些發展的科學與技術，五眼聯盟也為了確認蘇聯核武計畫進展到什麼程度等等，發展出專業的祕密情報蒐集方式與手段。

這些累積了數十年的經驗，如今被運用在對伊朗與北韓核系統的偵測上，而先驗知識庫對這項工作極為重要，對英美兩國的核武、核攻擊潛艦及潛射飛彈技術的發展亦然。關於後者，根據甘迺迪總統與麥米倫首相在一九六二年十二月簽署的協議，美國必須與英國共享相關技術。

五眼聯盟在核武情報蒐集方面的主要工作是指標與預警，以此對英美以外的國家，尤其是被視為「流氓」國家的疑似核武發射，進行二十四小時監控。指標與預警需要動用多種情報來源與方法。其中一個最令人擔憂的情境，是可能因系統故障、網路滲透與攻擊，或是叛亂集團接收發射場與必要的指揮及控制設施後，所導致的誤射。一次未裝配核彈頭的飛彈誤射，當然是一個極具挑戰性的情境。未經宣布的試射是優先處理事項，需要監控系統二十四小時運作，以區分究竟是試射還是攻擊。例如，日本政府對北韓彈道飛彈飛越日本領土深感擔憂。在這種情況下，尤其是在造成威脅的國家動用各種欺瞞手段時，必須動用每一種情報來源及方法。

上述的運作模式，極清楚地展現了五眼聯盟在維護全球和平與安全、維持國際秩序與穩定上所扮演的角色。

二〇一八年六月十二日星期二，美國總統唐納．川普在新加坡與北韓領導人金正恩會面，這是美國總統首次與在位的北韓領導人會面；為了促使北韓棄核，美國總統與一位授權處決及監禁所有反對他或對其獨裁統治構成威脅者的獨裁者，展開了談判。從當天起，全世界的媒體對這場前途坎坷的談判做了多到令人麻痺的分析。全球各地的政治評論家，對這場新加坡峰會的可能結果都有各自的看法。隨後，川普與金正恩於二〇一九年六月三十日在朝鮮半島的非武裝區（DMZ）再次會面，川普甚至進入了北韓境內。全球媒體再次湧現各種臆測。在二〇一八年六月十二日與二〇一九年六月三十日後充滿不確定性的世界裡，唯一能確定的是，五眼聯盟的情報體系將始終保持警惕，不僅會利用太空中的衛星，也會動用前文所述的所有來源及方法，監控北韓的一舉一動。

微波與數位革命對情報的影響

冷戰時期的技術秩序，因為微波與數位革命，加上現代通訊透過海底電纜及太空傳輸的大量語音、資料與圖像的龐大規模，發生了顯著變化。五眼聯盟的通訊系統必須具有良好的防禦能力，同時保有滲透進頻譜上各種威脅對手的通訊的能力。我們在前文中已經看到，網路攻擊如何改變了情報來源與方法的運用方式，甚至改變了這些來源與方法本身。潛在敵國已經發現，滲透進五眼聯盟情報堡壘的關鍵方法，是在開發與軍購階段展開網路攻擊。透過這些手段，威脅性對手便能提前了解五眼聯盟正在開發哪些系統。

這些行動的重點就是滲透進五眼聯盟的工業基地。二〇一八年六月八日，《華盛頓郵報》（*The Washington Post*）有一篇出自愛倫・中島（Ellen Nakashima）及保羅・索恩

（Paul Sonne）[4]之筆的文章，就清楚描述了這種行動；文中敘述了中國如何在二〇一八年一月至二月駭入一家海軍承包商，獲取了潛艦戰相關的敏感資料。該文甚至提及海軍要求《華盛頓郵報》同意「不透露洩密的飛彈計畫的某些細節，因為公開這些資訊可能危及國家安全」，可見此事大幅改變了遊戲規則。

最重要的就是保護五眼聯盟的關鍵系統及太空資產，尤其是全球定位系統（GPS）衛星與相關基礎設施不受網路攻擊。全球定位系統是數不清的軍事與情報系統，以及包括日常生活所使用的定位及導航在內的系統等，全球人類活動所有領域的手段及目標，甚至是全球金融系統的支柱。可靠的商業衛星系統是全球經濟下生活方式的一部分。偵測及對抗這些系統所面臨的威脅，已經成為五眼聯盟情報任務清單中的優先要務。

回顧從一八八〇年代到「眨眼者」·霍爾與其父輩的年代，再到二十一世紀的通訊大革命，情報工作有個方面從未改變，那就是公開資訊，也就是他人所撰寫的內容。在公開資訊中，可以爬梳出大量關於國家意圖的情報。而這寶貴的資訊來源很容易被忽視。公開資訊中，其實含有大量有價值的訊息。

二〇一八年五月十七日星期四，曾擔任情報與資訊作戰主任的美國海軍上校詹姆斯·法內爾（James E. Fanell，已退役）在美國眾議院情報常設專責委員會（HPSCI）上，發表了一份篇幅極長且鉅細彌遺的聲明，具體闡述中國在全球的軍事擴張。法內爾上校的聲明標題為〈中國的全球海軍戰略和擴張的武力結構：通往霸權之路〉（China's Global Naval Strategy and Expanding Force Structure: A Pathway to Hegemony）[5]。這份聲明在很大程度上取自可靠的中國公開資訊，其中吐露了許多關於中國未來不僅在亞洲，甚至將擴及其他地區的擴張計畫。法內爾上校及其前幕僚從中國的文獻中得知，中國一直遵循外島鏈擴張政策。從這些公開資訊的內容、中國的實際行動，再加上其他情報來源與方法，我們就能勾勒出一幅可靠性極高的情報樣貌。

從聆聽與解讀中能爬梳出無價的情報，不僅是針對主要領導人，也適用於國外社會的各個層面，包括科學與技術期刊，以及各種國外科技、政治及經濟媒體與期刊，以及官方聲明與演講。正如法內爾上校詳盡且明智地解釋：「中國說過自己計畫要做的那些事，他們都做到了。」有時，人們可能會忽視公開資訊的價值，例如國外與五眼聯盟成員國的公開資訊文獻，經常提及海底電纜的脆弱性，以及重要水下節點遭到外來勢力入侵的報告。這顯然是一個嚴重的問題，不僅是五眼聯盟情報體系，甚至每個成員國的政治領導階層都忽視不得。

自九一一事件以來，全世界在地緣政治方面經歷了戲劇性的變化，科技方面也經歷了一場數位及微波技術革命，與二十世紀的一切有巨大的差異。五眼聯盟在制度、文化、科技及運作層面上，絕不能放棄二十世紀的一些重要成就。如今，五眼聯盟最不需要做的，就是失去那些在經歷如此巨變後依然有效的知識與經驗累積。要重新改造像輪子這樣已被最佳化的基礎事物，一定得付出沉重高昂的代價。

一九八四年二月二十七日，曾於一九六〇年代擔任國防大臣的英國下議院議員丹尼斯·

希利發表了以下觀點：「政府通訊總部自從大戰期間於布萊切利園開始運作以來，一直是英國政府最有價值的情報來源。英國的截聽與解碼技能不僅獨一無二，也深受盟友的高度重視。在我國與美國四十多年來的關係中，政府通訊總部一直扮演著關鍵角色。」[6]丹尼斯．希利的這番話在十二年後成為事實，英國在一九九六年到二〇〇三年之間制定計畫並開始施工，政府通訊總部的新總部隨之在英格蘭的切爾滕納姆附近落成。休．福斯（Hugh Foss）、迪利．諾克斯（Dilly Knox）、阿拉斯泰爾．丹尼斯頓中校（Commander Alastair Denniston）、愛德華．特拉維斯中校（Commander Edward Travis）等政府密碼及暗號學校的大人物，以及祕密情報局的早期領導者曼斯菲爾德．卡明中校（第一位「C」）與休．「奎克斯」．辛克萊（Hugh "Quex" Sinclair）等人，一定會對這座宛如矗立在英格蘭鄉間的巨大圓環，且被戲稱為「甜甜圈」的新大樓感到自豪。回顧一九四一年十月二十一日，休．亞歷山大（Hugh Alexander）、史都華．米爾納．巴里（Stuart Milner Barry）、戈登．魏奇曼（Gordon Welchman）與無人能匹敵的艾倫．圖靈，這四位布萊切利園的大支柱，決定在沒有任何批准，也沒通知上級的情況下，直接致函邱吉爾，要求為布萊切利園提供更多資源。從一九四一年十月那段黑暗的日子到一九九〇年代冷戰結束後的光輝時代，政府通訊總部在戰後與美國、加拿大、澳洲及紐西蘭的五眼聯盟兄弟，攜手寫下一部完美合作的歷史。

邱吉爾看出布萊切利園的驚人價值，立刻挹注了必要的資金。有了這筆投資，麥斯．紐曼教授（Max Newman）與湯米．弗勞爾斯（Tommy Flowers）才得以在多利斯山（Dollis

Hill）的郵政研究機構（Post Office Research Facility）為布萊切利園打造出史上第一台電腦「巨像」（Colossus）。一九四一年一月的協議，開啟了英美兩國之間的偉大合作，美國同意以英國的恩尼格瑪密碼資料為交換條件，與英國分享MAGIC資料。一九四二年九月，布萊切利園副主任愛德華・特拉維斯中校與海軍業務處（Naval Section）處長法蘭克・伯奇（Frank Birch），赴華盛頓簽署了《霍爾登協議》（Holden Agreement），開啟了英美兩國在破解德國海軍通訊，尤其是恩尼格瑪密碼方面的全面合作與整合，此合作在一九四四年又進一步擴大。一九四三年五月，英美兩國簽署了《布魯沙協議》，將合作範圍擴及德國陸軍和空軍的訊號情報。根據在一九三〇年代積極參與破解恩尼格瑪密碼的法國軍方情報官古斯塔夫・貝桐（Gustav Bertrand）所述，邱吉爾在一九四五年曾告訴國王喬治六世，讓英國打贏了戰爭的，就是破解恩尼格瑪密碼所得到的ULTRA情報。[7]

一九四五年後，英美全面性合作依然維持不變，維諾那計畫（VENONA Project）就是兩國聯手滲透進蘇聯國家安全委員會通訊的成功範例，這項計畫鎖定了重創軍情六處之行動的英國間諜麥克萊恩、伯吉斯、凱恩克羅斯，以及惡名昭彰的費爾比。英國原子彈間諜克勞斯・福克斯（Klaus Fuchs），也以類似的手法被揭發。隨著與澳洲日益深入的合作，政府通訊總部得以近乎即時地解讀莫斯科與坎培拉之間的國家安全委員會電報通訊。[8]曾任英國第一海軍大臣兼海軍元帥的第一代康寧漢子爵（Viscount Cunningham）安德魯・布朗・康寧漢（Andrew Browne Cunningham，綽號「ABC」）曾在一九四五年十一月二十一日的日記裡寫道：「與美方針對訊號情報方面百分之百的合作進行討論。若不能百分之百合作，就毫無價值。」[9]康寧漢元帥這段話恰如其分地概括了五眼聯盟自二次大戰後一路持續至今的合作局面。

但這段時期並不是一切都一帆風順。例如，當北韓在一九五〇年六月二十五日的星期日入侵南韓，以及中國在一九五〇年十月加入韓戰時，英美兩國都大為震驚。一九五六年，英國政府通訊總部與美國國家安全局都沒有預測到蘇聯將入侵匈牙利。先前，杜魯門總統對情報體系的表現極為不滿，才在一九五二年下令啟動機密性的「K計畫」（Project K），在馬里蘭州米德堡成立了國家安全局。在英國，也有人為「我們的情報體系對蘇聯原子彈研發情況知之甚少」[10]憂心忡忡。

一九六八年八月二十一日，蘇聯地面部隊入侵捷克斯洛伐克，鎮壓由杜布切克（Alexander Dub ek）所領導的「布拉格之春」（Prague Spring）。儘管高度可靠的當地情報清楚顯示，蘇聯與華沙公約組織盟邦不僅在做準備，甚至正明顯展現入侵意圖，朝著捷克邊界移動，而駐紮在東德的英軍特派觀察團（BRIXMIS）也發出了明確且響亮的入侵警報，但倫敦的英國聯合情報委員會卻沒能做出正確評估，也沒向首相、五眼聯盟及北約盟邦指出明確的方向，內閣辦公室為此遭到英國國防部的激烈抨擊。而中央情報局的表現也好不到哪裡去。經過這次慘敗，內閣辦公室原本的權力，就被轉移到了國防情報組手上。

訊號情報的重要性

自從蘇聯入侵捷克開始到整個一九七〇年代乃至今日，英國國防部擁有一套豐富的情報蒐集與分析資產。更正面的影響是，中東局勢在一九六七年的六日戰爭爆發後經過一段時間，情勢迫使五眼聯盟對訊號情報變得更加重視。一九七三年十月六日，埃及與敘利亞聯手對以色列發動奇襲，引爆了眾所周知的贖罪日戰爭（Yom Kippur War）。不出多久，土耳其也入侵了賽普勒斯。一些分析家及史學家將這起奇襲視為西方情報工作的失敗，類似日本偷襲珍珠港，甚至希特勒入侵俄羅斯。即使在事件發生的四十七年後，絕大多數相關證據至今仍未公開，因為五眼聯盟的各種情報來源與方法仍需要保密。

毫無疑問，最受震驚的國家無疑是以色列。這場攻擊實際上是一次先發制人的入侵。事後看來，敘利亞與埃及計畫及準備襲擊以色列的明確證據，事前在華盛頓與倫敦就已經被及時分析與流布。另一個類似情況是，一九七九年二月伊朗國王垮台後，大西洋兩岸的政治高層也曾瀰漫著類似的緊張氣氛。英美兩國在賽普勒斯與土耳其等地設立的訊號情報蒐集站，並沒有怠忽職守；軍情六處、中央情報局及其他相關來源與方法，也完全沒有失職。問題出在伊朗革命成功後，西方大國能扭轉頹勢的手段實在太有限了。

一九八二年春季，阿根廷入侵福克蘭群島時英國的失敗，在其他地方已有討論，但可以說，所有證據都指向獨裁者萊奧波爾多·加爾鐵里將軍（Leopoldo Galtieri）與其親信海軍上將豪爾赫・阿納亞（Jorge Anaya）和空軍上將拉米・多索（Lami Dozo）曾計畫入侵。英國外交大臣卡靈頓勳爵（Lord Carrington）的辭職，充分說明了政治上未能在情況惡化時採取行動的失敗。這些失敗，讓五眼聯盟的政治領導階層看到了，訊號情報與其他主要來源及方法表現出色，但分析與協調運作不良，有時是沒能聽取在官僚體系及流程中層級較低的專家意見，因此無法確定有哪些政治上的選項可用。學到這些教訓後，自由世界的領導階層變得愈來愈依賴從截獲的訊號情報中，獲取及時、準確的情報。當白廳的官員充分認知阿根廷入侵的事實時，情報體系也想出了創新的方法，來因應雙方軍力上的差距。例如，挪威人截獲了包含阿根廷海軍艦艇動態與航跡的蘇聯衛星資料，並將這些關鍵資料提供給盟友英國及其他北約成員國。相較之下，蘇聯在一九七九年剛開始入侵阿富汗時，優質的訊號情報已早一步在五眼聯盟之內流傳。當英軍在一九八二年六月十五日攻占史坦利港（Port Stanley），迫使阿根廷部隊投降時，仰賴的情報絕大部分都是五眼聯盟數種來源所提供的訊號情報。

皇家空軍從亞森欣島（Ascension Island）起飛的獵迷反潛巡邏機，以及從智利的蓬塔阿雷納斯（Punta Arenas）起飛，搭載訊號情報特殊設備的獵迷偵察機，在整個訊號情報領域所扮演的角色並不顯眼，占主導地位的還是五眼聯盟訊號情報體系的其他來源與方法。一個關鍵事實凸顯了英國最早在訊號情報上的失敗，也就是直到一九八二年三月三十一日星期三，倫敦的聯合情報委員會才獲得入侵即將發生的確切訊號情報。不出幾天，入侵就在一九八二年四月二日星期五發生。學到這個重大教訓後，政府通訊總部主任布萊恩・托維（Brian Tovey）決定亡羊補牢，致力於建立一套政府通訊總部專屬的訊號情報衛星系統，以彌補美國全方位太空網路的不足。

當英國在一九七二年加入歐盟的前身歐洲經濟共同體（EEC）時，美國曾懷疑英國是否會繼續履行傳統情報協議的承諾。在亨利．季辛吉（Henry Kissinger）時期，兩國之間曾有一些波折，但從長遠來看，這些波折並未構成大礙，英國與美國在音速三倍的SR-71偵察機飛行計畫，以及其他更敏感的行動上依舊合作無間。美國在英格蘭貝德福德郡奇克桑茨（Chicksands）與蘇格蘭愛德瑟（Edsel）的基地，在冷戰高峰期締造了傳奇；前者負責追蹤蘇聯空軍的行動，後者則是美國海軍安全大隊（Security Group）的特殊通訊設施，英美兩國還在公眾視野之外，進行了許多高度敏感的合作計畫。

季辛吉似乎對歐洲國家的未來動向相當敏感，尤其懷疑英國是否會協助歐洲國家提升情報蒐集能力。姑且不論法國的立場如何，季辛吉對北約主要盟國的這種觀點有些狹隘。一些史學家極為重視季辛吉在情報方面對英國展現的明顯敵意。不可否認的事實是，這些堅不可摧的協議、不可違背的條約，以及政府通訊總部、國家安全局、中央情報局、軍情六處，還有加拿大、澳洲、紐西蘭的同質性組織之間，從不間斷地跨機構聯繫與人員交流，讓季辛吉的質疑顯得毫無意義。在五眼聯盟的資深人員眼中，季辛吉的任何象徵性舉動，都只是在他所服務的總統正步步走向辭職命運的下坡時期所鬧的暴躁脾氣。

加拿大、澳洲與紐西蘭也加入英美特殊關係後，在許多方面增強了整體的力量。光是在香港，美國、英國及澳洲就不眠不休地攜手蒐集訊號情報、運作特務網絡，以及審問中國叛逃者。在一九五〇年代與一九六〇年代，隨著戰後新秩序的鞏固，美國很快就意識到香港作為關鍵海外情報中心的重要性，此外還有在英國、澳洲、加拿大及紐西蘭領土上的其他據點。澳洲訊號情報的蒐集目標涵蓋中國、印尼及越南。在一九六〇年代，英國與澳洲在印尼－馬來西亞對抗（Indonesian Confrontation）時期，在聯合訊號情報行動中緊密合作。這些行動奠定了以近乎即時的訊號情報支援特種部隊的特殊戰術、技術與程序（TTP）之基礎；相關特種部隊包含了英國空降特勤隊、皇家海軍陸戰隊的舟艇特勤隊、澳洲空降特勤隊等。

後來，這些戰術、技術與程序，被擴展並應用在多個行動中與地點上，包括在北愛爾蘭對付愛爾蘭共和軍的行動。冷戰最激烈的地方莫過於柏林，英美兩國在那裡並肩合作，破解蘇聯的通訊。由於蘇聯本以為通訊最關鍵的地下電纜深埋地底很安全，因此並沒有加密，很容易被竊聽。挖隧道從地下電纜獲取情報，以及派遣特務穿越柏林圍牆等戒備森嚴、往往難以穿越的邊界和防禦工事，是避免被偵測到的最有效方式。

柏林圍牆通訊隧道（Berlin Wall communications tunnel）的存在，直到英國間諜喬治・布萊克（George Blake）的背叛才為蘇聯所知。身為軍情六處／祕密情報局官員的布萊克，將該計畫洩漏給他的蘇聯控制人。然而，在布萊克背叛前，此情報來源已經蒐集到了蘇聯國家安全委員會及俄羅斯聯邦軍隊總參謀部情報總局成員與行動的大量情報。同樣的，如同「貶眼者」・霍爾在一九一四年一次大戰爆發前所證明的，海底通訊電纜面對高度複雜的行動也是同樣脆弱。在軍事空中偵察、機密高空攝影偵察，與訊號情報及電子情報的情報蒐集方面，五眼聯盟通力合作。

關於一九六〇年法蘭西斯・蓋瑞・鮑爾斯（Francis Gary Powers）所駕駛的U-2偵察機擊墜事件的後續影響，以及美國因此對衛星訊號情報的依賴，已有許多人撰文探討。事實上，在鮑爾斯遭擊墜後不久，美國就在同年發射了第一顆訊號情報衛星，但五眼聯盟至今仍在使用高度專業的偵察機。事實上，U-2計畫後來又獲得新生。美國的SR-71黑鳥（Blackbird）偵察機表現優異，但後來技術已經過時，也不再合乎成本效益，但它在服役期間，隨時都能從英國的米登霍爾（Mildenhall）皇家空軍基地等據點起飛，執行緊急任務。自一九六〇年起，五眼聯盟一直有多種能執行敏感的訊號情報與電子情報蒐集任務的機型。如同船舶與潛艦，飛機能以衛星無法取代的方式與時機，執行情報蒐集。衛星受限於軌道、覆蓋範圍與地面軌跡，不一定總是能在適當的時間抵達正確的位置，而且，衛星裝不下許多專業情報蒐集設備，也無法搭載執行情報蒐集任務的人員。例如，皇家空軍的獵迷遠距離偵察機，就能從全球各地的基地起飛，蒐集重要的訊號情報。皇家空軍位於阿曼的沙迦（Sharjah）以及伊朗國王垮台前於該國的祕密基地，也被用來執行機密飛行任務。在無法以衛星取得資料，或任務的性質必須使用飛機而不是衛星的情況下，還是必須以飛機執行任務。

如今，專業化的偵察機，再加上無人空中載具與無人機的輔助，依然是五眼聯盟蒐集情報的重要工具。自由號及普韋布洛號（USS Pueblo）遇襲，打擊了五眼聯盟對間諜船的信心，但潛艦依然是祕密蒐集最敏感情報的重要工具。在蘇聯解體與二十一世紀的數位通訊革命之前的歲月裡，唯一的盲點可能就是一九五六年的蘇伊士運河危機，在五眼聯盟合作的卓越紀錄中，這是一個悲慘的瑕疵。一九五六年十月二十九日，英國首相安東尼·艾登（Anthony Eden）下令發動火槍手行動（Operation Musketeer），欲從埃及的納瑟（Nasser）政權手中奪回蘇伊士運河的控制權。英國的訊號情報在這場行動中發揮了關鍵作用。艾登決定不與美國的艾森豪總統分享他的計畫及政府通訊總部的訊號情報。沒有與艾森豪諮商及合作，是艾登在解決納瑟政權接管蘇伊士運河所造成的危機上，所犯下的致命錯誤。幸好和諧只是暫時被打破，雙方從中吸取教訓後，很快就讓從二次大戰期間持續到戰後的情報共享機制恢復正常。

是否曾有任何「壞關係症候群」？

雖然美國對情報的投資規模，與五眼聯盟成員國的英國、加拿大、澳洲及紐西蘭相比十分巨大，但美國與其他四國之間從來沒有任何「壞關係症候群」（Poor Relations Syndrome）。儘管曾有前文提及的亨利·季辛吉的暴躁脾氣作梗，但五眼聯盟普遍認識到彼此的關係有一個重點，就是團結合作遠勝於單打獨鬥。這是五眼聯盟經歷二次大戰期間的黑暗期又熬過冷戰時期，一路延續至今的理念。如同一個偶有齟齬但關係緊密的家庭，五眼聯盟依然是一個團結凝聚的群體。

如今回顧這一切，我們必須自問：「我們是否過度沉浸在當下而忘記了過去？」科技的進步當然改變了情報蒐集的物理環境，但過去的挑戰與創新，是否在如今技術變化的喧囂中被遺忘了？

現今，地下電纜的重要性，就跟它們在冷戰高峰期被埋藏在柏林下方時一樣。同樣的，如今的海底纜線與每毫秒能在國際間傳輸遠超出以常規數字所能理解的大量資料的光纖電纜，也與一九一四年「眨眼者」·霍爾下令剪斷的德國海底電纜一樣脆弱，且容易被滲透。郵件曾經是十八世紀的情報截獲手段，早在都鐸（Tudor）王朝和斯圖亞特（Stuart）王朝時期，英國王室的特務就會鎖定及跟蹤西班牙與法國等敵對國家的信差並攔截書面文件。如今，愈來愈多毒品透過郵寄轉移、販賣，以避免遭毒販、藥頭及上層的毒梟所截獲。郵件與它們的寄件者、收件者，在五眼聯盟裡有了新的定位，需要以新的技術來偵測及追蹤。一旦犯罪集團與外國情報機關愈擔心電子郵件與手機被攔截，就會愈依賴從前的手段，例如口頭轉述與信差，而偵測及追蹤這類手段，需要額外的技術專長。英國與其他歐洲國家長年來用於聯繫海外特務的舊式密碼系統，如今在身分隱密的信差手中重獲新生。

現今，在全球經濟與銀行網路中，每天的轉帳金額高達數兆美元，若要揪出恐怖分子與其他犯罪組織的洗錢計畫，顯然是一項必須面對高度複雜的電腦網路的重要任務。祕密的軍火交易必須跨國轉帳。例如，伊朗為真主黨向俄羅斯購買武器時，無論在掩飾身分與運輸過程上隱匿得多好，都必須在某些關鍵節點付款，畢竟俄羅斯黑幫與寡頭一定得賺到錢，而鎖定及阻止這些轉帳就變得重要。同樣的，祕密轉移大量現金（價值數千萬美元或等值的其他貨幣）也必須被鎖定及追蹤。這種事自古有之，早年英國海軍及旗下商船就曾頻繁攔截西班牙船隻，搶奪價值數十億美元的黃金。

網路駭客及犯罪分子畢竟得賺到錢，因此，攔截恐怖組織與犯罪集團的付款現金，以及某些國家為了資助軍火買賣、特務活動，還有設立通訊中心及宣傳機構等其他活動的洗錢與走私行為，就變得非常重要。由於他們的資金已不再使用傳統的銀行跨國轉帳進行轉移，鎖定、追蹤及攔截這些資金就成了當務之急。

欺敵與創新的情報活動

欺敵在情報實務中歷史悠久。欺敵的藝術很容易被淹沒在由數兆位元被截獲的通訊、視頻及其他資料所構成的迷霧中。當代通訊技術的喧囂中，英國在二次大戰所策畫的「雙重間諜系統」的光采，已被當代通訊技術的巧妙手法所掩蓋。為了特定目的精心設計的假訊息可以被捏造出來，並透過眾所皆知的現代媒體工具及各種管道散播。資料探勘（data mining）

與分析能幫助加害者，例如針對二〇一六年美國選舉的攻擊，會決定該針對哪些人投放訊息，甚至政治宣傳，以說服並影響他們。

廣義而論，美國密碼破譯專家的耀眼成果，讓珍珠港事件的悲劇在太平洋戰爭的關鍵轉捩點——中途島海戰中，得到了補償。科技有時會讓人忽略其他的可能性，讓大家以為科技就是唯一答案。在踏上所費不貲的科技路線之前，應該先問一個關鍵問題：「我們想要做到什麼？」同理，五眼聯盟需要時刻警惕可能的對手在這方面會採取什麼欺敵與誘騙手段，讓我方陷入誤以為「一切安好」的致命心態。例如，伊朗與北韓會不會運用迂迴手段，在限武議題上欺騙我方？突然意識到盟邦遭到欺騙時，外交手段也可能迅速僵化。

在一九三〇年代，德國與日本都很擅長隱瞞軍事計畫，以至於當內維爾．張伯倫（Neville Chamberlain）政府終於醒悟，由首相張伯倫前往慕尼黑與希特勒談判時，便徹底陷入了邱吉爾成為首相時巧妙比喻的困境：「當老虎咬著你的頭時，你是無法跟他講道理的。」五眼聯盟曾深入調查蘇聯對限制核武的默從，以確保美國談判代表將與心懷善意的另一方對話，而不是如邱吉爾所形容的被誘入虎口。在「相互保證毀滅」原則的作用下，雙方也確實秉持誠信互動，以消弭核戰危機，確保國際和平。

五眼聯盟共同參與管理和使用國際船舶自動識別系統，這是一套優秀的現代通訊與資料架構，由國際海事組織所管理，該組織是聯合國中負責規範航運業務的專業機構，總部設在倫敦。其前身是政府間海事諮詢組織（IMCO），在一九四八年三月十七日於日內瓦成立，並在一九五九年與一九八二年經歷了兩次組織架構上的變更。目前有一百七十四個會員國與三個準會員國。國際海事組織擁有一批人才齊備的全職工作人員及聯合國祕書處。其總部位於倫敦的亞伯特堤岸（Albert Embankment），祕書長則是來自不同的國家。所有會員國均已簽署《國際海事組織公約》（Convention on the International Maritime Organization）。三個準會員為法羅群島、香港及澳門。除了密克羅尼西亞聯邦和諾魯這兩個太平洋島國，大多數非會員國均為內陸國家。國際海事組織控制著約六十項對會員國具有約束力的法律條文，歷任祕書長來自英國、丹麥、法國、印度、加拿大、希臘、日本及韓國。

國際海事組織擁有多個技術及安全委員會，以及更多的小組委員會。它的工作和組織浩繁到難以詳述。自動識別系統是國際海事組織的一項優秀服務及功能，五眼聯盟廣泛地利用它來掌握會員國所有商船的身分與精準動態。這些資訊包括每艘船目前的速度與航向，以及出發港、目的港、貨物內容及技術細節，全都會被即時傳送給裝備了自動識別系統／全球定位系統之接收器／發射器的船舶。自動識別系統有助於確保航海安全，尤其是避免碰撞。如今加入自動識別系統的船舶，除了運用雷達與肉眼，也重度仰賴自動識別系統。自動識別系統的資料由一組商業衛星即時或近乎即時地傳送。

我長年停泊在馬里蘭州安納波利斯（Annapolis）的帆船上，就裝備了結合導航系統與全球定位系統顯示器的自動識別系統。我可以查看自己的航行區域內，所有裝備自動識別系統的船舶的詳細資訊。有些不法船隻基於噸位而被強制安裝自動識別系統，卻不傳輸自動識別系統資料，就會成為監視與追蹤的明顯目標。這些船舶會被標記為可能有非商業意圖，包括海盜活動、槍械走私、毒品及人口販運，以及情報蒐集，因此可能會被以祕密方式追蹤。被列入不法船隻名單者，若有傳輸自動識別系統資料，五眼聯盟就會對其進行監控。

這在商業衛星出現之前是做不到的，當時衛星情報完全由美國國家偵察局、蘇聯，後來跟進的中國，以及擁有訊號情報衛星的英國所主導。如今，由國際海事組織控制的衛星資料與其他多個商業衛星系統，都能提供出色的影像資料。中國在南海的暗礁與環礁，以及有爭議的西沙群島與南沙群島的動向，都逃不過這些商業衛星的偵察。只要有筆記型電腦或類似設備，任何人都能看到中國在南海的軍事設施的商業衛星資料。

五眼聯盟的一大優勢，就是能結合商業衛星資料，在必要的時機與地點，且符合公眾利益的情況下，公開這類從前僅有政府衛星能掌握的機密衛星影像，提升對大眾對意圖破壞國際秩序的不友善及威脅性行為的認識。這能被應用在各種危機潛伏的情境，例如中國對臺灣的威脅動作。

如今，幾乎沒什麼能逃過商業衛星的法眼，而且這些資料的品質在二〇二〇年代裡還將變得更好。如果由五眼聯盟以一種負責任且一致合意的方式分享資訊，而不是由商業衛星公司及民間的某些人提出令人擔憂的資料，將有助於提高公眾的知識和意識。這同樣適用於其他問題，例如，國際海事組織所擔心的船舶，在沿海及公海傾倒垃圾、非法捕魚及過度捕撈，以及各類違禁品走私等。協助地方執法機構及海岸防衛隊一事，絕對是利大於弊。在更隱蔽的層面上，那些可能由國家政府、民間機構、犯罪集團或黑道組織所資助的國際駭客，已經滲透進全球各大海運公司，並透過干擾重要海運港口活動，以及馬士基（Maersk）等大型海運公司的運作細節，造成嚴重的財務損失。曾有船舶的設備遭到駭客攻擊，危及滾裝船（Ro-Ro ship，編註：專門載運有輪貨物的船）的壓艙水系統的運作等情況發生。海上網路安全攸關五眼聯盟及國際海事組織成員國的關鍵利益。

同樣的網路威脅也適用於離岸石油及天然氣平台，尤其是形同西方與亞洲國家命脈的龐大油輪與天然氣運載船。無須擊沉一艘船就能造成經濟中斷，這一點讓保護海上貿易的重要性再度浮上檯面。這類網路攻擊只要能阻止船舶與貨物自由通行，也能造成形同封鎖與禁運的效果。以荷姆茲海峽事件為例，如果有效的網路攻擊能導致港口陷入混亂，或使船舶的機械與導航系統失靈甚至失效，那麼開採石油本身可能就失去了意義。

最險的威脅之一，就是針對現代船舶賴以導航的電子海圖（electronic chart）所進行的攻擊。這些船舶由於高度自動化，船員人數非常有限。針對這些系統，尤其是全球定位系統的資料本身的滲透，可能會對以自動駕駛航行的船舶造成災難性的後果。二〇一九年，我參加了一場最新非機密商業技術的簡報及展示。展示結束後，我拿著一具小型但功能強大的全球定位系統干擾設備，可以在有限但已相當有效的範圍內干擾船舶及關鍵據點等目標，甚至能干擾機場與機上飛航系統。基於傳輸模式的特性，全球定位系統的訊號非常脆弱。在二十一世紀，對海上貿易的威脅不僅有了新的內涵，也出現了新的威脅手段。五眼聯盟必須團結一致，保護全世界的命脈，五眼聯盟將需要整合這方面的能力來保護海上貿易，守護這條全球的生命線。

國際商業中，唯一在這些領域具有直接財務利益和安全隱憂的產業是海上保險業。當風險增加到一定程度時，諸如由愛德華．勞埃德（Edward Lloyd）在一六八六年創立的勞合社（Lloyd's of London）等國際級保險公司，就可能為船舶保險收取高額保費。勞合社並不是一家普通的保險公司，而是一個受一八七一年《勞埃德法案》（Lloyd's Act）與英國議會的其他法案所管理的企業組織。勞合社是由一群組成「聯盟」的金主為了「分散風險」而成立的。這些金主就是著名的勞合社承保人（Lloyds underwriters），可能是個人，也可能是企業。根據年度報告，勞合社在二〇一七年的年值（年淨收益）高達三百三十六億英鎊。

值得注意的是，勞合社海事情報（Lloyds List Intelligence）是一個卓越的海事情報機構，不僅資料庫極為詳盡且時時更新，也對全球航運與商務海事運作進行細膩的分析。五眼聯盟對他們的資料內容與來源一直很感興趣。例如，在二〇一九年伊朗引發的波斯灣（阿拉伯海）危機與對商船的威脅中，勞合社就扮演了一個關鍵角色，因為其保險費可能迅速暴漲，或是勞合社可能會禁止船舶開到某些海域以降低風險。忽視這類禁令的船舶，可能得在失去保險的情況下自負風險，而此風險對十萬噸至五十萬噸的油輪而言相當巨大。

在當前的環境下，遭到網路攻擊的風險可能等同於（或大於）盜採石油的風險。因此，五眼聯盟、各自的海軍與勞合社的資料之間，必須永遠保持互動。

撇開現代電子設備及網路戰，我們應該重新思考從二次大戰期間到戰後初期所學到的教訓。在這段時間裡，英國與五眼聯盟內的大英國協盟友，成功地進行了不同於組織性特戰部隊的非傳統作戰、滲透及諜報活動。這不是指類似中央情報局、海豹六隊或軍情六處的祕密特務，也不同於美國特種部隊（綠扁帽部隊〔Green Berets〕、遊騎兵部隊〔Rangers〕）或前蘇聯的俄羅斯特種部隊（Spetsnaz）的任何幹部。整個五眼聯盟已經遺忘了，英國特別行動執行處在二次大戰期間如何在歐洲的納粹占領區招募、訓練及行動。這種集體記憶已經流失，大多僅留存於英國國家檔案館（British National Archives），以及早已過世的特務所留下的重要書面紀錄中，這一點非常值得省思。

中央情報局的前身，是由威廉・約瑟夫・「野蠻比爾」・唐諾文（William Joseph "Wild Bill" Donovan）所創立的美國戰略情報局，此單位從未真正追上英國特別行動執行處的步伐，主要是因為美國加入歐戰的時間較晚，直到一九四二年才正式參戰。五眼聯盟可能需要重新評估讓特別行動執行處如此成功的原因及方法，其特務除了遵循邱吉爾「讓整個歐洲燃燒」（set Europe ablaze）的明確指令之外，有許多人顯然與傳統特種部隊或軍情六處人員屬於截然不同的類型，也以極其巧妙、隱蔽且有效的方式，祕密擾亂納粹占領區。特別行動執行處的特務，使用了許多比單純的武力攻擊更巧妙的手段，也擁有一整套滲透技能，可惜這些技能已經隨著歲月流失。這不僅止於潛伏臥底與身分變造，還涵蓋一系列以文化、語言、科技及心理知識為基礎的技能；現今，這些技能就連由中央情報局、軍情六處，及其在加拿大、澳洲與紐西蘭的姊妹組織所運作的專業學校都難以掌握。參與其中的人員的確非常特別，也相當優秀，女性特務的表現也極為出色。特別行動執行處的人員特質、技能及作業方式，都不同於傳統特務及人力情報行動。

在現代，各種媒體資源為特別行動執行處後期那些擁有最隱蔽通訊能力的培訓人員與特務，提供不少助力。以一個情境為例：我們已經看到，如果沒有核武與大規模的網路攻擊能力，由俄國寡頭與黑幫所扶持的普丁政權，在國際上將顯得微不足道；國內生產總值比加州還低的俄羅斯是一個窮國，僅能靠能源出口維持生計，但核武與網路攻擊能力，讓俄羅斯得以成為全球安定的一大威脅。我認為，在俄羅斯執行特務任務是個過時的手段，除非有俄國公民自願投靠。若有這類投靠者，就能以特別行動執行處的方法現地指揮。俄羅斯、中國、北韓、伊朗與其他一些較不足畏的國家，擁有規模龐大的國安與反間諜機構，一支有成千上萬部屬支援的專業且忠誠的專家團隊，而且俄羅斯與中國不僅利用這種團隊對付外國公民，也用來鎮壓國內的異議人士與反對派。以外交身分做掩護的傳統中央情報局型行動，愈來愈不受到青睞。定期的外交接觸、現地觀察、攝影與電子竊聽，要比誘使對象國人民洩密更有效。特別行動執行處的特務擁有不同的特質，比較適合這個新的世界秩序，最重要的是，就人身安全與生存能力而言，幾乎可以保證不會被發現、逮捕、拷問、刑求及殺害。

五眼聯盟可能需要攜手分析這個需求，並重新審視過去。這些全面性的技能裡，有些僅能在關鍵時刻使用。希特勒與武裝黨衛軍（Waffen-SS）一直在我們身邊，只是以不同的形式存在。殘暴的獨裁政權依然存在，但除非他們先做出讓人別無選擇的事，否則就無法透過武力解決。擁有不同於過去中央情報局與軍情六處的傳統技能的那些人員，需要的是更巧妙、更安全，且長期來看更有效的技術與程序。上述並不適用於特別行動執行處的特務，他們忠實地服從邱吉爾的指示，例如暗中破壞、暗殺蓋世太保首腦、為解放歐洲廣蒐軍火。他們執行較複雜的任務，包括全面滲透他國，以及進行長年來不為人所察覺的情報蒐集、警示及指標，其中沒有一項涉及高風險的特務招募或反間諜行動。

❖ ❖ ❖

在九一一事件前後，標記、追蹤和定位科技與行動之概念，變得非常重要。知道威脅在哪裡是一回事，能否持續監視它又是另一回事。美國空軍的聯合星大型預警機（改裝自波音七〇七），能夠追蹤大量的移動地面目標並回傳資料，但續航力還是會因燃料與機組員的體力而受限。全球鷹等大型無人機，則有相當的航程及續航力，而後繼機種能在匿蹤模式下，二十四小時不間斷地提供資料，以彌補衛星的影像情報、電子情報及訊號情報系統的不足。我曾在一九九一年第一次波斯灣戰爭結束後直到近年，擔任一項計畫的負責人（負責取得並及時分發資料），而我所率領之團隊的一項重要成就，就是在虛擬環境下，將所有上述資料與其他許多戰術及戰區感測器系統，整合為一個近乎即時的多元情報蒐集與分發系統。相較於第一次波斯灣戰爭時的技術，這是一個飛躍性的進步。我們透過由海豹部隊扮演敵方的嚴謹逼真的艦隊戰鬥實驗和限定目標實驗獲得了作戰經驗，並為使用者開發出「作戰概念」（CONOPS）。數年後，被解密的「分布式通用地面站」（DCGS）一詞被收錄進情報界的詞庫，讓大家得以一窺我們所達成的成就。

在情報資料過於稀少或過於龐大時所面臨的問題，都能在感測器系統、人力情報及巧妙的整合與分發科技背後找到答案。如何以南轅北轍且含糊不清的資料做出可靠的決策？套一句著名的情報界格言：「如何知你所不知？」當基於機率理論的傳統統計方法不適用時，你如何以不精確的資料做出明智的決策？我與團隊合作，使用類似貝氏定理的數學技術，從中篩選出有價值的訊息。我的同僚卡爾．「湯尼」．巴羅（Carl "Tony" Barlow）與西奧多．「泰德」．卡多塔博士（Dr. Theodore "Ted" Kadota），是以獨特手法利用原始貝氏定理解決棘手情報問題的典範。湯瑪士．貝葉斯（Thomas Bayes, 1701~1761）是一位英國統計學家、哲學家和長老會牧師，曾就讀愛丁堡大學，屬於在有生之年幾乎無人知曉的驚人天才之一，直到他去世後，才由理察．普萊斯（Richard Price）發表了他的筆記與主要理論。貝葉斯的成就，讓我與同儕得以為美國情報界解決幾個大問題。這些問題包括在複雜的物理環境裡，標定並追蹤材料、設備與人員等敏感目標。

實地行動讓我深深體會到，關心時時處於困境及險境的第一線特務人員的必要，務必為他們提供最安全、最難以被偵測到的通訊手段及最即時的資料。天氣包含大量資訊，因此，將地形資料、天氣資料與前文所述的各類情報結合起來，實為當務之急。天氣，包括氣象學及海洋學資料，很難以符合第一線人員，例如在海況凶險的夜間從潛艦出擊的海豹部隊，所需求的格式來提供。

我的同儕傑伊・羅森塔爾（Jay Rosenthal）提出了一套完美的科學解決方案。身為一位傑出的前海軍氣象海測（METOC）專家，傑伊與我們合作將海洋、陸地與空中的複雜天氣資料，與國家地理空間情報局所提供的3D地形資料，以及所有與特定地點、情境和作戰情報需求相關的情報相結合，這對於祕密特務人員與特種部隊而言是一大進步。

目標鎖定（targeting）是情報界裡一個常用術語，在不同情境下有著許多不同的意涵。大多數讀者可能將目標鎖定與武裝行動聯想在一起，例如從潛艦發射戰斧飛彈，或從掠食者無人機發射地獄火飛彈，打擊恐怖分子等目標。這是正確的，但目標鎖定的範圍也可以擴及位於另一個國家的個人電腦等電子目標、在某個相對不友善國家的一項高科技研發計畫，或是涉及洗錢、販毒或人口販運等活動的人物或集團，最近的例子還包括攻擊美國選舉基礎設施的勢力。這些都可能被定義為目標，也需要以不同的技術進行情報蒐集。

被中央情報局行動處全體特務暱稱為「金髮幽靈」（Blond Ghost）的傳奇特務西奧多・「泰德」・沙克利（Theodore “Ted” Shackley, 1927~2002），在當上中央情報局副局長之前，已經累積了豐富的祕密行動經驗。當斯坦斯菲爾德・特納上將（Stansfield Turner）在一九七九年當上卡特政府的中央情報局局長時，他對行動處發動了一場大清洗，主張祕密行動的成績不佳，所提供的情報還不如國家安全局。沙克利與其他許多人一同被革職，並在一九七九年退休。雷根政府在新任局長威廉・凱西（William J. Casey，一九八一年一月至一九八七年一月在位）的領導下主張不同觀點，祕密行動得以重獲新生，但許多關鍵人員已經退休、離職，或是在美國政府的其他部門擔任新職。

退而不休的沙克利曾邀請我到他在阿靈頓郡羅斯林區（Rosslyn）的辦公室拜訪他，委託我代表總統到某個我無法透露的國家，為中央情報局進行一項祕密任務。理由非常敏感，而且有龐大風險。我完成了這項任務，得到了適當的報酬與感謝，但過程九死一生，還因遭毒殺未遂而在另一個國家的醫院裡休養了幾天，而我蒐集到的情報則是被直接送往美國總統的橢圓形辦公室。這件事證明了，在其他各種情報蒐集系統無法及時達成任務時，人力情報是無價的。但這種情況非常少見。

在特殊情報上支援美國太平洋艦隊潛艦部隊（SUBPAC），一直是我職涯中最愉快、最有成就感的部分，這些支援對維持美國在太平洋地區的優勢非常重要，尤其是在中國崛起、解放軍海軍日益茁壯的時期。潛艦不可能無所不在，美國太平洋艦隊在任何時候都只有數量有限的核攻擊潛艦可供前沿部署及待命。我所帶領的團隊提供了優化部署的最佳方案，確保在局勢緊繃甚至爆發衝突時，太平洋司令部（編註：現已改名為印度洋－太平洋司令部）能夠利用這些性能驚人的平台，謀取最大的軍事效益。

這就是人力情報的獨特價值。然而，其價值能以寶貴的「公開資訊」得到補強，無論是政治聲明、新興與創新科技相關的國外高科技報告、經濟與物流情報，還是網路上各種類型的資料，通常都與政府蒐集的非機密資訊相關，例如海關資料（有哪些人進出英國與美國，從哪裡來，往哪裡去，路線是否刻意迂迴，是否使用偽造或非法護照等），指紋與眼部掃描資料，即時錄影視頻，航空公司與船舶乘客資料，以及分析網路後設資料所獲得的個人與技術性資料。有許多重要的公開資料庫，例如，倫敦勞合社的保險資料庫，以及包含貨物內容與末端用戶資料的船舶航運資料等，這些資料可以彌補全球自動識別系統資料的不足。我們團隊裡負責從這些資料分析出離散資料（discrete data）的同僚，會將這些資料與人力情報、訊號情報、測量與特徵情報及電子情報做結合，再透過英美電腦系統的謹慎篩選，往往能篩選出極為珍貴的情報。

創新的量子運算技術，能破譯出我們這個世代因資料量及複雜性過大而無法處理的大量即時資訊。在戰術層面上，美國特種作戰司令部等單位，正在研發智慧型手機的應用程式，以供特務即時蒐集、傳輸及派發指紋紀錄等生物識別資料，這些應用程式必須有足以因應極端環境及嚴峻溫度、濕度與情境的耐用度，更重要的是必須兼具保密性。我們這個世代曾擁有類似的特質，但這些特質將被數位時代的科技及創意所取代。

美國的沃克間諜網向蘇聯洩露了大量寶貴的情報。我在英國領導的團隊，以及移民美國後從事的各種相應的工作，都領先蘇聯許多。這些都是卓越的情報蒐集與資料分析所帶來的成果，讓英美兩國得以對抗蘇聯在聲學、非聲學、噪音抑制，以及指揮、控制、通訊等方面的進步。我的評估是，在蘇聯及華沙公約組織爆發重大衝突的初期階段（在沒有升級到核武衝突的情況下），英美與北約及亞洲盟邦的團隊，就能削弱蘇聯的軍力。我認為，純粹從情報蒐集的（來源與方法）角度來看，政府通訊總部與國家安全局在這五十年裡一直能持續提供最有價值的情報，就連軍情六處與中央情報局行動處也無法匹敵。不過，中央情報局的分析組織，以及國家海事情報中心，與曾一度存在、設於俄亥俄州代頓市的萊特－派特森空軍基地的美國空軍外國技術部（FTD）幾個軍方情報組織，表現都相當優異。

在二〇二〇年代，新一代的軍情六處及中央情報局人員，將不僅需要成為「資料技客」（data geeks），還需要誘使外國公民祕密會面，出賣他們國家的機密。「志願投靠者」與幾經接觸後「變節」的情報來源，依然能提供有價值的資訊，但「資料技客」也是較符合潮流且合乎經濟效益的消息來源，重要性絕不亞於變節的情報人員。資料分析可能變得比努力挖掘完美的叛國特務更加有效。然而，需要注意的是，英國曾有費爾比、美國曾有奧德里奇．艾姆斯洩露自己國家的特務網絡，一粒老鼠屎就能壞了一鍋粥。「內部威脅」對任何情報組織都同樣危險，無論是一個人力情報、訊號情報或其他情報的蒐集者。根據我從事人力情報行動與相關情報分析方面的經驗，人力情報可能非常有效，但它是很隨機、不一致的，因此並不具備其他類型情報的整體功效。

「指標與預警」是一項備受低估的英美情報功能。在數位時代，指標與預警的重要性就跟冷戰時期同樣重要，這能提醒政治領導階層提防可能出現的威脅，還能警示可能發生的武裝衝突或網路滲透，無論是干預選舉、攻擊基礎設建設的各種漏洞，還是干擾重要的國安能力。美國國家情報總監、英國聯合情報委員會，以及他們在國家安全會議、白宮及唐寧街十號的重要服務對象，必須以協調一致、高度整合的方式，跨領域地全面履行指標與預警的工作。

我仍將美國海軍和英國皇家海軍在二次大戰期間及戰後，聯手或個別努力不輟地執行的高度機密情報行動，視為過去五十年間情報蒐集與分析的黃金線。這些行動至今依然是見證皇家海軍上將「眨眼者」·霍爾及美國海軍上校約瑟夫·羅什福爾等打贏關鍵戰爭的大前輩的明燈。

Chapter 7

當前與未來的威脅

中國的崛起與「海洋大戰略」的發展，不僅有助於中國的「一帶一路」政策，也有助於中國的整體戰略國安目標的實現。這不僅將影響到整個五眼聯盟，也將日益影響到他們與印太地區要角「印度」的單邊、雙邊與多邊關係。中國在二〇一九年七月發布的重要白皮書《新時代的中國國防》（由中華人民共和國國務院新聞辦公室發布）清楚陳述了中國的目標，其中，中國海軍將成為中國擴展勢力及影響力的核心工具。

內部威脅

自九一一事件以來，隨著科技的進步，已經使五眼聯盟以及西方主要民主國家都出現了「內部威脅」。在二〇二〇年後，必須有新的典範與技術，以對抗意圖透過電子手段，針對個人、企業及政府進行滲透的敵人。然而，歷史悠久的傳統內部威脅也依然存在，例如傳統的背叛者與間諜，以及宣稱為了大眾利益及保護隱私，而洩露敏感及機密資訊的洩密者。在數位時代，新型的政治宣傳、潛意識形成的民意，以及假訊息（disinformation），在網路強大的資訊收集能力足以累積大量資訊的數位時代，已經成為常態。

大型網路服務供應商，憑藉可收集巨大資料的軟體、分析與儲存能力，對每個訂閱者、使用者或客戶的了解，幾乎與他們所在國家的政府一樣多。廣告與商業交易既是這些大量資料的驅動力，也是衍生品。當每個人每天都在網路上篩選新聞、產品及資訊，透露了我們的特徵及需求、好惡時，隱私的概念就變得無關緊要。在我們詳盡地提供了個人概況及生活方式、喜歡什麼、不喜歡什麼，甚至包括政治傾向等各類訊息時，就自然而然地成為商業實體的目標。

傳統間諜洩露了英美情報行動與人員的機密資訊，有些則洩露了寶貴的科技資訊。英國政府通訊總部的間諜傑佛瑞．普萊（Geoffrey Prime）與美國的沃克間諜網類似，洩露了高度敏感的海軍行動及科技情報。普萊出賣的是英美海軍追蹤蘇聯戰略潛艦，以及使用訊號情報及聲波監聽系統的各種方法的相關資料。一九八五年形同美國的「間諜年」，那一年揭發了國家安全局雇員羅納德．佩爾頓（Ronald Pelton），瓦解了沃克間諜網；中央情報局的愛德華．李．霍華德（Edward Lee Howard）因間諜活動被逮補；一九八五年十一月，喬納森．波拉德（Jonathan Pollard）因為替以色列情報及特殊使命局（Mossad，又稱「摩薩德」）從事間諜活動而被捕。一九八五年後，中央情報局的奧德里奇・艾姆斯與聯邦調查局的羅伯特・菲漢森（Robert Hanssen），都被揭發了曾向蘇聯提供中央情報局人力情報與反間諜活動的重要資訊。多年後，複製並洩露了國家安全局機密資訊的愛德華・史諾登，以「自由重要還是國安重要」（Liberty versus Security）之名，公開了一些國家安全局和五眼聯盟與許多電信公司及歐洲政府，聯手在全球進行的重要監控計畫。

對於這些間諜的作案手法，不僅可以透過強化的實體安全檢查與審查程序，以及對銀行帳戶及個人通訊的祕密審查來滲透，更重要的是，還要透過更好、更先進的監控方式，來監控對方能接觸的電腦資料。目前有很好的即時監控工具，不僅可以控管敏感資料的日常存取，也可以監控是否有人未經授權或在下班時間使用電腦，更能監控是否有人以隨身碟、光碟、列印機或其他複製手段刪除或竊取資料。若有人正在進行異常或超出例行範圍的工作，這些程式會即時警告安全人員。例如，若未事先獲得批准，任何使用隨身碟複製五眼聯盟資料的行為，都會立即觸發警報。

在二〇二〇年的如今，威脅的形式比上述的間諜活動更加隱匿。網路對五眼聯盟的情報體系，構成了自訊號情報誕生以來最大的挑戰。為了因應網路每毫秒傳輸的大量資料，五眼聯盟必須在技術與行動上攜手努力。沒有一個國家能主導一切，必須將紐西蘭、加拿大、澳洲、英國與美國的智慧和技能匯聚起來。網路攻擊已經並將持續以多種形式出現。在目前的網路攻擊浪潮出現的多年前，例如在一九九〇年代，紐西蘭奧克蘭的電力系統與倫敦的銀行系統就曾遭受攻擊。與此同時，企業很早就開始提供保護隱私的加密技術。一九九三年，美國著名的「優良保密協定」（Pretty Good Privacy，簡稱 PGP）一案，就是商業創新讓五眼聯盟的訊號情報工作複雜化的一個典型案例。美國人菲爾．齊默曼（Phil Zimmermann）為全球大眾提供了「公開金鑰密碼學」（Public Key Cryptography），而美國政府對他的起訴以慘敗收場。一九九〇年代晚期，英國政府為政府通訊總部斥資興建「甜甜圈」大樓，在當時是英國甚至全歐洲規模最大的建設。當時，政府通訊總部與國家安全局都面臨著如何處理所截獲的資料量大到前所未有的挑戰，即使以最先進的「關鍵詞」搜索，當攔截之目標使用普什圖語、波斯語等晦澀方言的代碼詞時，對五眼聯盟的監聽及分析人員也會構成重大挑戰，因此，能迅速簡單地篩選出威脅資料的流量分析（traffic analysis），成為重要手段。由此可以看出，五眼聯盟的政府急需在與日俱增的恐怖主義威脅下，保護本國與最親密盟邦的公民時，就得面臨「自由重要還是國安重要」的挑戰，講白了就是從網路與電話通聯中大量蒐集個人資料所造成的爭論。回頭看來，不難看出當時恐怖組織定期更換手機與 SIM 卡，通常每隔幾天就換一次，並以代碼詞及方言進行通訊，讓五眼聯盟面臨的挑戰有多棘手。

在戰場上，這些挑戰向來能以曾在阿富汗使用的、牢固且高度智慧型的戰術訊號情報系統來有效克服。這些系統不像早年美國空軍鎖定塞爾維亞的目標時，需要從政府通訊總部及國家安全局直接傳來的資料。例如，在二〇〇三年，還沒有高度可靠的訊號情報資料，能夠判定伊拉克大規模毀滅性武器的存在、位置及可能的類型，聯合國派赴伊拉克的調查團首席檢察官漢斯・布利克斯（Hans Blix），必須以團隊仔細尋找是否有隱藏的大規模毀滅性武器。當時，資料探勘及利用「聲紋」（voice print），或將疑似嫌犯的錄音與大量截獲的通訊紀錄進行配對的技術，才剛開始萌芽。無人機技術在二〇〇三年也尚未真正起步。事實上，直到二〇一〇年，就連英國也還沒有堪用於監視與偵察的無人機。

電腦的創新對情報的影響

一九七二年，由西摩・克雷（Seymour Cray）設計的革命性「克雷超級電腦」[1]，在一九八〇年代被許多公司製造的一系列大型平行運算電腦（parallel computer）所取代。然而，到了二〇〇〇年，克雷成為西方市場上碩果僅存的超級電腦供應商之一，僅剩日本電氣（NEC Corporation，編註：在臺灣稱為「恩益禧」）一個競爭對手。[2]大多數大型企業與五眼聯盟情報中心，仍普遍使用普通的大型電腦（mainframe computer）。克雷於一九九五年三月申請「美國破產法第十一章」（Chapter 11 bankruptcy，編註：公司實體可以根據此章進行破產重組），接著，克雷研究公司（Cray Research）於一九九六年二月與視算科技公司（Silicon Graphics）合併。後來，視算科技公司又在二〇〇〇年三月將克雷研究商業部（Cray Research Business Unit）賣給了泰拉電腦公司（Tera Computing Company）。二〇〇八年四月，克雷與英特爾公司合作開發「未來運算系統」。到了二〇〇九年，他們為橡樹嶺國家實驗室的國家運算科學中心（NCCS）打造出全球運算速度最快的電腦。到了二〇一七年十月，克雷與合作夥伴Microsoft Azure，將超級運算發展成「雲端」，並在同年為人工智慧運算打造了兩項新的「克雷CS-Storm系統」，並於二〇一八年四月十八日宣布將為克雷CS500產品線研發最先進的處理器。在筆者撰寫本書時，克雷仍在持續取得革命性的進展。未來十年的無限發展，將讓一九七〇年至二〇〇〇年電腦領域的偉大創新成為老古董。

基於我們這五國的本質，從本世紀初開始，英美與其他五眼聯盟盟友就一直難以追上科技進步的腳步。民營企業在創新與切入商業市場方面，遙遙領先英美政府，谷歌等公司總是讓國家安全局、政府通訊總部及加拿大、澳洲與紐西蘭的同性質機構難以望其項背。問題一部分出在採購與合約文化的本質，尤其是英美兩國的政權反應遲緩，難以適應科技環境的瞬息萬變。除了這種採購困境，他們也難以與充滿活力與創意的新創企業打交道，這些企業通常擁有顛覆性的關鍵技術，足以挑戰其他極力爭取合約、但產品實際上已在長年研發期中過時的大企業。

二〇二〇年代，五眼聯盟成員國，尤其是美國國防部、國土安全部以及各情報機構，都必須面對這個嚴峻的問題。二〇〇五年七月七日星期四，發生在倫敦市中心的自殺炸彈攻擊事件，以悲慘、毀滅性的形式在英國敲響了警鐘。這起自二次大戰以來發生在英國本土、由英國公民所進行的最致命的攻擊，促使政府通訊總部需要重新思考他們的全面監控策略。令人擔憂的是，從二〇〇五年至今，科技變化的速度與規模超乎預料。資料處理能力必須伴隨先進的決策輔助工具，將大量資訊轉化成相對少量但極為重要的可操作情報，才能讓決策者在威脅出現前掌握先機。

情報與毒品

海洛英－鴉片類藥物的氾濫，在美國及其他四個五眼聯盟成員國境內，一直是個問題。海洛英是一種以罌粟植物的種子莢中的天然成分嗎啡，加工製成的高度成癮性藥物，作為毒品銷售時，呈白色或棕色粉末狀。鴉片經過提煉後製成嗎啡，再經過進一步提煉並摻入各種添加劑（有些對人體非常有害），就成為各類「街頭海洛英」。鴉片類藥物能活化人體內的鴉片類受體（opioid receptors），效果與嗎啡類似，本質上就是止痛劑。鴉片類藥物在醫療上有合法用途，可由醫師開立處方。某些專家指出，有些不太專業的醫療人員可能不使用其他療法而過度使用鴉片類藥物，因此造成患者對這類藥物的習慣性依賴。若在未經合理控制的情況下，將這類藥物用於非醫療用途，就會產生類似使用毒品的愉悅效果。過度使用則會導致依賴、戒斷症狀，尤其是與其他鎮靜劑藥物混合使用時，會造成呼吸衰竭而導致死亡。到了二〇二〇年，娛樂性使用、成癮、過度開立處方，再加上非法的廉價海洛英，已經導致數以百萬計不分老少的美國人，陷入過度依賴並大量死亡。

Narcan是「納洛酮」（Naloxone）的品牌名稱，在醫療用途上，尤其對美國救援隊的救護人員來說，是阻斷鴉片類藥物過量的重要藥品。救援隊與急診室會以此進行靜脈注射及肌肉注射，通常需要注射數次，才能拯救患者的生命。如果一支美國救援隊的Narcan用罄，就會使需要急救的患者陷入險境。待救援隊趕到急診室時，可能已經無力回天。例如，在美國成癮率極高的西維吉尼亞州，救援隊經常需要在二十四小時內多次救治同一名患者，甚至可能是整個家庭，導致救援隊無法分身去救護重傷患（例如交通事故等）與急症病患（例如心臟病發作、中風、緊急分娩等），對整體的醫療條件造成負面衝擊。

海洛因透過一個隱密的分銷鏈進入美國及其他國家。瓦解這個分銷鏈，並逮捕在分銷鏈頂端賺得數百萬美元、在底端賺得少些的犯罪分子，以避免毒品被分銷給脆弱的公民，是五眼聯盟情報體系明確的行動目標。負責管理及營運初步分銷的販毒集團，會利用國際航運，以及媒體已有報導的加勒比海快速運輸及小型潛水艇。五眼聯盟追蹤販毒船運時，需要利用多種情報來源與方法。追蹤不法船隻對五眼聯盟來說並不是什麼新鮮事。每個成員國都參與二十四小時全球追蹤網路，以衛星攔截、訊號情報、船舶自動識別系統相關資料，以及從製造地到出海港的重要人力情報，追蹤海洛因從罌粟田一路到港口交貨的流通路線，並以毒品鑑識學精確判定每一批海洛因的出處。破解金流與追蹤非法國際船運同樣重要。釐清跨國販毒的金流，需要深入分析離岸帳戶、掩飾毒品交易及付款的隱蔽手段，以及基層販毒嫌犯的金錢進出方式及手段。從追蹤船運到財務分析，都需要五眼聯盟密切合作。在船舶進入領海後的最後階段，也需要海岸巡防隊或其他同質性單位，登船檢查可疑船隻。

美國海岸巡防隊基金會（Coast Guard Foundation）的大事記上寫道：「海岸巡防隊每天平均過濾三百六十艘即將進入美國港口的商船」，而且「海岸巡防隊日夜巡邏，每天阻止了超過一千磅的非法毒品進入我們的社區」。[3]在公海上，五眼聯盟及盟國的海軍有權登船並檢查可疑船隻。他們已經熟知製造海洛因需要用到哪些添加劑原料，尤其是毒性較高的類型，也能追蹤到它們被派發到哪些地點製造與進行「混合」。

這些過程除了五眼聯盟的傳統情報機構，也需要其他許多政府機構的參與。要追蹤海洛因從罌粟田到街頭毒販的流向，還需要緝毒機構、地方與聯邦／中央政府的執法機構、警政單位及海關單位。毒品分銷方式由郵寄取代了人工，讓執法的複雜度大幅增加。結合各層級（從聯邦／政府到地方）情報機構、執法機構及專業緝毒機構之資源的資料「整合中心」（Fusion Center），在打擊海洛因等毒品分銷方面至關重要。破解販毒集團通訊時，會遇到與破解恐怖組織通訊同樣的問題，一旦不法分子的警覺性提升，其在通訊方面的規避與欺瞞技術，就會變得更狡猾、更有彈性。

若要說這串分銷鏈中有什麼弱點，那就是運輸／運送過程，不論對方採取哪種形式。大型販毒集團偏好大量運毒，而不是細水長流、會損及收入的少量運毒。以延遲運送來規避及擾亂攔截，需要較複雜的計畫和執行。一條有弱點的分銷鏈是脆弱的，二〇二〇年代，需要以整個體系的優質情報為基礎，在這個攔截階段投注更多的努力，而不是只靠部分體系。掌握運毒的時間、地點及出海港口，是最重要的資料點（data point）。貪腐，尤其是緝毒行動執法方的貪腐，將是一個持續存在的問題。再好的五眼聯盟情報，也可能會因貪腐的執法及海關官員對運輸與分銷視而不見而受挫。這將需要更嚴格的審查程序，而對於機密層級高的情報，不僅需要根據僅知原則來限制人員的接觸權限，還需要有前文曾提及的電腦與資料安全保護手段。在數位時代，我們不僅可以限制接觸，還能掌握每個人接觸資料的內容、時間與方式，以及資料被用在哪些用途。反間諜工作可以聚焦於資料的流向與用途，尤其是時間及與高度特定的資料集（data set）的其他關聯。以人工智慧技術結合先進的貝氏定理數學，應用最複雜的對數概似理論（log likelihood theory），可以用來分析大量的即時情報資料集。如果是個人分析師，幾乎不可能做到在有限的時間內理解大量資料並為用戶提供答案。

如今，相對簡單的人工智慧軟體，就能讓情報分析師工作起來更快速、壓力更小，最重要的是更有效率。人工智慧可以快速地在全球辨識人物、識別語音，並即時翻譯最困難的語言與方言，同時，利用機器處理人工智慧系統從大量累積的經驗與學習中獲取的資料，來執行複雜的任務，將能近乎即時地做出調整來適應新的變化。因此，當電腦複製或模擬人類平常如何學習及解決問題的認知功能時，機器就能展現出智慧。然而，革命性的演算法是由人類創造的，而不是許多人以為的由機器自行產生的。如果機器能像人類那般與操作者共同合作，那麼機器就通過了布萊切利園的知名密碼破解者艾倫·圖靈在一九五〇年開發出的「圖靈測試」（Turing Test）。[4]人工智慧正在以飛快的速度發展，無疑將為五眼聯盟情報體系增添一個在筆者撰寫本書的二〇二〇年仍無法預測的非凡維度。唯一不變的事實是，五眼聯盟情報體系需要更多像艾倫・圖靈一樣的天才，來改革情報處理過程。要找到這些人並不容易，但在新一代的電腦科學家與數學家裡，一定不乏這種人才。

全球恐怖主義、人口販運、海盜、非法軍火交易及洗錢

全球恐怖主義、人口販運、海盜搶劫、槍械走私、非法武器轉移，以及隨著這些活動而來的洗錢活動，就跟國際販毒活動一樣，對五眼聯盟情報體系構成了新的挑戰。貫穿所有這類活動的共通點就是「金錢」。它們都需要獲得、轉移及分散資金才能運作，因此得「追蹤金流」。在人口販運以外的活動中，另一個共通點則是武器。這些活動需要武器才能運作。金錢與武器是這些邪惡活動的命脈，因此，阻止及干擾金流就成了一個重要目標，這需要利用各種來源的情報。除此之外，還要鎖定並追蹤跨國招募及培訓的手段與方法，尤其是在恐怖主義及較具國際犯罪性質的領域；在這些領域裡，人員受到引誘、腐化或志願加入，接受訓練並以從事不法活動獲得報酬。因此，掌握這些重要手段的性質與各種面向，攸關未來情報行動的成功與否。

自從九一一事件以來，合作一直是當務之急。在一九八〇年代，時任國家安全局局長的威廉・奧多姆中將（William Odom），曾因紐西蘭禁止美國核動力軍艦及潛艦入港，就決定中斷對紐西蘭的情報交流。這並沒有持續多久，因為英國政府通訊總部與澳洲也會為紐西蘭政府通訊安全局提供訊號情報等資料。事實上，就連美國國家安全局的工作人員也偷偷繞過了奧多姆的禁令，五眼聯盟情報體系內的關係就是這麼團結。即使未來五個成員國之間的政治關係瞬息萬變，想必都不會危及五眼聯盟夙夜匪懈的持續合作。

那些交易從不見光、經常充當政府幕後黑手的軍火商與中間人是重要的目標，因為買方與賣方之間的交易與資金轉移，均由他們策畫。[5]在當代國際關係的背景下，以色列的行動及俄羅斯與伊朗之間的軍火交易，就令人大開眼界，形同一個阻止明顯危害全球秩序的軍火交易的範本。這需要緊密合作，而不是單方面的交易。具傳奇色彩但也聲名狼藉的中央情報局官員詹姆斯・耶薩斯・安格爾頓（James Jesus Angleton,1917~1987），於冷戰初期的數十年間，在幾乎沒有與其他五眼聯盟成員國合作的情況下，為中央情報局執行的行動，或許就是一個製造某種程度的混亂，甚至嚴重危及五眼聯盟情報體系聯手蒐集、分析與分享情報的教訓。

祕密的非法軍火交易以及駭人聽聞的人口販運，背後的關鍵動機都是金錢。然而，因缺乏妥善監督而失控的祕密情報行動，可能導致災難性的政治後果，軍售伊朗醜聞（Iran-Contra Affair，又稱伊朗門事件）就是最清楚的證明。將情報攔截作為政治政策的手段之一，顯然就是最令人擔憂的情境。二〇二〇年代，英美兩國與其他三個五眼聯盟成員國必須集中所有的資源。全面回顧美國自一九四七年以來獨力進行的祕密情報行動，可以看出，除非美國有壓倒性的理由必須獨力進行祕密情報行動，否則五眼聯盟情報體系應該攜手合作，一同追蹤金錢、人員及武器的流動。這不僅需要二十四小時的電子與其他資料交換，還需要五眼聯盟的人員透過各種人員交換計畫及持續會面來維持互動。

二〇〇四年三月十一日，西班牙馬德里的阿托查（Atocha）火車站遭到炸彈攻擊，造成一百九十二人死亡，約兩千人受傷，暴露出歐洲各情報及執法機構在追蹤蓋達組織分部上合作得不夠密切。這起炸彈攻擊是西班牙及西歐史上傷亡最慘重的恐怖攻擊事件，若各機構能開會研討彼此如何密切合作，或許能大幅改善西班牙對既有情報資料的理解及解讀。二〇二〇年代，必須舉行更多會議促進密切合作，才能因應從軍火與人口販運到範圍更廣的戰略情報問題。

非法軍火交易、武器流通及人口販運的最後階段，包括其動機、地點、客戶與可能經由什麼路線，大家都很清楚。以AR-15與AK-47卡拉希尼柯夫自動步槍為例，它們在全球市場上廣泛流通，有些是合法的，有些則是非法的。幾乎每一種武器，包括表面上是政府為了軍事目的製造的武器，五眼聯盟都能掌握它們的製造地點，包括公開的及非公開的。追蹤它們的販賣及流通，是現代情報行動的藝術與科學。政治背景是藝術，而以多種技術情報來源與方法，追蹤它們的流動及末端用戶則是科學。大型武器目標較為明顯，像是坦克與裝甲運兵車就比烏茲衝鋒槍或火箭推進榴彈（RPG）容易追蹤。部分問題出在國家放任祕密軍火交易。這類買賣通常是涉及貪腐的金錢交易，某些重要人物能從中獲利，而且買賣雙方並未透過國際銀行，而是直接以現金交易。國際關係並不總是像表面上看起來的樣子。大家想必難以想像，如今西歐大國與以色列竟然是伊朗的主要武器供應國，而無法直接與武器製造商或中間人接觸的國家，則會使用代理人。

冷戰初期，由於俄羅斯與其他蘇聯共和國內仍有大量猶太人，加上常有俄羅斯猶太人往返，以色列成為蘇聯情報的主要來源，而以色列在進行這類情報蒐集的同時，也會在蘇聯主子完全知情的情況下，向共產集團國家（尤其是捷克斯洛伐克）購買武器。這種顯而易見的共生關係可能會繼續存在，五眼聯盟不僅必須更加緊密地合作，聯手追蹤並遏制軍火及人口販運，還必須公開表明共有的政治意圖。優秀的情報組織是由聰穎過人、多半重視倫理，以保護國家關鍵利益為己任之人所組成的群體，尤其美國可能需要在運作模式上做一些調整，在確保整體安全的同時，做到更透明化、更積極與盟友共享。

洗錢往往會隨著恐怖分子的武器與炸藥採購、毒品集團、人口販運、海盜贓款、槍械走私及不透明的武器採購而發生，而科技優勢可以打擊這類行動。除了我們已經討論過的科技類型，新科技將強化為英國政府通訊總部與美國國家安全局研發的大型搜尋與分析引擎，以及與加拿大、澳洲及紐西蘭的技術共享。以下兩個例子就足以證明。人工智慧能強化新領域的情報來源與方法組合，尤其是全面性地利用能自動發出警告及訊號，促成攔截、逮捕與扣押的智慧型認知工具，來調查槍械走私及軍火流通等犯罪行為。同樣的，無人機科技的共享，能提升五眼聯盟的匿蹤監視能力、改善推進系統以延長航程及續航力、增強愈來愈先進的即時低機率干擾資料鏈結的訊號情報與衛星影像情報負載。這些新技術將以各種形式加入既有的訊號情報、衛星影像情報、人力情報、地理空間情報、音響情報、測量與特徵情報的陣容，在全面整合性的運用下，提高早期偵測及定位的速度與準度。

無人機將繼續存在。更先進、擁有高續航力及高性能感測器的匿蹤無人機，讓輕型戰術無人機能擁有空中及太空系統的訊號情報、電子情報、電子光學情報／紅外線及影像情報性能，卻不像空中及太空系統的位置那樣通常被敵方知悉。無人機非常靈活，而且從經濟角度來看，成本效益極高。它們可以從船艦及潛艦上起飛，在友好國家則可以由代理人公開操作，甚至在不甚友好的國家裡也能祕密運用，遇到最糟糕的情況時還能自毀。要鎖定及追蹤港口活動，利用無人機比派遣祕密特務更有效，也更安全。這些科技飛躍性的進展，依然是五眼聯盟最重要的共同優勢。在我五十年的情報生涯裡，對大家都有益的重要資訊是不會被隱藏的。例如，加拿大從來沒有類似英國政府通訊總部及美國國家安全局般的訊號情報組織，卻擁有龐大的使館情報網路，也可由通訊安全局進行祕密情報蒐集，澳洲與紐西蘭的情況也類似。二〇二〇年代，成城斷金的團結合作將變得益發重要。

五眼聯盟成員國的海軍團結一致，加上其他友好盟邦海軍的協助，以夙夜匪懈的前沿部署打擊國際非法軍火交易。五眼聯盟共享的資料，是透過國家海事情報整合中心及其他四國的類似機構而來。五眼聯盟成員國海軍在鎖定及追蹤運輸非法軍火的不法船隻上，創下了輝煌戰果。例如：二〇一六年三月二十八日，美國海軍巡邏艇希羅柯號（USS Sirocco）在阿拉伯海攔截了一艘阿拉伯帆船[6]，沒收了一千五百支AK-47步槍、兩百支火箭推進榴彈，以及二十一挺「點五零機槍」（這批軍火由包括俄羅斯與中國在內的許多國家製造）；二〇一八年八月二十七日，美國海軍驅逐艦賈森．鄧漢號（USS Jason Dunham）在葉門沿岸的亞丁灣公海上，追蹤並攔截了一艘無國籍（未懸掛國旗）的阿拉伯帆船。從空中監視可以看到，船員將一批AK-47步槍扔進一艘小艇裡。賈森．鄧漢號的人員在翌日登船，沒收了包括一千多支AK-47步槍在內的軍火。五眼聯盟成員國的海軍已經歷過無數次類似的海上行動，從情報共享以及與其他盟邦海軍的合作中取得了重大收穫。

情報與中東：歷史是否會重演？

本篇的目的並非檢討伊拉克入侵前後的情報失敗。這些問題已有許多人撰文探討，大部分的結論都已不言自明。然而，從五眼聯盟情報體系的角度來看，仍有一個非常重要的問題，就是單一國家的政策（也就是美國、英國、加拿大、澳洲與紐西蘭各自的政策）造成單一國家獨力進行的情報蒐集和分析，與五眼聯盟攜手進行的情報蒐集和分析之間的乖離。這是一個重要問題，牽涉到五眼聯盟的整體協議，以及成員國之間的雙邊與多邊情報協議和情報交流。

例如，美國對中東地區的政策與其他四國有所出入，有時甚至存在持續性的爭議與分歧，這從五眼聯盟成員國的公使聲明，以及在聯合國的投票中就可以明顯看出來。五眼聯盟已多次闡明，情報的產出，尤其是五眼聯盟情報委員會或類似機構的重要評估，不應為任何形式的政治壓力或影響所干預。情報的作用是為決策者提供最高品質、不帶任何偏見的資訊，而不是扭曲地解讀資料，來為國家政策或政黨及領導階層的政治動機或意圖背書。情報機構必須適度保持距離，絕不應參與政策制定，因此，五眼聯盟也必須維持一定的道德高度。五眼聯盟的情報機構與部門有義務謹守道德標準，不可因政治需求而影響評估，即使有時對情報資料的解讀可能產生意見或解釋上的分歧。這可以視為組織是否健康、是否有活力、是否夠專業的指標。在二〇二〇年代，儘管國家政策上必然存在差異，五眼聯盟的凝聚力與對上述道德考量的嚴守，仍是重中之重。

五眼聯盟自一九五〇年代以來一直了解一個不變的事實，也明白一九六七年六日戰爭的後果所引發的許多爭論，那就是情報蒐集人員與分析人員，對中東必須有鉅細彌遺、涵蓋每個層面的了解，不僅是從西方傳統政治、國際關係與外交運作的角度，也必須深入了解自二次大戰以來的歷史、文化、政治源頭與發展歷程；宗教、經濟、教育制度、傳統、家庭結構與社群組織；多元的語言與方言，以及目前既有與未來可能產生的政治傾向與意圖的起因，不論那是內部、區域還是國際上的。要是缺乏這方面的知識與經驗，即使擁有最優秀的情報蒐集體系，五眼聯盟的情報也可能流於濫竽充數。有些外國勢力的利益與五眼聯盟完全相左，試圖從這個全球衝突最頻繁、可能產生最災難性後果的地區攫取利益，因此我方對各種變數必須格外關注。了解中東的先決條件，就是必須意識到這裡的歷史與文化密不可分。

二〇〇三年入侵／占領伊拉克之前，顯然對可能產生的後續影響並未進行充分評估，這本身就是一大教訓。這問題的核心很可能是對中東地區的歷史與文化缺乏根本的理解，才會促成白宮做出如此的決策，可見這是導致戰略性災難的潛在因素。我們必須了解自己如今在中東地區所處的立場，也必須熟悉造成二〇〇一年時華盛頓沒人預測到的區域政治走向的系統性根基。

在過去十九年裡，有許多學術分析與情報評估，探討了伊斯蘭國的崛起及其明顯的成功。各種解讀互有差異，有時差異還不小。有些研究者將責任歸咎於華盛頓，其他同儕則認為伊拉克蓋達組織是促使伊斯蘭國出現及發展的主導力量。這些不同觀點的整體後果，讓理解二〇〇六年伊斯蘭國為何出現、為何以國家自居，變得更困難，也更複雜。儘管美國發表了種種政治聲明，但伊斯蘭國在二〇二〇年的今天其實依然健在。儘管它遭到了嚴重的軍事打擊，許多領導人也被消滅，不幸的是它擁有強大的再生能力，也能吸引更多的支持者。伊斯蘭國已多次被宣稱擊敗，但每次都會死而復生。網路對伊斯蘭國的招兵有一定程度的效果，即使五眼聯盟極為成功地追蹤到大部分此類活動，但反制其招兵、訓練與軍火供應，仍是一大挑戰。

敘利亞與伊拉克位於地緣戰略的十字路口，遜尼派與什葉派世界在這裡交會。從南到北，即從波斯灣國家到土耳其，是遜尼派的主要分布地。什葉派的分布地則是由東往西延伸，主要由伊朗與真主黨所構成。敘利亞與伊拉克的人口是兩個教派混合，直到二十世紀初，這兩個國家都是由世俗政權所統治，遜尼派與什葉派社群得以在相似的經濟與社會政治條件下共存。

絕不可以低估意識形態與教義在中東地區所扮演的角色。什葉派與遜尼派穆斯林的對抗，自西元七世紀至今從未止息。不論各教派的人口比例如何，結果都視統治者是遜尼派或什葉派而定，例如，巴林以什葉派人口占多數，卻是一個遜尼派國家。在情報蒐集與分析上，絕不可忽視這個重要事實。

伊斯蘭國在伊拉克二〇〇五年一月的國會選舉過後不久出現。當時，什葉派在國民議會中獲得壓倒性多數的席次，兩個主要什葉派政黨獲得了一百八十席，而庫德族獲得七十五席，其他派別獲得二十席。這個結果掀起一波批評，選舉被迫重新進行。儘管遜尼派的選票有所增加，什葉派的伊拉克團結聯盟（United Iraqi Alliance）仍獲得兩百七十五席中的一百二十八席，而庫德族獲得五十三席，遜尼派總共獲得五十八席。

由於遜尼派民眾不承認選舉的合法性，內戰於焉爆發。恐怖組織在其中扮演了主要角色，最早是從軍方分裂出來的前伊拉克陸軍成員組成的伊拉克蓋達組織，後來則是伊斯蘭國。二〇〇五年六月，華盛頓發動「團結前進行動」（Operation Together Forward），這場行動在同年十月結束後，伊斯蘭國就出現了。這激起了反對美國占領的伊拉克民眾的熱烈反應，促使他們為共同目標而團結一致地對抗美國。伊斯蘭國由在內戰中被擊潰的恐怖組織成員所組成，包括伊拉克蓋達組織與海珊部隊的殘部和將領。儘管原本各自獨立，但這些團體有不少相似點。他們以將美國趕出伊拉克為目標，聯合起來對抗美國這個共同敵人。更不容忽視的是，這些團體都是遜尼派。這個新團體的名稱為「伊拉克伊斯蘭國」（Islamic State of Iraq，編註：其原文名稱經多次變動，臺灣皆稱之為「伊斯蘭國」），昭告著一個關鍵的共同主張：由遜尼派政治精英建立一個遜尼派國家。忽視這個重要事實，將使五眼聯盟的情報行動與評估被殺得措手不及。

波斯灣國家的贊助，讓他們得以團結一致。因此，伊斯蘭國的出現，與華盛頓政府、伊拉克蓋達組織或貧窮等經濟因素，並沒有直接關係，真正的原因是波斯灣國家，尤其是沙烏地阿拉伯與卡達的支持。沙烏地阿拉伯一直以遜尼社群中無可爭議的領導者自居，而且是遜尼派地區的領導者。至於卡達，雖然其為了提升國內生產毛額，加強了與歐洲國家的聯繫，但與北方遜尼派的關係也需要維持。敘利亞由什葉派分支——阿拉維派（Alawi）統治，在政治上與伊朗較為親和；伊拉克則擁有堅守原則的世俗政權，以及什葉派占多數的人口，因此，卡達等波斯灣國家強烈希冀能建立一個獨立的遜尼派國家。若是忽略這些根本性的事實，整個五眼聯盟在做評估時，極可能會偏離正軌。

一九九〇年八月，第一次波斯灣戰爭

薩達姆．海珊於一九九〇年八月二日至四日入侵科威特，抹殺了以美國為首的陣營與其政權合作的機會，而敘利亞的阿塞德（Assad）家族與伊朗政府之間的良好關係，也開始挑戰美國的影響力。

讀者應記住一個重點，以色列情報及特殊使命局前局長埃夫拉伊姆．哈勒維（Efraim Halevy）在著作《中東諜影》（*Man in the Shadows*）中指出：「本書一開始帶我們到巴格達，看到當地要角薩達姆．海珊對抗源自伊朗的什葉派革命風暴。當時，海珊是守護現代阿拉伯世界與美國在該地區之重要利益的救世主。」[7]哈勒維提起的悲劇性諷刺，凸顯了一個重要事實：雖然薩達姆．海珊在許多方面是個人盡皆知的大惡棍，但他是對抗伊朗的區域壁壘，也是蓋達組織這個新興勢力的勁敵。哈勒維在其著作的一開頭便指出，支持穆斯林極端主義並為九一一恐怖攻擊事件提供絕大部分人力的不是伊拉克，而是沙烏地阿拉伯。[8]溫和的阿拉伯領導人一直向西方表示，即使海珊是個大惡不赦的惡棍，他依然是對抗伊朗與伊斯蘭極端主義的最佳防禦者。

哈勒維在書中最後對大規模毀滅性武器（尤其是核武）提出了一個重要觀點，那就是伊斯蘭極端分子更有可能使用包括核武在內的大規模毀滅性武器，[9]因此，在他對海珊與伊拉克的評估中，暗示伊斯蘭極端分子所構成的威脅遠比海珊大得多。哈勒維指出，溫和且忠於西方的盟友，例如約旦國王胡笙（King Hussein），在一九九一年第一次波斯灣戰爭期間選擇保持中立，而且略傾向於支持伊拉克，因為他意識到薩達姆·海珊能保護該地區不受伊朗入侵與什葉派復興的威脅。哈勒維在提到真主黨時表示：「然而，真主黨還有一個與卡瑪斯（Khammas）及蓋達組織不同的特徵，那就是它屬於親伊朗的什葉派運動……在這些方面，如果真主黨想實現追求尊嚴的夢想，需要放棄的比卡瑪斯多得多。」[10]從這位知名情報及特殊使命局前局長的評論中可以看出，這種對該地區的分析，在急於入侵伊拉克的衝動中不幸地被遺忘、忽視，甚至一開始就沒有得到重視。

這場入侵讓伊拉克的政治局勢動盪不安，尤其是從二〇〇六年開始，更讓一個擁有明確政治目標的遜尼派組織得以順勢發展，甚至還可能建立自己的國家。這個地處波斯灣與土耳其之間的遜尼派國家，必須鋪設一條從卡達通往歐洲的天然氣管線，並將什葉派的地緣政治與神權統治空間，切斷成兩塊不相連的區域。這個新生遜尼派國家的願景，也將解決沙烏地阿拉伯在政治主導權上的問題。以農業為主的敘利亞及產油國伊拉克，從此將無從挑戰沙烏地阿拉伯在波斯灣的經濟優勢。

千萬不可以忘記，伊斯蘭國一直在敘伊邊境等待機會，直到二〇一三年至二〇一四年才開始擴張。為什麼他們等了這麼久才開始行動？答案是伊斯蘭國無法在伊拉克的遜尼派領土上鞏固地盤，因為它必將遭到伊拉克南部與各鄰國的什葉派，以及庫德族等周遭勢力的夾擊，而且也無法直通土耳其或任何出海口，因此，從戰略角度來看，伊斯蘭國在伊拉克備受戰略上的局限，但他們在敘利亞找到了機會。

在敘利亞打了兩年內戰，各方勢力與百姓都筋疲力盡時，西方開始進行干預，伊斯蘭國乘機越境並介入了這場戰爭。伊斯蘭國需要當地百姓的支持，為此提出建立「哈里發國」（Caliphate，編註：由最高宗教和政治領袖哈里發領導的伊斯蘭國）的主張，以贏得剛控制的領土上的民心。敘利亞自此成為伊斯蘭國生存與成長的關鍵因素。

回頭看來，伊斯蘭國的主要目標顯然是建立一個國家，成為西方、該地區及五眼情報體系的嚴峻挑戰；而且這個國家的內政必須穩定，可以充當波斯灣國家與西方之間的橋梁。伊斯蘭國初期在戰場上的成功，並不是出於軍力上的優勢，而是由於敘利亞與伊拉克因內亂、來自俄羅斯與西方的外部干預、以色列的偶爾空襲而陷入的疲憊狀態。然而，這種情況也在另一個方向上造成阻礙，讓伊斯蘭國無法在一個至今仍極度動盪的環境裡，建立穩定的控制。

英美兩國的首要政治軍事目標，一直是在敘利亞遏制、甚至消滅伊斯蘭國，同時創造一個能迫使阿塞德政權願意談判的環境，但俄羅斯對阿塞德政權的支持，以及造成敘利亞分裂的種族、政治與宗教多元性，加劇了複雜性。二〇一九年春季，伊斯蘭國在敘利亞遭到嚴重的軍事挫敗，但殘留在敘利亞的伊斯蘭國戰士及其家眷與支持者將何去何從，依然是個問題。他們會解散嗎？如果會，他們會往哪裡去？他們會就地融入社會嗎？還是會被關進拘留營？在撰寫本書時，他們的情況依然模糊不清。此外，在敘利亞為伊斯蘭國而戰的許多外國人，戰敗後將會面臨什麼樣的命運？這些人仍會返鄉。他們的母國是否會讓他們回國，並試圖對他們進行文化復健？在某些情況下，母國可能會以恐怖主義罪名，起訴這些返鄉的伊斯蘭國戰士。這些非敘利亞籍的伊斯蘭國支持者，將面臨什麼樣的經濟與社會前景？伊斯蘭國一再證明自己擁有強韌的再生能力，我們當然不能讓這種情況再次發生，若要監控他們會於何時、何地再生，情報就顯得至關重要。

伊斯蘭國宣稱自己的「內政」策略的核心就是建國，這是一個虛幻的政治宣傳手段。伊斯蘭國從未試圖侵入什葉派領土，在伊拉克與敘利亞均聲稱只打算控制遜尼派的領土。然而，他們曾試圖占領部分庫德斯坦地區，以打通前往土耳其邊境的路線。伊斯蘭國的直接領土控制策略，極有可能只是一場癡夢；他們似乎是透過創造一個類似歐瑪爾（Umar）的哈里發國（編註：歐瑪爾為西元七世紀正統哈里發國的第二位哈里發）[11]的神權認同，發展出建立哈里發國的意識形態基礎，迫使敘利亞與伊拉克容忍自己在領土與影響力上的損失。幸運的是，這一切都沒有實現，而敘利亞目前的局勢依然動盪不安，前途難卜，大批百姓流離失所、痛苦不堪，也迫使約旦等國面對收容大量難民的問題。

從情報的角度來看，伊斯蘭國必須被置於比目前的國家結構更大的伊斯蘭框架之中。伊斯蘭國因違反伊斯蘭法而受到伊斯蘭內部各派別的嚴厲批評。然而，至今為止，沒有任何主要神學家或宗教領袖敢針對伊斯蘭國政權發布伊斯蘭教律判決（fatwa）。在伊斯蘭國大規模暴行的背景下，宗教領導階層的穆斯林知識分子，對伊斯蘭國的大規模暴行提出了直接的批評，尤其是針對他們對非穆斯林婦女的暴行。這時，我方就可以根據情報提供的資料，巧妙運用方言與地方文化來精心構建反宣傳，針對最容易受伊斯蘭國招募宣傳所吸引的人口及社群，展開意識形態上的抗衡。

在二〇一〇年代中期以前，伊斯蘭國有資格宣稱自己在建國方面取得了一些成功。伊斯蘭國政權在其所控制或曾經控制的地區供水供電，並建造了學校、醫院、道路與清真寺。五眼聯盟的情報蒐集，持續觀察到伊斯蘭國如何操作自己的形象，尤其希望被當地百姓視為一個以民為本來施良政的組織。伊斯蘭國期望自己能被草根追隨者及無辜被捲入這場宗教戰爭的百姓，視為一個結合物質與精神的政權，以滿足大家對穩定的需求。

二〇二〇年代，英美兩國將需要更有效地利用那些伊斯蘭國用來迫使或吸引人民加入其游擊隊行列的技術與宗教論述的弱點。五眼聯盟需要一種更細膩，而且比冷戰時期的「美國之音」（The Voice of America）更有效的媒體互動手段。如前文所述，要對付伊斯蘭國的政治宣傳與人員招募，必須對當地文化與方言有詳細且細膩的了解。伊斯蘭國有一個可供滲透的關鍵弱點，那就是他們會在信奉暴力與殺戮的邪惡教條驅使下，一再犯下暴行，這一點在敘利亞已經展露無遺。這給了五眼聯盟一個大好機會，可以影響那些脆弱、畏懼、期望透過西方持續的軍事介入來擺脫伊斯蘭國壓迫的人民；而此軍事介入手法，則是五眼聯盟在不受阿塞德政權控制的飛地，駐守特種部隊。這屬於政治與軍事決策的範疇，但應該以優質情報為基礎，判斷在何處、以什麼方式運用工具與資金，最能有效反制伊斯蘭國的政治宣傳與人員招募。

在二〇二〇年代，英美情報體系最能有效干預的領域，就是反制伊斯蘭國對專業人才的招募，包括可管理伊斯蘭國直接控制的工業、農業與貿易的科學家、行政人員、工程師、科技人員及經濟學家。例如，伊斯蘭國能夠以區域內其他遜尼派國家所援助的資金，營運阿薩德湖（Assad Lake）水壩、阿勒坡（Aleppo）附近一座火力發電廠、石油企業，甚至宣布發行自己的貨幣。未來英美情報行動可以結合政治、軍事及外交行動，阻擋伊斯蘭國相關的重要基礎設施與物流。許多伊斯蘭國的專家及顧問來自西方國家。五眼聯盟各成員國都有辦法指認他們、孤立他們、勸阻他們與恐怖組織往來；「參與恐怖組織」在西方國家是一項嚴重罪行，在五眼聯盟成員國當然也不例外。

英美情報體系也必須抽出部分精力，蒐集與分析伊斯蘭國的內部檢討及自我評估，因為伊斯蘭國持續面臨內部問題。這些問題不易衡量，除非我們認真地發起計畫，來評估並破壞伊斯蘭國內部的神權政治宣傳和其核心組織，尤其是資金來源、武器供應及招募媒體。人力情報將是這個過程中的要角，與非五眼聯盟情報蒐集者的合作也極為重要。如果能促成伊斯蘭國內部分裂，那麼它就可能在區域勢力的壓力下，喪失對領土的大部分野心。例如，約旦就加入了庫德族與敘利亞及伊拉克獨立團體的抗爭。促成伊斯蘭國領導階層分裂，可能與動用無人機空襲等武力手段孤立他們一樣有效。迄今為止，沙烏地阿拉伯與卡達都還無法控制伊斯蘭國的領導者。五眼聯盟聯手製造分裂，再加上西方、聯合國與遜尼派伊斯蘭國家集體施壓，或許能削弱伊斯蘭國領導階層，最終導致其降伏。

倘若組織完善且協調一致的西方反對勢力與區域內的盟邦，能在二〇二〇年代遏制伊斯蘭國的擴散，他們將遜尼派領土連接起來的主要目標就難以達成，在二〇一〇年代擘劃的「未來地圖」也將流於白日夢一場。只要採取正確的措施，伊斯蘭國可能就無法在敘利亞與伊拉克以外獲得足夠的支持。然而，如果五眼聯盟情報體系的基礎設施，不在此關鍵地區維持重要的情報蒐集與評估能力，來支援國家政策，未來就難以預測。

即使伊斯蘭國能在敘利亞重新建立任何形式的立足點，面對巴夏爾．阿塞德總統（Bashar al-Assad）擁有俄國的陸軍、特種部隊、空軍、武器供應，以及其他祕密行動所支援的部隊，還是難以取得進展。巴夏爾．阿塞德政權的主要目標，是消滅當地的激進恐怖組織，維持剩餘領土的穩定，然後在失去幼發拉底河的情況下恢復經濟，這些目標能否達成仍有待觀察。敘利亞的情勢因敘利亞與以色列之間的關係，以及它們的主要支持者兼軍事援助者俄國與美國之間的關係，而變得更加複雜。

五眼聯盟與西方盟友必須利用伊斯蘭國、沙烏地阿拉伯及卡達之間的關係，讓伊斯蘭國的暴行，以及與基本的穆斯林教義的明顯分歧，來激化反伊斯蘭國的勢力，使這群伊斯蘭主義者被孤立、包圍，類似二十世紀裡藉由殘酷的鎮壓與暴行遂行己方意志的專制政權那樣步向滅亡。希望他們違反人類常規與先知教誨的殘酷本質，能讓伊斯蘭國自取滅亡。殘酷、非人道且極端的暴行，在文明世界裡注定無處容身；英美兩國的情報體系應在促使伊斯蘭國自食其果上，扮演關鍵角色。五眼聯盟與美國、英國、約旦及其他中東與歐洲盟友，應以明確的道德與「正義之師」的使命，將倒行逆施的伊斯蘭國徹底消滅。

二次大戰結束時，美國採取了一個極有遠見的戰略，將一個曾犯下史上最殘酷的暴行與戰爭罪的國家成功轉型。這個模式與一九一九年六月二十八日簽署的《凡爾賽條約》（Versailles Treaty）完全相反，是由喬治・馬歇爾（George Marshall）與美國領導階層創建的。一旦伊斯蘭國被擊潰，甚至被摧毀，美國與盟友就將面臨如何以公正、公平的方式，解決遜尼派與什葉派的領土及宗教空間的複雜問題，這需要以強烈的人性關懷，來引導兩派走出持續數個世紀的宗教分歧所造成的激烈對立，而這就是中東問題的核心。入侵伊拉克後，錯失了將遜尼派、什葉派與庫德族劃分出明確地理與神權政治分界線的機會，導致古老的宗派分裂死灰復燃，並造成血腥衝突。但中東依然大有可為，五眼聯盟也將致力於提供高度可靠的情報，協助擬定兼具新意與創意的外交方針。

以巴衝突

巴拉克・歐巴馬在擔任總統期間（二〇〇九年至二〇一七年），宣稱希望看到以色列能依照一九六七年六日戰爭結束時通過的《聯合國安全理事會第二四二號決議》，回到一九六七年六日戰爭之前的邊界。歐巴馬總統主張，這是為以色列－巴勒斯坦問題找到長期解決方案的關鍵先決條件。他的政府立場基於聯合國在第二四二號決議中所體現的基本概念，認為以色列以武力侵占非以色列領土，而為了維護巴勒斯坦建國的權利與全阿拉伯世界的要求，必須將戈蘭高地（Golan Heights）與約旦河西岸（West Bank）歸還給法定所有權國。這是依照聯合國決議所提出的強烈要求。值得注意的是，位於瑞典烏普薩拉市（Uppsala）的和平與衝突研究部（Department of Peace and Conflict Research）指出，聯合國人權理事會已經根據四十五項巴勒斯坦問題相關決議，向以色列祭出制裁。更早之前，在一九六七年（六日戰爭結束後不久）至一九八九年間，聯合國安全理事會就通過了一百三十一項直接涉及以阿衝突的決議。由此可見五眼聯盟在懸而未決的以巴問題各相關領域中的準確情報的重要性。美國與以色列獨特的關係，讓五眼聯盟其他四個成員國的情報機構處境更形複雜。聯合國大會以多次決議指出，美以關係助長了以色列採取擴張主義政策，尤其在約旦河西岸。

這讓英國、加拿大、澳洲與紐西蘭的情報機構，以及它們個別或集體支持的政治體系變得複雜。例如，聯合國大會第九屆緊急會議，是應聯合國安全理事會的要求召開的，因為美國拒絕配合對以色列的制裁。美國傾向遵循所謂的「內格羅蓬特主義」（Negroponte Doctrine，由美國駐聯合國大使約翰．內格羅蓬特〔John Negroponte〕所提出，其任期為二〇〇一年九月至二〇〇四年六月），反對任何僅批評或制裁以色列，而不譴責哈瑪斯（Hamas）與真主黨等巴勒斯坦方之激進活動的安全理事會決議。在這種環境中，蒐集與分析公正的情報變得困難，這不是由於所使用的情報來源與方法，而是由於五眼聯盟的內部關係受制於各成員國個別的外交政策。例如，在五眼聯盟追蹤伊朗非法向哈瑪斯與真主黨等轉移武器的同時，還必須密切關注以色列在美國與其他五眼聯盟成員國進行的祕密行動，包括傳統間諜活動，以及對智慧財產，尤其是敏感軍事科技，或以色列認為有利於維持與擴大經濟的商業科技等的滲透與蒐集。在這個複雜的情境中又有著固有的衝突，尤其是對立更激烈的情況，像是伊朗違反制裁、祕密軍火交易、俄羅斯－敘利亞採取軍事行動等，而以色列的軍事情報體系與祕密機構（以色列情報及特殊使命局）可能會不時提供即時且珍貴的情報。由於美國更積極支持以色列的政策，以及川普政府大幅削減對巴勒斯坦的援助，自一九六七年六日戰爭以來的整體情況，在近年更形惡化。

美國將駐以色列大使館從特拉維夫遷至耶路撒冷，也在五眼聯盟成員國的政治與外交領域內造成磨擦。川普政府於二〇一九年三月二十五日宣布，支持以色列對戈蘭高地擁有永久主權及控制權，引爆了全球的怒火，後續情勢發展仍有待觀察。敘利亞的盟友俄羅斯可能不會坐視不管，而一項對他們有利的聯合國決議，或許將讓這兩國的各種可能選項獲得合法性。歐巴馬已經基於這項決議，要求以色列歸還自一九六七年六日戰爭以來占領的領土，而這可能成為一個促使各方要角鋌而走險的導火線。但情報機構未來仍應與這些爭端保持距離，繼續提供未經修飾的公正情報。

以色列總理納坦雅胡（Benjamin Netanyahu）對歐巴馬政府的幾項聲明做出了激烈反

應，多次向國際強調，在任何解決以巴問題的兩國方案中，以色列都必須保有所謂的「可防禦的邊界」。他將回歸一九六七年現狀，視為放棄攸關以色列在各種軍事與經濟情勢下生存的領土。他的對手——巴勒斯坦自治政府主席阿巴斯（Mahmoud Abbas），以及多位美國國務卿，對這份聲明的理由都有充分理解。但許多研究中東事務的獨立國際關係專家表示，若真要擺脫以往數十年的齟齬並開創新時代，讓巴勒斯坦人如同以色列般成為一個國家並加入國際社會，光是靠文辭宣示或其他形式的聲明顯然不夠，必須有更多作為。

聯合國第二四二號決議

自一九六七年以來，有許多人分析過時任英國駐聯合國大使卡拉登勳爵（Lord Caradon）起草的第二四二號決議的措辭意涵。這項決議對大多數律師與國際專家而言，相當明確、精準且措辭得體，沒有任何歧義。然而，最常被分析的措辭是該決議中的一段；遵照《聯合國憲章》第二條，聯合國安全理事會申明：「終止一切交戰地位之主張或狀態，尊重並承認該地區每一國家之主權、領土完整及政治獨立，與其在安全及公認之疆界內和平生存、不受威脅及武力行為之權利。」其中造成最多意見分歧的是：「在安全及公認之疆界內和平生存、不受威脅及武力行為之權利」。以色列的納坦雅胡明確表示，由於以色列已經撤離西奈半島，任何對一九六七年六日戰爭前的邊界（如今基本上是約旦河西岸與戈蘭高地）的重新劃定，都必須能保證以色列的安全，納坦雅胡將之定義為「可防禦的邊界」。對大多數軍事與五眼聯盟情報人員而言，這句話有重要且非常明確的含義。

一九六〇年代，中東地區是冷戰對峙的重要舞台，也是美國與蘇聯激烈競爭的火藥庫。周遭全是受莫斯科鼓勵與支持的敵對國家，以色列當然感到備受威脅。情勢在一九六七年六月升高到引爆點。以色列突然先發制人，奪取了埃及、敘利亞與約旦的領土，將邊界往前推並建立了防禦屏障，獲得極為豐碩的戰果。以色列的行動，引發了一場幾乎導致美蘇衝突的危機。如果以色列跨出戈蘭高地並朝大馬士革推進，極可能促使蘇聯介入。記錄詳盡的研究顯示，如果當時以色列從戈蘭高地繼續往大馬士革進軍，蘇聯便可能揮兵對付以色列。隨著蘇聯解體，世局產生巨變後，中東的安定又面臨同樣重大的威脅，包括伊朗的崛起，與一些主張以恐怖主義實現政治目標的團體和組織的出現，以及其他國家與非國家勢力透過提供武器、訓練及其他裝備，直接或間接參與其中。

大家很容易忘記恐怖主義並非最近才出現的現象。自二次大戰以來，它就是中東地區促成變革的手段之一。以色列前總理梅納罕・比金（Menachem Begin）曾是伊爾貢（Irgun）的成員；「伊爾貢」為簡稱，意為「組織」，全名為「以色列土地的國家軍事組織」，被國際社會視為暴力的極端主義恐怖組織，也被以色列國父及首任總理大衛・本－古里安（David Ben-Gurion）形容為「猶太人民的敵人」。但比金將自己視為自由鬥士，而不是恐怖分子。大家很容易忘記，「在中東地區，凡是過去，皆為序章」。哈瑪斯與真主黨經常運用一些國際社會視為恐怖主義的暴力手段，來追求他們的政治目標，這些派系為了巴勒斯坦的獨立建國，援引了與戰後追求以色列獨立建國的「恐怖分子」同樣的原則，將暴力行動合理化。任何恐怖主義行為，無論是為了什麼目標，都應該受到國際社會的譴責，但大家在譴責時，往往忘了以下的觀點。梅納罕．比金這位曾遭受納粹與蘇聯迫害的俄羅斯猶太人，在一九七七年成為以色列總理後，與埃及總統安瓦爾．沙達特（Anwar Sadat）簽署了和平條約，並將西奈半島歸還給埃及，讓兩人一同獲頒諾貝爾和平獎。這件事證明了任何事都可能發生，即使比金曾在一九四六年對耶路撒冷的大衛王酒店（King David Hotel）發動炸彈攻擊，並在一九五二年三月暗殺西德總理康拉德．艾德諾（Konrad Adenauer）未遂。英美情報體系必須在這個錯綜複雜的歷史背景下運作，為維護中東地區的穩定提供情報，並在某些事件可能引發災難性的後果，對全球和平與經濟造成衝擊之前，提出警告。

情報與政治必須分離

今天，控制巴勒斯坦人居住的加薩走廊的遜尼派伊斯蘭主義組織哈瑪斯，以及黎巴嫩的什葉派穆斯林激進組織兼政黨真主黨，看起來很像一九四二年伊爾貢剛從準軍事組織哈加拿

（Haganah，意為「防衛」）分裂出來，在一九四四年至一九四八年間對抗統治巴勒斯坦的英國人之時的樣子。一九四八年五月十四日，以色列成功建國，背後明顯帶有一股辛酸：以色列基本上是在恐怖主義下誕生的。

英美情報體系的重要目標，是維持有效的情報蒐集系統，提供準確資訊來引導國際政策，在防止恐怖主義擴散的同時，找到讓國際政策不再進退兩難的明確方法。一些分析家認為，答案或許該從受美國及其主要盟邦支持的約旦與以色列去尋找，然而，受俄羅斯援助與煽動的敘利亞局勢益發動盪，讓區域形勢更加複雜，加上葉門的危機持續不斷，以及一系列由沙烏地阿拉伯主導的活動與行動，不僅導致聯合國內，也導致五眼聯盟目前政府內外的外交政策菁英之間意見分歧。五眼聯盟情報圈在爭議中，必須維持超然立場，才能有效運作。此外，五眼聯盟不僅要明智，也要持續根據特定情境的詳細需求，審慎選擇情報盟友。

羅南・伯格曼（Ronen Bergman）在二〇一八年出版的《先下手為強：以色列暗殺祕史》（*Rise and Kill: The Secret History of Israel's Targeted Assassinations*）中主張，以色列數十年來，包括在一九四八年獨立之前及之後，主要由以色列情報及特殊使命局主導的祕密暗殺行動，看似帶來一些暫時性的短期利益，但長遠來看卻無法解決最重要的戰略考量，尤其是以巴領土爭議的解決方案。這或許是以色列所有問題的根源，也激發了可能唯獨美國除外的國際社會，對其政策與行動的反對；先進的民主國家對雙方的祕密組織與恐怖勢力所造成的持續流血事件，一視同仁地表達譴責。

納坦雅胡的「可防禦的邊界」，顯然是由地理因素界定的，以色列與約旦河西岸之間設立的重要據點，距離均為六至九英里（約十到十五公里），以色列人口大部分集中在工商業群聚的沿海地帶。他完美的合理考量是，將約旦河西岸當作一個緩衝區及可阻擋攻擊的防禦飛彈系統的部署地點。有些人主張，約旦就是幫助納坦雅胡及以色列人民保障和平與安全的關鍵。

約旦可能是阿拉伯世界裡最穩定的政權。在國王阿布杜拉（King Abdullah）領導下，約旦在民主化與改善民生上成就斐然，也以堅實的安全防範阻絕了外來極端主義的影響。以色列必須尊重並信任約旦，美國也必須提供相當於對以色列的援助，來幫助約旦抵禦外來威脅。目前，約旦出現一個破壞安定的反以色列政權的可能性極低。二〇二〇年代，英美情報體系必須小心監控可能破壞約旦穩定的因素。以色列所面臨的最大威脅，是更東邊的伊朗及伊朗極端主義分子，與其他國家及非國家勢力的聯繫。而約旦同樣面臨外來極端主義組織的威脅，這些組織亟欲破壞這個絕大多數人民忠於其政治體制與國家元首的進步政權的安定。

隨著現代巡航與彈道飛彈技術的高度發展，再加上與約旦之間由美國促成的平穩關係，以色列已經不再需要將約旦河西岸當作緩衝地，以防範來自東方的陸路入侵。除了極端組織的恐怖攻擊，這兩國最可能面臨的威脅就是飛彈攻擊。對以色列來說，最壞的情況就是伊朗對以色列發動先發制人的彈道飛彈攻擊。當約旦和以色列的主要目標遭受這類飛彈攻擊的情況下，考量到飛彈的速度、時間和距離等要素，約旦河西岸在地理上已不再具有太大意義。

但某些戰略家依然認為，在約旦河西岸部署一套多重防禦飛彈網絡，還是能起一些作用。

從這件事可以看到情報的重要性，不僅能提供警示，也能支援決策與軍事規畫。有些人主張，以色列與約旦可以針對約旦河西岸，達成包括以下內容的決議：約旦重掌約旦河西岸的控制權，並在美國監督下開始管理該地區的巴勒斯坦人及以色列屯墾區。而作為回報，約旦應該在約旦河西岸，提供幾個完全授權給以色列使用的空軍基地，讓以色列軍方永久性部署二十四小時運作的防禦飛彈部隊，並裝設早期警戒雷達系統。這些基地與系統對約旦也同樣有幫助。此外，也有人主張，除了根據各種協議所提供的武裝系統，美國也應該為約旦及以色列提供其他重要的防禦系統。如果這些解決方案的選項夠實際、可實現，而且在二〇二〇年代取得了某種程度的進展，那麼英美情報體系就該建立高度可靠的情報系統，以協助兩國降低風險。

從納坦雅胡的角度來看，如今約旦河西岸有一個全新的戰略地位，可供以色列部署上述的防禦系統。這只是一種假設，但無論中東在未來十幾年裡發生什麼事，都需要大量不是僅以美國利益為考量的情報。美國也希望將部署成本降至最低，除非該地區的緊張局勢加劇。五眼聯盟情報圈內其他四國的獨立性與情報能力，對提供獨立且真實的評估有很大幫助。情報共享在任何談判與協議中都相當重要，約旦與以色列對彼此、對美國都必須加強互信，以共享即時的情報，即使俄羅斯與中國在政治、外交、軍事、經濟和軍售等各層面的介入，讓這件事變得益發艱難。簡而言之，優質情報的功用，是為使用者提供充分的資訊，讓他們得以提前做出明智的決策，永遠不會措手不及，而在面對敵方或潛在敵人時，也永遠占有知識優勢。

中國在全球造成的挑戰

中國在全球勢力增強，挑戰了美國在東亞的軍事實力，讓大家好奇中國長期政策的性質與目標是什麼，以及五眼聯盟應如何提供情報，來協助制定一個符合己方與區域內，乃至全球盟友最大利益的策略。二〇一九年七月，中國政府發表了《新時代的中國國防》[12]，內容闡述了中國公開的國防政策。這份白皮書明確提到了臺灣與「一個中國原則」，並表示必要時將為臺灣而戰。這些聲明相當值得關注。中國所公開的國防支出，在國內生產毛額中的占比相當耐人尋味，雖然不知其內容是否屬實；中國以各國二〇一二年至二〇一七年的國防支出占比做了比較，其中美國為三．五%、俄羅斯為四．四%、印度為二．五%、英國為二%、法國為二．三%、日本為一%、德國為一．二%，中國則聲稱自己是一．三%。文中還有一句話讓人印象深刻：「中國堅信，稱霸擴張終將失敗。」我們可以理解，中國指的是利用侵略手段的領土擴張。但這句話與中國在南沙群島上的軍事化相矛盾。因此，我們要問：「中國要往何處去？」

中國的崛起是不言而喻的，但仍然有個很大的問題，那就是以其經濟成長與軍事擴張重塑國際海陸安全格局的中國，其長期和短期目標是什麼？與此同時，美國目前拒絕了多邊經濟和政治框架，退出了跨太平洋夥伴關係協定（TPP），重啟北美自由貿易協定（NAFTA）談判，威脅退出世界貿易組織（WTO），對中國與美國盟邦徵收懲罰性關稅，並退出了由我們在歐洲的主要盟邦、俄羅斯與中國簽署的《伊朗核協議》（Iran Nuclear Agreement）。這些事件導致各國紛紛朝中國靠攏，導致美國與北約盟友的不睦，並拉近了俄羅斯與中國的距離。美國的懲罰性制裁已經造成極其負面的後果，尤其讓中國的「一帶一路」倡議取得了非凡的成功。這項始於二〇一三年的倡議，意圖打造一條二十一世紀版的「絲綢之路」，投資規模高達數兆美元，涵蓋約八十個國家，讓中國不僅能夠確保自己的能源供應、貿易路線與重要天然資源，還能讓中國的投資擴及全球各大洋的港口基礎設施與航運路線，同時，透過大規模的投資與有些可能無法在本世紀內償清的貸款，刺激對中國產品的需求，並獲得經濟上的控制權。

中國還提出了「冰上絲綢之路」，宣稱自己是一個「近北極國家」，將以由中國海軍為核心的「海洋戰略」實現其所公布的目標。中國力圖獲得並控制俄羅斯、中亞、拉丁美洲與非洲等地的貴金屬開採及生產。中國的「債務外交」，是靠美國及主要盟邦付出的代價來獲利。它讓中國得以緩和與日本、菲律賓及越南之間的緊張關係，削弱因中國在南海的南沙群島與西沙群島的占領及軍事化所引起的磨擦。後者明顯是為了駐軍以對抗美國第七艦隊，同時使中國在每個環礁和島嶼周圍擁有兩百海里的捕魚與海底資源開採權，即使位於海牙的「國際商會國際仲裁院」（ICC International Court of Arbitration）宣布中國對此並無法律性或歷史性的權利，而美國並未試圖執行該法院的判決。與此同時，中國正在巴基斯坦的瓜達爾港（Gwadar）、斯里蘭卡的漢班托塔港（Hambantota）與吉布地建設海軍設施，並與柬埔寨、印尼、馬來西亞、汶萊、緬甸、孟加拉、坦尚尼亞、納米比亞、希臘及義大利，簽訂了長期的港口合作協議。

接連兩任的美國國家安全顧問（National Security Advisor），包括華盛頓律師湯姆・唐尼隆（Tom Donilon，二〇一〇年至二〇一三年在位）及政策專家蘇珊・萊斯（Susan Rice，二〇一三年至二〇一七年在位），在這一切發生時，並沒有採取任何反制行動，鷹派的約翰・波頓（John Bolton）則是一心想挑釁伊朗引發衝突，而沒有仔細聆聽詹姆斯・法內爾在二〇一八年五月向眾議院情報常設專責委員會（HPSCI）所做的簡報中提及的細節。[13]除非美國改採政治、外交及經濟性的轉型策略，以二十四小時部署美國海軍及海軍陸戰隊軍力，保障公海自由與守法的國際秩序，並阻止為了貿易、資源，以及對國家安全、數位革命與相關的龐大產品線都極為重要的關鍵礦產所爆發的衝突，否則情勢將難以逆轉。

中國正在追隨英國遵循了數個世紀的海洋戰略及經濟模式，也就是保護海路貿易、支援境外併購、擴大影響力。中國進行的是無風險投資，不需要討好任何股東，他們對非洲礦業的投資，幾乎無需承擔歐美投資者所冒的風險。中國竊取技術，不僅透過眾所周知的網路滲透與間諜活動，還利用一個簡單而成功的經濟策略：美國與其他國家的投資者前往中國投資後，發現中國複製了他們的技術、生產與設計計畫，再創立本地的產業與企業，逼得外國投資者只能打道回府。令人震驚的是，美國與北約主要盟友對這種事幾乎沒有反應。睿智且精明、曾擔任美國海軍陸戰隊上將的前國防部長吉姆．馬提斯（Jim Mattis），一針見血地指出，必須以印度、美國，再加上其他美國主要盟友的「戰略匯合」（strategic convergence）來制衡此情勢，否則中國將成為在印度－太平洋地區的經濟、政治與戰略上，占主導地位的霸權。這讓人想起一九三〇年代東亞經濟崩潰，導致日本不僅在海上挑起戰爭，還在陸地上進行領土擴張，自一九四一年十二月七日起為舉世帶來災難。而中國目前的走向，極可能造成形同這場悲劇的二十一世紀版的危機。全球經濟與世界各國根本無法再次承受這種沒有贏家、舉世皆輸的大規模衝突。美國與包括印度在內的盟邦，必須團結一致，以前所未有的外交、經濟與政治－軍事技巧及毅力，對抗此一挑戰。

一些人對詹姆斯．法內爾的證詞[14]表示質疑，尤其是他對中國可能在二〇二〇年代某個時間點入侵臺灣的預測。儘管在這方面或有爭議，他對中國擴張主義政策與行動的詳細描述，仍是以準確的情報為基礎的。此外，他也敏銳地提出，中國在過去十年裡所做的許多事，都是曾在公開文獻中明確表述過的。換句話說，中國並不打算隱瞞他們的計畫與規畫，而是已經清楚告訴我們，他們打算做些什麼。尤其是美國很可能在中國為了挑戰美國而不斷增強的軍事能力與軍事行動下，陷入一場行動－反應（action-reaction）式的軍備競賽。中國公開展示了中國官方文稿所傳達的訊息，也就是中國將挑戰美國在東亞的軍事影響力，自視為亞洲最大強國，並將在適當的時機，成為一個勢力突破西太平洋島鏈的霸權。

行動－反應式的軍備競賽，是冷戰時期的典型現象：蘇聯會發展出某種能力並擴大在各區域的影響力，或建立新的基地，美國與北約再對此進行反制。這場大博弈一直持續到蘇聯解體才宣告結束。如今，美國與盟友必須認真考慮的是，若被中國誘入這場代價高昂、讓政治與軍事策略陷入複雜處境的類似競賽，將可能造成哪些負面影響。新一代美國領導人負擔不起一場將造成巨大經濟負擔的冷戰對峙，一定得找到其他的解決方案，因應這即將到來的問題、難關與挑戰。然而，上述情況清楚證明，英美情報體系與其五眼聯盟夥伴必須保持高度警惕，他們的政治領導階層在遭遇中國可能突如其來且前所未有的激烈行動時，絕不能落得措手不及。

在開始為美國及東亞地區盟邦分析並制定持久戰略時，應該回歸最基本的原則。中國與曾經崛起、衰落並追求區域霸權的帝國是否類似，或是否開始複製他們的模式？古希臘與羅馬、西班牙、英國、哈布斯堡、土耳其與俄羅斯帝國的模式，是否能與我們在中國所見的演變做比較？拿破崙、納粹、法西斯義大利與日本帝國的軍國主義與擴張領土的目標，是否類似於一個軍事實力持續增長，但尚未發展到頂峰的經濟巨人，對資源，尤其是石油有龐大需求，仍需要海外投資、外國港口及政治軍事基礎設施的中國？

上述問題的答案是，中國在現代的國際關係裡採取了極不具侵略性的方式，但有少數的例外。在過去的五百年裡，歐洲大國開始對外擴張、探索、殖民，並建立帝國主義統治，而中國一直走在非常不同的道路上。在那段期間，中國從未入侵並長期占領任何主權國家，也未表現出發展帝國主義的意圖。自中國革命到二次大戰結束以來，中國在大部分時間裡都顯得相當內向，但並非沒有例外。

一九五〇年，道格拉斯·麥克阿瑟將軍（Douglas MacArthur）揮軍北上，攻入北韓並抵達鴨綠江，理所當然地觸發了中國的回應；中國部隊南侵渡過鴨綠江，將美軍逼回北緯三十八度線。在中國眼裡，美國威脅到了中國的主權及其共產主義附屬國。在一九六二年短暫的中印戰爭期間，中國以短時間入侵印度，向賈瓦哈拉爾·尼赫魯（Jawaharlal Nehru）政權表達中國對印度支持達賴喇嘛與西藏獨立運動的不滿。中國在擊敗印度後，認為已經表達了自己的立場，便迅速撤軍。

然而，中國於一九七九年二月入侵越南，以抗議越南入侵柬埔寨，鎮壓中國的附庸政權——紅色高棉。這場戰爭只持續了一個月。中國在短短數週內損失了約兩萬名士兵，比美國在越戰一年裡失去的兵力還要多。越南的十萬邊防部隊血洗了中國的二十五萬大軍，中國遭遇這場羞辱性的慘敗，對其領導人鄧小平造成了巨大的衝擊。

中國提供武器與技術，給那些利益與美國及盟邦相衝突的國家。對所有重大國際問題，無論是聯合國對中東還是對流氓國家（北韓就是一個典型例子）的政策，中國常有迥異且明確的方針。中國也如同其他國家，追求符合自國利益的目標。五眼聯盟情報圈必須小心監控中國的聲明和行動，才有辦法因應突如其來的變化。

中國從未表明，他們將入侵他國拓展領土視為擴展主權與影響力的手段，大多時候都會遵循國際法規與協議。中國無疑能隨時進軍香港或澳門而不遭遇任何抵抗，但他們還是守法地等到二十一世紀，由葡萄牙與英國兩個十九世紀帝國主義大國逼迫而簽訂的條約屆滿之時，讓這兩地平和地轉移到中國的統治之下。相較之下，阿根廷的獨裁政權在一九八二年決定挑戰英國長年來對福克蘭群島的主權與所有權，並以慘敗收場。中國從未採取這種行動。即使有任何例外，也可能是經濟上的，而不是軍事上的，並且到了某個時刻可能成為嚴重分歧的種子，畢竟他們是一條對資源需求若渴的巨龍。然而，有些情報顯示，上述預測可能過於樂觀，中國明確追求的海洋戰略可能就是一個巨變的前兆。整個五眼聯盟在這方面扮演的角色相當關鍵。

中國一再表示，其固有需求及命運與東亞的經濟霸權息息相關。為此，中華人民共和國根據自己所認知的歷史性主權，對南海的重要無人島礁、環礁及小島進行系統性的聲索。中國顯然已經成為一個經濟巨人，國民生產毛額將在某個時間點追上，甚至可能超越美國、日本與德國。危險的不是經濟競爭，這在管理得體的全球化市場下是健康且有益的，而是資源需求。中國必須讓龐大的人口有飯吃，才能維持自己在全球的經濟地位。中國能掌握半導體與太空產業所需的關鍵貴金屬，但在其他領域卻極度依賴外來供應，最大的問題就是石油。中國對石油的需求呈指數增長，可能將在二〇二〇年代中後期遭遇供需危機。規畫者不斷尋找替代供應者，以及可投資和探勘的地區，但目前仍大量使用煤炭作為主要能源來源。西方大國將綠能與環保視為首要之務，認為所有國家都該遵守《巴黎協定》（Paris Accord），尤其是中國與印度這兩個人口大國最需要大量投資綠能、太陽能、風力及水力能源。只要有正確的領導與投資，這兩個國家都有潛力轉向替代能源。五眼聯盟情報體系將日益需要在經濟情報上投入更多資源，將自己的情報來源及方法，與追蹤全球能源來源和分配的產業及知名學術機構的專業分析做結合。在目前或可預見的未來，還看不出對資源需求若渴的中國，會採取類似一九三〇年代的日本為了追求資源而進行，最終導致偷襲珍珠港的擴張政策。但五眼聯盟在戰略意義上，必須投入更多資源蒐集經濟情報。

中國占領南海的小島和環礁，構築跑道、飛彈基地、雷達與通訊設施，將之武裝化，加上海軍的耀武揚威，都是非常嚴重的問題。五眼聯盟已經蒐集了大量這類情事發展的相關情報，而公開的商業衛星影像也清楚顯示了中國在這方面的建設，透過全球媒體暴露了他們的明確意圖。這些舉動明目張膽地違反了位於海牙的國際商會國際仲裁院認定的，中國在南海的主權聲索缺乏任何合法的歷史性主權或前例判決。對五眼聯盟而言，這些行動反映了中國可能將繼續推行武裝化，以及不符合《聯合國海洋法公約》的主權聲索。

這一切皆顯示中國無意遵守國際法，此態度非常令人擔憂。美國海軍及盟友目前正以巡洋艦及驅逐艦，頻繁在所有中國宣稱擁有的歷史性公海內行使無害通過，挑戰中國在南海的所有主權聲索。這導致中國軍艦隨時可能與美國軍艦在海上擦槍走火，或做出其他挑釁行為，例如在中國宣稱為其領空的國際空域（international airspace）內截擊美國軍機。隨著中國海軍在質與量上大幅擴展，遠遠超出保護海上貿易的海軍傳統任務所需，這一切都不是好兆頭。

兩百海里經濟海域的法律概念，已被普遍視為國際法的一部分，但經濟海域與海洋法是國際社會裡發展及法典化得最不完善的法律概念。在南海有爭議的島鏈周圍劃定兩百海里的經濟海域，讓解決爭端成為一大難題。越南長年來一直與中國有島嶼主權爭議，而這個區域的地緣政治，也使得日本、菲律賓、韓國、馬來西亞、泰國、新加坡及印尼等國，可能與中國發生主權衝突。中國對資源的需求這個大傾向不會消失。目前還沒有顯著的綠能計畫，能迅速解決中國這方面的問題。除了對石油需求增加，中國的另一項政策就是累積強勢貨幣及購買國外公債。

軍事擴張、海軍演習加上對臺灣的威嚇，讓人們不禁納悶，中國到底想實現什麼樣的目標？中國希望運用那些被五眼聯盟孜孜不倦地監控、分析的新武器系統，來獲取什麼？這些新武器系統，包括反航空母艦、反介入彈道飛彈（anti-access ballistic missile）及反衛星系統，加上大量投資電子與網路戰技能和科技、日益增加的核動力與非核動力潛艦部隊，同時還積極朝太空與其他情報／監視／偵察等領域發展。五眼聯盟擔心，中國可能只是單純地計畫打贏一場不費一兵就能打贏的戰爭。這個分析的核心是什麼？

這場戰爭牽涉到相互制衡，將關鍵資產的戰鬥序列（order of battle）提升到高層級，並持續挑釁，迫使美國與盟友維持代價極為高昂的駐軍、部署及基地營運。從某種程度上來說，這可以被看作是一場在永續經濟成長，以及以中國國家資本主義模式為基礎的中國軍工複合體的支撐下，利用不同手段所進行的消耗戰；某些傑出的美國經濟學家認為，中國國家資本主義模式比自由市場資本主義模式更有效率。

於是，五眼聯盟的分析人員必須釐清，這是一種新型的霸權，還是中國特有的版本？威脅不僅僅是軍事擴張本身，而是一個潛藏在中國看似光明未來中的弱點：有限資源、對石油與日俱增的需求，以及中國在非洲顯然是以資源，尤其是礦產資源為導向的大規模投資。透過增強軍事實力，中國無需實際發動戰爭，就能將美國一軍，尤其是代表美國在亞洲前沿部署的意圖、科技與火力的第七艦隊。

迄今的情報並不樂觀。中國顯然正在推行大規模的軍事現代化，海軍也在整個印度－太平洋地區行動，而且說得直接一點，就是掠奪性的經濟活動。中國不斷在印度洋上強化「海上絲綢之路」，並展現出已經對戰鬥與非戰鬥行動做好準備，這是二〇一〇年後出現的巨大變化。二〇一六年一月，中國與東非的吉布地簽署了為期十年的港口使用與基地建設協議，表面上是為了保護中國在非洲的公民與商業利益，以及支援反恐行動。同時，該基地也使中國得以據有一個比鄰曼德海峽（Bab-el-Mandeb Strait）的戰略要地。同時，中國也在巴基斯坦的瓜達爾深水港、阿曼的塞拉萊（Salalah）與塞席爾擁有基地建設權。二〇一九年五月，中國表示將在阿曼投資一百零七億美元。中國無疑將在這些地點設立「監聽站」，並成為前美國盟友巴基斯坦的主要軍火供應國。

中國正在投資的所有港口，都已是或即將成為商業航運及供中國海軍訪問、維修，並作為遠離中國大陸的關鍵物流樞紐的「雙用」港。到了二〇二〇年代初期，中國將擁有全球規模最大的海軍，代表中國已不再只是一個陸地強權，而是一個貿易約占國內生產毛額四十一％，且其中約九十五％為海運貿易的海上強權。中國已知的註冊船舶，在二〇二〇年已多達五千艘。

因此，美國及盟友的最佳策略是什麼？五眼聯盟將肩負什麼要求？首先，五眼聯盟成員國都不能考慮與中國發生戰爭。然而，任何負責任的美國領導人，都不能容忍中國建立一個東亞經濟、政治及軍事霸權，任憑他們弱化美國的影響力，危及美國的關鍵經濟利益。以美國海軍為首的五眼聯盟各成員國海軍，加上日本、韓國等主要區域盟友，將需要在遠東海域更頻繁、更廣範圍地活動，明智地運用海軍軍力維持經濟命脈的健康。而五眼聯盟也將成為以情報蒐集與分析來支援這些行動的要角。

解決方案也許就在問題本身。儘管美國對中國的舉動做出反應，例如計畫實施新的海空反介入戰術與能力，但可能忽略了一些關鍵重點。中國的海洋戰略，是以政治及軍事手段來追求經濟霸權，而這可以在戰略層面上加以應對，因為美國及盟友有幾個占優勢的關鍵因素。在從這些因素衍生而出的戰略裡，美國海軍、其他五眼聯盟成員國海軍，以及主要亞洲盟友，都是重要的參與者，也都需要一致、準確且及時的情報支援。

東亞、東南亞，以及範圍更大的印度－太平洋地區，從麻六甲海峽橫跨印度洋到東非、波斯灣、紅海的關鍵入口，這些地區在經濟上和政治上都被海洋這個媒介連結在一起。全亞洲乃至全世界大部分的貿易，都在這裡進行。

從大航海時代至今，海上貿易一直是橫亙世界歷史的主題。沒有海洋貿易，全球經濟便會崩潰。將亞洲各國與世界其他地區連結起來的海上航線，是經濟的命脈，倘若這些航線因任何原因停擺，將導致全球經濟嚴重衰退。在這方面，國情各異的亞洲各國是相互連結、相互依賴的。麻六甲海峽與印尼群島，控制著貫穿南海、東海、黃海、日本海、太平洋島嶼及跨太平洋航線的航道，這些航道就是各國貿易的生命線。保護這些貿易活動、維護公海自由，以及執行海洋法，是讓五眼聯盟及該區域的盟友團結起來的一大戰略機會。這種團結可以促進各方長期的和平與繁榮，確保東亞不會因中國以海洋戰略清楚表達的稱霸野心而動搖。中國無法不費一兵一卒就打贏這場戰爭，亞洲便能與五眼聯盟及其他重要貿易夥伴一同繁榮致富。這可以成為亞洲新戰略的起點，即以保護貿易航線、海上軍力、團結合作追求共同利益為基礎，並有五眼聯盟優質情報來源、方法與分析的全面支援。此戰略的關鍵要素，包括航行自由、公海自由、保護海上貿易及通行權。我們需要推出一項新的「亞洲海洋法」，不論是以書面形式還是宣言形式。此法律應該：

- 確保各種海洋權，包括界定領海權、使用權與通行權、捕魚權與資源權，並將海商行為規範化。

- 確立統一的監管與執法。
- 根據協議（並在適用時根據條約）定期邀請成員國舉行國際會議。
- 將東南亞國家協會（ASEAN）和其他多邊及雙邊協議，納入一個以安排與實施海商行為規範為目的的新組織及論壇。

這個新組織將成為解決兩百海里經濟海域及島鏈爭議的平台，並且推行國際法與人權，打擊海盜、走私與恐怖主義。五眼聯盟成員國與其區域夥伴，應該聯手展開這一系列強大的國際活動，而且這種合作也可能將中國納入亞洲國家的大家庭，不再展現敵對或挑戰現狀的姿態。此戰略清楚表明，不參加便形同使自己的國家退出國際社會。如果中國繼續維持不合作、意圖稱霸的路線，它的亞洲鄰國便將形成一個以各種協議與義務相互連結的強大海洋共同體。在這種環境下，情報就變得非常重要。中國近期在南海爭議海域的無人島礁上建設基地與機場，就是一個例子。公開的衛星影像清楚顯示，中國有意將這些地區軍事化。

最重要的就是大家必須結為同盟。幸好該區域內的國家都支持這個理念，包括澳洲、馬來西亞、印尼、泰國、韓國、日本、菲律賓，如今再加上越南；二〇一〇年末，時任美國國防部長勞勃．蓋茲（Robert Gates）以成功進行突破性訪問揭開序幕後，這些國家的關係日益鞏固。在這個同盟的核心，五眼情報必須低調地擔任對抗變化，乃至最壞的突發狀況的守護者。

五眼聯盟成員國的海軍與關係密切的亞洲盟友，有幾個獨特之處，其中之一就是各國海軍彼此之間有著海上兄弟的團結之情。善於交際的海軍軍人在許多方面堪稱外交使者，而沒有什麼比聯合演習、救援任務、賑災援助，以及戰勝販毒集團與恐怖分子後的港口訪問，更能讓大家團結一心。海軍本身能夠執行一些傳統外交無法成功的政策。尤其是美國擁有資源，幾乎不需額外投資，就能使所有參與國的部隊成為美國海軍外交永遠的盟友。這策略應該以「美國海軍外交」為口號，受五眼聯盟情報體系支援，並有日韓等主要區域盟友的情報機構的協助，越南也可能逐漸成為此情報合作的參與者。要實現和平目標，各國應聯手保護海上貿易與經濟權，共同執行為亞洲打造的新海洋法。如果中國進行阻撓，並持續以「良性侵略」（benign aggression）公然與各國對峙，那麼美國與盟友除了明確表達絕不容忍任何形式的外顯侵略（overt aggression）外，其他能做的就很有限了。因此，不妨持續遞出橄欖枝，期望有朝一日對方能寬宏大量地接下。

沒有人能成功預測中國是否將發生政權交替，就目前來看這似乎不太可能發生。但或許可以假設世代交替、讓中國崛起的國際貿易、文化與旅遊交流、網路及技術共享匯流起來，將改變中國領導階層的封閉與支配性格。天安門事件的影響依然陰魂不散，中國不時展現出無情的一面，人權問題從來不是中國政治體系的考量，只有時間能證明這些是否會所有演變。年輕人的價值觀與全球經濟加總起來，最終可能迫使中國做出某些政治改革。然而，看到如今中國為了維持一九三〇年代式的獨裁統治，監控每個公民的手機與網路並限制通訊，同時也鎮壓對於少數民族及少數宗教群體等政策的異議與反對，這種期待或許過於樂觀。

這種新的區域性合作可能採取的形式，就是定期舉行以優秀的情報與預測為引導的聯合演習，以保護從東南亞各海峽到日本列島與韓國的海運航道。這些演習可以培養並訓練區域內各國進行海戰及保護海上貿易的各種能力。例如，這些國家可以在反潛作戰與反艦作戰演習中，展現他們的軍力與意志，如果中國選擇走好戰的被動性侵略路線，來當鄰國的眼中釘，就只會成為各國聯合鑽研戰技的假想目標。希望這種情況不會發生，也希望中國能尊重並遵守自由通行權與各種經濟海域權。其實，中國也如同其他國家，若要進口資源，只能愈來愈依賴自由通行。

越南的轉變是東亞良性變化的一個例子。越戰結束時，這個國家幾乎無法養活生活在貧窮線下的百姓，如今，它已經拋棄了馬克思列寧主義（Marxist-Leninist）經濟模式，改採國家資本主義經濟。沒有什麼比英特爾公司在胡志明市郊區的十三億美元投資，更能象徵這場改革。越南的九千五百五十四萬人口，如今正在享受繁榮與成長，這是一九七五年美國最後一架直升機飛離空蕩蕩的西貢大使館時，所無法想像的事。越南可以成為美國與其他五眼聯盟會員國的親密盟友及主要貿易夥伴，並與其他亞洲國家一同被納入一個嶄新的亞洲海洋戰略裡。

美國及其五眼聯盟情報圈的盟友，必須堅定地執行這個有助於維護美國與盟邦主要國家利益的新戰略，甚至不惜在以重視海洋為出發點的跨國海洋戰略下，以備戰守護和平。在美國與五眼聯盟的新亞洲戰略裡，海洋既是手段，也是目標。

印度與印太地區的和平

在一九六〇年代，美國國務卿迪安・魯斯克曾向甘迺迪總統建議：「印度是對抗中國的關鍵。」然而，美國卻選擇了相反的路，對巴基斯坦提供廣泛的民間－軍事援助，迫使印度在冷戰時期的大部分時間裡，轉向與俄羅斯合作，因此，蘇聯成為印度的主要軍備供應國。經驗證明，巴基斯坦是不可靠的，而且在許多方面都在玩兩面手法，例如，巴基斯坦目前正在瓜達爾港建造可供中國長期當作海軍基地使用的重要基地，而中國也正在向巴基斯坦提供大量軍備。幸運的是，美國與印度的外交關係有不少正面發展的跡象。二〇一五年，歐巴馬總統發布了〈美印亞太與印度洋地區共同戰略願景〉（US–India Joint Strategic Vision for the Asia–Pacific and the Indian Ocean region）。二〇一六年四月十一日，《印度時報》（*Times of India*）刊登了美國國防部長艾希頓・卡特（Ashton Carter）的一篇重要文章，題為〈堅定的戰略握手：朝國防技術轉移及海上合作發展的印美夥伴關係〉（A Firm Strategic handshake: Partnership is moving to embrace defense tech transfers and maritime cooperation.）。到了二〇一六年六月七日，白宮發表了一份聯合聲明：〈美國與印度：二十一世紀持久的全球夥伴〉（The United States and India: Enduring Global Partners in the 21st century.）。而這一切都被轉化成美國國會的具體法案。二〇一六年，印度正式被宣布為「重要防禦夥伴」（MDP），並被寫進了《二〇一七年國防授權法案》（Defense Authorization Act 2017）中，[15]以美國法律鞏固了此重要防禦夥伴的地位，而後，又在《二〇一八年亞洲再保證倡議法案》（The Asia Reassurance Act of 2018）進一步強化了這項合作。二〇一六年六月八日，印度總理納倫德拉・莫迪（Narendra Modi）在美國國會聯席會議上，發表了一場劃時代的演講。自美國與巴基斯坦結盟以來，印度與美國之間一直存在著一道「信任缺口」，如今正逐漸且有效地被弭平，雖然還未完全解決。

截至二〇一八年，印度的人口為十三億四千九百二十一萬七千九百五十六人（相比之下，中國在二〇一九年的人口為十四億零九百五十一萬七千三百九十七人），印度不僅是世界上最大的民主國家，同時也得面對中國這個單一政黨共產主義國家支持自國的政治－軍事宿敵巴基斯坦，甚至在自國隔壁的瓜達爾港駐軍的問題。

印度對美國數十年來的不信任，讓印度希望在形勢與實質上都保持不結盟，此外，印度對美國外交的模糊性感到不安，其內部的官僚慣性是，即使與美國打交道，也不願落入另一個準「殖民地軌道」的傾向，這讓印度還需要花幾年建立信心。情報在其中可以發揮關鍵作用，考量到喀什米爾問題，以及中國對巴基斯坦的支持與同盟關係，印度需要盡可能得到幫助。情報合作與共享，可以與持續增加的海軍合作同步進行。這兩者是相輔相成的。此外，五眼聯盟可以將情報合作的範圍，擴展到海上以外的領域，協助印度解決與巴基斯坦的邊界爭端，並應對中國與巴基斯坦聯手侵犯印度的關鍵國家安全利益的可能性。美國及其他五眼聯盟成員國的陸軍，可以提供專業技術支援，並以五眼聯盟豐富的地面、太空及其他情報來源與方法加以補充。

在關鍵的海上領域，五眼聯盟的海軍可以在針對中國及代理人的情報蒐集與分析上，提供情報支援與全方位的合作，以幫助印度逐漸建立信心。印度洋是一條海上高速公路，英美等國所能提供的情報，將能幫助印度定義其未來的海軍軍力結構與投資。印度必須藉此漸進地建立信心，因為所有不與中國或俄羅斯結盟的國家，都將需要一支強大的印度海軍的幫助。到二〇二〇年代中期，印度可能將擁有一支一百六十艘船艦的海軍，其中包括三艘航空母艦、六十艘主要水上戰鬥船艦及四百架飛機。海軍預算在印度國防預算中的比例，從一九六〇年的四%，增加到一九七〇年的八%，一九九二年又增加到十一%，到了二〇〇九年則增加到十八%[16]，雖然這是令人讚賞的增幅，但還需要增加到更高的比例，才能將被戲稱為「灰姑娘軍種」（"Cinderella" service）的印度海軍，提升到更高的作戰能力水平，可以與美國海軍進行單邊合作，甚至與其他五眼聯盟成員國的海軍進行多邊合作。

要擁有這種多國海軍間的聯合作戰能力，需要建立安全的情報連結、隱蔽的加密通訊、關鍵的資料鏈路（data link），例如北約所使用的戰術資料鏈路Link-16，以及相應的衛星通訊連結。新一代印度海軍官兵也必須完全熟悉共通的航海標準與協議，如海上補給、垂直補給、彈藥補給，以及一系列關鍵的航海訓練與演習。為了推進這些發展，印度將需要制定一個「宏觀戰略」的大方向，使印度海軍的未來領導階層與其政治監督能一致行動，減少美印之間政治上的不確定性，實現預期目標，並逐漸將印度改造成印度洋上的海軍強國。透過由美國發起的《國防技術與貿易倡議》（Defense Technology and Trade Initiative）等機制，利用美國特種部隊與快速反應單位，協助印度因應邊境爭端，對印度在印巴情勢中就能有不少助益。對印度出售P-8海神式海上巡邏與反潛機、SH-3反潛直升機、航空母艦與噴射引擎技術，也有助於重申美國強化印度海軍的承諾。而五眼聯盟的情報合作與協助，將是這些正向改革的核心。

普丁的俄羅斯

俄羅斯吞併克里米亞並支援烏克蘭東部叛亂，已經明顯違反國際行為規範。不論其領導人如何辯解，俄羅斯的目標並不難理解。如果沒有石油和天然氣的生產與出口，俄羅斯的經濟情勢將比目前更嚴峻。俄羅斯的共產黨式寡頭政治性質、經濟由少數菁英及俄羅斯黑手黨把持，再加上普丁曾擔任國家安全委員會特務的背景，為他帶來了神祕與威權主義色彩，加總起來可能導致長期的失敗，由反對派與俄羅斯民眾在某個時間點團結起來而形成的有效力量取而代之。俄羅斯的少數富豪所累積的巨大財富，勢必在某個時刻回頭將他們反噬，雖然難以確切預測這種結局將以何種性質、在什麼時候發生，但俄羅斯人民與網民不可能永遠不正視普丁的個人財富。然而，目前的現實正好相反，普丁領導的是一個對反對派積極壓制，甚至不惜將之清除的獨裁政權。

先看看兩個基本事實。首先，俄羅斯在二〇一七年至二〇一八年間的國內生產毛額為一兆五千七百八十億美元，遠低於加州在二〇一五年至二〇一六年間的兩兆四千四百八十億美元。二〇一七年，加州的人口為三千九百五十四萬，而俄羅斯的人口則為一億四千四百五十萬。[17]從這些事實裡可以讀出很多訊息。其次，俄羅斯擁有核武。若是少了這些武器，讀者可以自行評估俄羅斯在國際秩序中的地位將是如何，儘管俄羅斯是擁有否決權的聯合國安全理事會成員。如果沒有核武、石油及天然氣，俄羅斯在可預見的未來，可能都不會在國際秩序中坐擁領導地位。

在冷戰期間，雖然蘇聯海軍是一個嚴峻的挑戰，但整個北約體系能壓得住。然而，值得注意的是，如果柏林圍牆沒那麼早倒塌，蘇聯在造船艦和潛艦方面的技術進展與建造速度，就會相當令人擔憂了。直到米哈伊爾·戈巴契夫（Mikhail Gorbachev）在一九八五年三月成為蘇聯共產黨中央委員會總書記後所採取的開放（Glasnost）與改革（Perestroika）政策，才改變了這一切。普丁打算倒行逆施到什麼程度，目前仍有待觀察；其實，有鑑於俄羅斯的財務狀況，他是否辦得到都是個疑問。

在戰略彈道飛彈潛艦方面，經過蘇聯解體後的停滯期，俄羅斯已開始重建核動力彈道飛彈潛艦部隊，目前艦隊中有四艘北風之神級（Borei-class）潛艦，據俄羅斯塔斯社（Tass）報導，預計到二〇二〇年將再建造另外十一艘。仍在服役的三艘三角洲三級（Delta III-class）潛艦，以及六艘三角洲六級（Delta VI-class）潛艦將在二〇二〇年代除役。俄羅斯已經下單建造八艘亞森級（Yasen-class）巡弋飛彈潛艦，據稱還將在二〇一六年開始建造新一級的核攻擊潛艦，並計畫在二〇三五年完成十五艘。新聞報導稱，在為黑海艦隊建造的六艘改良型基洛級（Kilo-class）潛艦完成後，俄羅斯還將建造一批使用絕氣推進技術的改良型拉達級（Lada-class）潛艦，預計在十五年內建造十四至十八艘，其中大部分將在二〇二〇年代開始服役。

安全性是一大問題。自二〇〇〇年以來，俄羅斯已經發生七起重大核動力潛艦事故，其中最嚴重的就是爆炸沉沒後，所有人員全部罹難的庫斯克號（Kursk）事件。二〇一九年導致一群資深俄羅斯科學家喪生的核事故，在筆者撰寫本書時，相關人員仍在進行事故分析，但推論是一具核動力推進系統在測試中失控所致。在近年的計畫重啟之前，俄羅斯潛艦的平均船齡都已超過三十年。然而，透過部署性能較優異的既有潛艦、新的核攻擊潛艦與彈道飛彈潛艦，以及具有核武攻擊能力的轟炸機與陸基飛彈，普丁統治下的俄羅斯可以向西方傳達不友善的訊息，例如，將核武部署到波蘭邊界或克里米亞境內，這在北約眼中無疑是一種挑釁行為。要在這種環境下支援北約，五眼聯盟的情報就顯得非常重要。

俄羅斯的海上船艦狀況欠佳，甚至可能比媒體所報導的更糟。俄羅斯有一些可能過於宏大的計畫，包括規畫建造航空母艦、巡防艦、護衛艦及一萬五千噸等級的重型驅逐艦，以及對基洛夫級與光榮級（Slava-class）巡洋艦、無畏級（Udaloy-class）驅逐艦進行升級改裝，但現代級（Sovremenny-class）驅逐艦將會除役。雖然俄羅斯向法國購買西北風級（Mistral-class）兩棲突擊艦受挫，但似乎可能為黑海艦隊及波羅的海艦隊，建造二至三艘一萬四千至一萬六千噸的兩棲艦，以及四艘伊凡格林級（Ivan Gren-class）兩棲大型登陸艦。這些計畫在很大程度上都得視俄羅斯的造船能力與財政狀況而定。

倘若以上的計畫都能在二〇三〇年前後實現，俄羅斯海軍就算是得以重振雄風。但五眼聯盟情報體系對這些計畫是否可能實現，持懷疑態度。迄今非機密性的五眼聯盟情報資料顯示，俄羅斯幾乎每個計畫的進度都落後，不是發生延誤就是遭遇重大困難。總體情況已經相當清楚：俄羅斯海軍將專注於戰略威懾、戰略核動力潛艦及沿海防禦，但仍維持冷戰時期的遠洋海軍。諸如俄方逼近英國領空的入侵行動，是由相對老化、垂垂老矣的機型進行的，雖然看似冷戰時期的耀武揚威，實則效果甚微。

對西方國家，尤其是五眼聯盟情報圈而言，問題是該如何在不直接衝突的情況下，對抗及改變俄羅斯的侵略行動。例如，海上軍力將在此扮演什麼樣的角色？經濟制裁與外交手段對俄羅斯造成了衝擊，雖然前者對西方，尤其是依賴俄羅斯能源的歐洲國家，具有負面的經濟意涵。德國已經向歐盟夥伴及美國明確表示，他們需要俄羅斯的天然氣，並且從俄羅斯輸往德國的海底天然氣管道，是極為重要的基礎建設。美國擔心，德國可能會成為被俄羅斯以能源挾持的人質，但一些分析人士認為，普丁統治下的俄羅斯，亟需向德國輸出天然氣的收入，兩者之間的關係是互補的，而不是可能遭經濟綁架的局面。

透過盟國在波羅的海與黑海地區，審慎進行多國海軍軍力的前沿部署，再加上傳統外交手段，可以明確傳達出一個任何侵略行為都將得不償失的訊息。美國海軍與海軍陸戰隊遠征軍（MEF）能迅速奔赴這兩個海域，並受到北約海軍及五眼聯盟情報圈所有成員的支援，不僅能明確傳達威懾意圖，也能展現基於共同目標的團結一致，以及阻止侵略行為的軍事能力。如果俄羅斯直接或間接派兵進一步入侵烏克蘭，並嚴重威脅北約的波羅的海盟國，便得面對壓倒性的海軍和海軍陸戰隊／兩棲軍力。美國與其他主要北約國家部隊，能透過持續性的前沿部署與存在，展現類似韓戰時期在仁川的實力。

一支龐大、靈活、從海上出發，不需任何陸上支援的兩棲部隊，能配合外交行動，以迅雷不及掩耳的速度宣達盟軍的使命。這關乎傳統遠洋作戰的三大宗旨：持續性的前沿存在、混合與搭配多種海軍部隊的靈活度，以及從海上展開行動的時間與地點的選擇權。這些恆久不變的原則，就是五眼聯盟情報體系的來源與方法、指標與警示、聯手持續分析的基礎。

要研究對手，以及對英美兩國及其盟友居心不良者的計畫與行動，要點之一就是分析他們的心理結構。要是忽視或不包含這類分析的情報，很可能有欠扎實。以當代普丁的人格為例，可以將他與蘇聯的尤里．安德洛波夫（Yuri Andropov）[18]做比對，因為他上台的模式，與安德洛波夫成為蘇聯共產黨總書記的過程甚為相似。普丁的一切想法與行為，都與他的國家安全委員會背景、所經歷的訓練、採取的行動、可能做出的行為息息相關。這一點在五眼聯盟情報體系評估俄羅斯的意圖、計畫與行動時，極為重要。人格是個不可忽視的關鍵，我們應透過普丁與他旗下寡頭的視角，來觀察俄羅斯。五眼聯盟必須了解及分析普丁與他的聯邦安全局特務、寡頭朋友、安全體系、欺敵技巧，以及他對二〇一六年美國選舉進行網路滲透的電子竊聽能力與程序的內心思維。普丁與最親近的幕僚，以及構成普丁核心圈子、深受其信賴、負責實務工作的將士，對凡事都有一套策略與計畫，而解析這些策略與計畫便是首要之務。就連門外漢都能明顯看出，普丁極為渴望西方解除制裁，而在更高層次上，則是渴望提升俄羅斯的國際地位，並滿足自己的好大喜功，為此不惜隨時隨地破壞他眼中的老宿敵北約及其盟友的利益，而五眼聯盟就是他眼中的主要對手。

根據普丁與國家安全委員會／聯邦安全局的準則，普丁成功的祕訣很可能是不讓他直接參與俄羅斯情報行動的證據曝光。普丁手下特務的技巧，就是不在有人聆聽時進行溝通；透過多個管道洗錢，不留下可被追蹤的痕跡；持有多本護照與多重身分，隨時保護自己並避免暴露個人弱點，以及以從容優雅的風度解除他人的心防。聯邦安全局與其俄羅斯黑幫和富裕寡頭代理人，憑藉的就是這些手段。文化與歷史背景，都是可以被分析的要素。俄羅斯領導者與其手下的心理結構，是預測俄羅斯政策及可能導致的結果的關鍵。從二次大戰後的歷任蘇聯領導階層直到普丁，顯然有著某種程度的傳承。從格奧爾基．馬林科夫（Georgy Malenkov）、尼基塔．赫魯雪夫、列昂尼德．布里茲涅夫（Leo Fisher Brezhnev）、尤里．安德洛波夫、康斯坦丁．契爾年科（Konstantin Chernenko）的一生經歷，到米哈伊爾．戈巴契夫帶來的巨幅變化，都可以看出他們的心態、行為與政策，讓我們得以相對準確地預測出他們將如何依蘇聯國內的政治經濟背景，因應全球地緣戰略現實的變化。同樣的情況也適用於普丁及其政權。五眼聯盟將能夠研究普丁在過去與現在所依賴的違背維護國際秩序的手段，揭露普丁授權的許多非對稱、表面上非國家贊助的祕密行動與網路措施。普丁並不是一個難以預測的人物，五眼聯盟對付他的祕訣，就是滲透並遏制這位深諳數位時代重要手段的老派國家安全委員會特務所展開的行動。

新興威脅和挑戰，對情報蒐集與分析的影響

在某些情況下，過去仍值得未來借鏡，冷戰期間成功的情報蒐集技術與評估方法，仍可用來對付野心國家在二〇二〇年後做出的軍事威脅，尤其是蒐集中國、俄羅斯、北韓、伊朗及以色列等國，剛出現在生產線上的新系統與技術的電子情報和測量與特徵情報，並評估它們何時將達到初始作戰能力。值得回顧的是，以色列曾在福克蘭群島衝突期間及事後，向阿

根廷提供了多種關鍵軍事裝備。例如，在衝突結束後，以色列為該國三架波音七〇七重新安裝了先進的訊號情報設備，此作為明顯損及五眼聯盟的利益。五眼聯盟的反間諜機構，會監視以色列、其代理人及技術代表，對商業與軍事技術的情報蒐集；他們知道，以色列亟欲了解及獲取可用於自國工業基礎上的最新西方技術，因為這能為自國帶來商業與財經方面的利益。他們的動機主要是經濟性的，這不至於不合理，只是他們會在獲取五眼聯盟國家的技術後，將之複製並銷往國際市場。

當然，針對傳統技術間諜活動，以及透過代理手段合法獲取西方技術的反間諜活動而言，中國與俄羅斯是更大、更嚴峻的目標。五眼聯盟國家的開放性社會，比中國、俄羅斯、北韓及伊朗這些封閉、高度保密、高壓管制、人權毫無法律保障的社會，更容易遭到攻擊。對於敵意國家的新興先進技術，例如速度與射程超乎冷戰期間想像的超高速武器，需要大膽創新的情報蒐集方法，才能在其剛開始設計與生產的早期研發階段就加以監控。同樣的，在狀態意識、目標鎖定與太空科技方面，尤其是由於對手發展出攻擊性太空系統，而日益需要部署防禦性反太空系統（counterspace system）的情況，五眼聯盟需要更堅韌、更具防禦力的太空資產。而且隨著網路化、人工智慧，以及完全整合的先進無人水下載具（UUV）及無人機系統的發展，未來必須以最新的人工智慧工具，加強即時情報的蒐集，以及可防止任何攔截與干擾的安全情報傳輸。

所有主要的敵意國家，都將五眼聯盟的太空資產視為可能揭露其各種技術發展、測試與部署的巨大威脅。例如，五眼聯盟的太空紅外線系統就擁有偵破多種威脅之發展的能力。在五眼聯盟交錯的情報蒐集網路中，隨著人工智慧變得愈來愈普遍，會讓主要敵意國家的整體能力愈來愈難以做到欺敵或隱匿。全球定位系統的弱點為人詬病多年。挪威國防部指出，在二〇一八年十月十六日至十一月七日在挪威舉行的，冷戰後規模最大、有五萬名美軍及北約部隊參與的北約軍事演習「三叉戟聯合軍演」（Trident Juncture）期間，俄羅斯軍方干擾了北約的全球定位系統信號。這些干擾明顯發生在科拉半島。這並不令人驚訝，北約當然也透露了對此威脅的看法。

二〇一八年，曾有人向我展示一個中國製造的全球定位系統干擾器，能干擾約十英里（約十六公里）範圍內的民間全球定位系統訊號。如果這樣的設備落入對手的手中，無論是罪犯、恐怖分子、不滿分子、精神不穩定的人，或在最糟糕的情況下，衝突爆發後等待指示以採取行動的情報特務及臥底網絡，後果將難以想像。二〇一三年，紐澤西州一名男子為了干擾公司車輛上的定位系統，購買了一個非法的全球定位系統干擾器。他在網路上以不到一百美元就買到全球定位系統干擾器，並用它干擾了正在紐華克自由國際機場（Newark Liberty International Airport）進行測試的新型全球定位導航系統“Smartpath”。聯邦調查局探員循干擾訊號，追蹤到他所在的車輛，他不僅被處以極高額的罰款，還為此丟了工作。[19]

在上述事件發生後的七年裡，干擾技術有了顯著的提升。軍事及情報規格的干擾器，已遠非民間可用的設備可以比擬。五眼聯盟有能力共同設計並使用最先進的反干擾全球定位系統設備，在擾亂、誤導對手的同時，以干擾源鎖定武器。電子作戰的基本原則依然沒變，意圖使用看似最尖端的攻擊工具為惡的人，往往會自食惡果。

現代人力情報

祕密人力情報行動的管理者，在數位時代面臨的最大挑戰之一，是如何在不被反間諜機構追蹤到任何特務的情況下，安全且隱蔽地與人力情報來源保持聯繫。這是一項重要任務。在數位時代，反間諜機構已經能輕易攔截洩漏國家機密者的祕密通訊，無論這些通訊如何偽裝及隱藏。傳統的死信投遞（dead letter drop），以及特務甩開反間諜跟蹤者的密會，很可能已成為歷史或間諜小說裡的情節。在北韓及伊朗等國家，光是親身與對象接觸，就是一個難度極高的挑戰，因此，這類接觸較可能在官方活動裡發生。問題是，即使五眼聯盟的行動人員擁有外交人員身分，地主國的反間諜機構還是會積極行動。他們會觀察、聆聽、錄影記錄本國國民與外交官、貿易談判代表、來訪的企業高階主管、學術研究人員等的一切互動。

兩位優秀的調查記者查克・多曼（Zach Dorman）與珍娜・麥克勞林（Jenna McLaughlin）在二〇一八年十一月二日於Yahoo新聞發表的一篇報導，就敘述了上述情況。他們發現，中央情報局與海外特務交換祕密情報所用的網路系統，在二〇〇九年至二〇一三年間被伊朗所偵破。他們指出：「根據十一名基於身分保密原則必須匿名的前情報與國安官員所透露的消息，這導致了二十多名情報來源在二〇一一年與二〇一二年於中國身亡。」他們繼續寫道：「問題出在它（這套通訊系統）運作太久，又被太多人使用。而它只是一套初階系統。」他們的消息來源透露，伊朗成功瓦解了一個中央情報局人力情報網路，阻礙了美國對伊朗核計畫的情報蒐集。多曼與麥克勞林指出：「兩位前美國情報官員表示，伊朗培養了一名雙面間諜，帶領他們進入這套中央情報局的網上祕密通訊系統。」我們相信，在這名伊朗雙面間諜向伊朗的反間諜人員透露了該網站後，他們便開始在網路上循線找出其他有嫌疑的特務，查出「在伊朗有哪些人、從哪裡登入這些網站」，並逐步揭發整套中央情報局網路。

《紐約時報》在二〇一七年五月，報導中央情報局在中國失去了三十名特務，二〇一八年五月，中央情報局駐北京官員傑瑞．李（Jerry Lee）被控為中國從事間諜活動。《外交政策》（*Foreign Policy*）雜誌也報導，「中國情報單位突破了將它（中央情報局通訊系統）與主要祕密通信訊系統隔離開來的防火牆，偵破了中央情報局在中國的整套網路。」

這不禁讓人懷疑中國與伊朗在這些事件中可能有所合作。不論此推論是否正確，有一個重要事實是通過驗證的。早在二〇〇八年，國防工業承包商約翰．瑞迪（John Reidy）在其主管拒絕聽取他對技術方面的顧慮後，就對這套系統的各種缺陷及弱點提出警告。他的申訴沒有得到適當處理，並於二〇一一年十一月遭到解雇。他估計，中央情報局的祕密行動約有七十%遭到偵破。倘若瑞迪的顧慮及早受到重視，這些性命或許就不至於白白犧牲。

運用祕密特務

這些非機密公開報告顯示出，即使是傳統的「主動投靠」，也就是可能成為特務的人親自造訪五眼聯盟成員國的外交機關或是與官員進行接觸，討論洩漏自己國家機密的可能性，祕密特務的運用在如今及未來只會比從前更加困難。在莫斯科、北京、德黑蘭及平壤等敏感的海外城市，這些機關與身分明顯的五眼聯盟成員國人員，都會受多重監視系統及人力的嚴密監控，任何進入或與外國官員會面的人，都有可能被立即鎖定。

冷戰時期，官拜蘇聯國家安全委員會倫敦聯絡站站長的高階官員奧列格・戈爾季耶夫斯基（Oleg Gordievsky），在蘇聯反間諜機構的監視下，仍可透過直接接觸而成為軍情六處重要特務的時代，可能早已一去不復返。班・麥金泰爾（Ben Macintyre）在著作《叛國英雄・雙面諜O.A.G.》（*The Spy and the Traitor*）中，詳述了軍情六處如何招募並運用戈爾季耶夫斯基，直到他因上司對保密過度自信、輕率，而遭中央情報局的叛國者奧德里奇・艾姆斯出賣的經過。

上述的一切均讓人質疑人力情報在未來還能有多少價值。然而，只要不將所有人力情報局限於祕密特務活動，五眼聯盟在人力情報方面仍有許多總和性的戰略槓桿（strategic leverage）。數位時代的驚人頻寬，加上如今涵蓋所有人類活動的跨國移動，意味著傳統的人力情報一定能找到嶄新的運用方式。人力情報並未死亡，而且將在先進的科技、智慧與創新中，以讓布萊切利園的先驅引以為傲的形式重獲新生。五眼聯盟各成員國創意十足的新世代人才，一定會以前所未有的方式，賦予人力情報新的風貌。

氣候變遷

氣候變遷是五眼聯盟不得不關注的問題。五國在耗費數十億美元鞏固國防的同時，無可否認的科學證據也證實，我們的地球正面臨氣候變遷的威脅。問題是，國際社會，尤其是五眼聯盟，能否調動資源來對抗此一威脅。根據預測，氣候變遷引發的連鎖效應，將使極度脆弱的地區，包括人口集中的美國大型都會區，以及數千萬，甚至數億人口陷入動盪。美國退出了二〇一五年的《巴黎協定》，在對抗氣候變遷的影響時少了美國的領導及投資的情況下，國際上出現了巨大的裂痕，這是其他五眼聯盟成員國必須解決的課題。

關鍵的科學證據是什麼？南極洲與喜馬拉雅山脈的冰川正在融化，光是這些影響就會對地球造成明顯的衝擊。南極洲的思韋茨冰川（Thwaites Glacier）的面積與佛羅里達州相當，科學家估計，若是它完全融化，全球海平面將上升兩英尺（約六十公分）。二〇一九年一月是澳洲有史以來最熱的一個月，二〇一七年與二〇一八年則是有史以來最熱的兩年。預計氣溫上升將使喜馬拉雅山與都庫什（Hindu Kush）地區三分之一的冰川融化。[20]

國家安全與氣候變遷密息息相關。在五眼聯盟裡，美國國防部將氣候變遷納入其威脅資料與分析中，但川普政權卻對全球科學界表示質疑。白宮對美國國家情報總監大唱反調，後者曾表示：「全球環境與生態惡化，以及氣候變遷，可能加劇資源競爭、經濟困境及社會動盪。」美國軍方與情報界均已負起相關責任，但川普政權則否。國際間顯然需要承諾與協議，五眼聯盟需要透過技術情報支援以堅守立場，並遵從已故的卡爾·薩根所建議的，一起「珍惜地維護這顆暗淡藍點，這個我們目前所知的唯一家園」。

在世界亟需大幅改變的如今，五眼聯盟將以各種技術情報工具來蒐集與分析資料，為地球盡一份心力。五眼聯盟峰會將持續監控，並指導各國如何為經濟情報的蒐集與分析，以及抑制氣候變遷的衝擊做出貢獻。

Chapter 8

二十一世紀的五眼聯盟

自二〇一一年九月十一日以來的世界局勢，撼動了許多國家的決心，特別是有些北約成員國為此而對超出自己區域範圍、在戰略上不幸走向失衡的行動與承諾喪失信心。在大家能立即想到的伊拉克、阿富汗與利比亞，特別容易看出缺乏廣泛的戰略思維，這種思維並非只著眼於方法及內容，更重要的是動機。例如，穆斯林世界裡持續數個世紀的巨大文化差異及宗派裂痕，以及他們關鍵的種族、宗教及區域性關係，在某種程度上都遭到忽視，只一味追求對九一一事件的報復，而對手起初只是一個由沙烏地國民所組成的小型恐怖組織，而不是伊拉克或伊朗人，而且其資金與資源也相當有限。

若能謹慎運用，過去所得到的教訓就可能相當寶貴。五眼聯盟的組織性記憶，有時可能在時光流逝及世代更迭中鈍化，技術與行動手法也未能傳承下去。除了必須將英美之間的雙邊協議延續下去，如今更需要一套能獲得所有機構及政治領導階層支持的「二十一世紀五眼聯盟情報蒐集與分析合作戰略」。五眼聯盟情報體系的總和實力，必須成為保衛集團國家安全的強大工具。這需要建立一個「五眼聯盟情報體系共同願景」。

情報唯有能為使用者提供可靠、及時、可操作的資訊時，才具有價值；這些資訊必須優於普通的公開來源資訊，而且能對決策者提供明確的好處，以及對特定主題的洞察與知識優勢。最後，諸如冷戰期間主要國家各種人力情報組織所進行的「情報競賽」，必須在過程中產出真正核心的資訊才有意義。兩個祕密情報機構的對決，可能是間諜小說的好題材，但對於提供真正有價值的可操作機密資訊而言，並沒有什麼意義。

我們已經看到，在過去十年裡科技變化的速度與品質急劇加快，而五眼聯盟成員國在因應科技變化方面，往往跟不上發展的曲線；陳腐耗時的合約體系，導致從研發階段到具有初始作戰能力的過程流於緩慢僵化，而非國防情報領域的民間企業因為能夠快速有效地創新，得以在技術競爭上遙遙領先。不只在矽谷，甚至在整個五眼聯盟的工業與科學領域裡，小型新創孵化器（start-up incubator）都已經成為這場競賽的主角。

五眼聯盟各成員國的政府一直試圖加快腳步，但迄今仍無法成功，例如，美國的國防創新單位（DIU）等，繼國防高等研究計畫署之後出現的組織，就因一連串的官僚、資金與政治因素而以失敗告終。前文也提到，大型國防與航太公司必須耗費多年爭取大型合約，嚴重影響到它們的獲利及年度股東報酬率，而小型新創公司則可能讓這些攸關大公司經濟命脈的努力變得毫無價值，使這些大公司面臨考驗。這是一個需要解決的問題，而各方應該都能找出解決之道。例如，技術方面屬於開放性架構的系統愈多，就愈有助於各種重要創新無需從零開始。在這種環境下，高度技術性的情報系統研發，無需經過傳統國防與情報領域耗時數年的採購週期，便能開展大幅度的創新。

五眼聯盟中最重要的機構，不僅擁有最龐大的年度預算，同時也擁有最多的人力資源，且全都立足於科技發展的最前沿。他們為了在技術上大幅領先對手而活，或者可以推測，將來也可能為此而犧牲。落後對手就意味著失敗。這個問題的核心就是人才，而且是非常聰明的人才。五眼聯盟必須更積極尋找、招募、培訓下一世代的人才，而且最重要的是要讓創新能在基層發生，如同當年戰爭與生存的壓力，迫使英國招募到布萊切利園、祕密行動執行處及雙重間諜系統中最優秀的人才。

整個五眼聯盟需要一個由最優秀、最聰明的人才組成的專業智囊團（Brains Trust），以確保整個聯盟能持續領先。在符合美國海軍與英國皇家海軍特種情報蒐集與分析計畫思路的高度保密分隔行動中，更密切的合作與共享將變得更加重要。五眼聯盟的非軍方客戶的需求，表面上看來可能與軍方有很大的不同，但仔細觀察就會發現其實有相當大的相似性與重疊性，例如，二十一世紀在數位通訊革命影響下的外交政策決策，就與理解及對抗敵方武器系統有所重疊。情報產出及其用途可能已經與昔日不同，但在這個愈來愈以人工智慧為導向、資料來源與冷戰時期截然不同的世界裡，情報蒐集來源、方法與分析的本質依然很相近。為此，五眼聯盟的情報教育和培訓必須進行重組，而且必須由擁有成功紀錄的專家，來設計及實施能激發創新的課程。

次世代科技的美麗新世界

「5G」技術的競爭，已經在國際上進行了一段時間。在這場競爭中勝出的公司，將獲得前所未有的商機，因此，從情報的角度來看，美國、英國及其他五眼聯盟盟國不僅需要掌握充分的資訊，還必須計畫如何與這場全球電信領域的進一步革命互動。不熟悉電信的人可能會好奇什麼是5G，以及它將帶來哪些影響。5G是一項將使我們目前使用的手機及其他數位通信設備淪為古董、由第五代系統取而代之的破壞性科技（disruptive technology）。5G設備的速度將比二〇二〇年的系統快上至少一百倍。它們的耗能很低、擁有極大的寬頻（資料傳輸速率將快到令人咋舌）、高度可靠、機動性無瑕疵（在任何時候、任何地點均可使用）、超低延遲（ultra-low latency）、全球覆蓋率廣，最重要的是成本也極低。延遲（latency）是指在不影響性能的情況下，延長電池壽命，並能以更高速率處理資料。因此，如何在提升處理能力的同時維持節能，在技術上是一大挑戰。誰能在這場競爭中取得領先，就能獲得巨大的商業收益。

從情報角度來看，瞭解與熟悉5G系統及其所支援的全球電信架構的技術複雜性與利用方式，是極為重要的，而這需要最優質的技術情報知識來加以利用。那麼，誰是其中最主要的角逐者？為了方便起見，可以將它們分為「大企業」與「小公司」。前者是頂級電信營運商與製造商，包括華為、中興通訊、愛立信（Ericsson）、諾基亞（Nokia）及三星（Samsung）。後者包括德國電信（Deutsche Telecom）、斯普林特（Sprint）、法國Orange電信、SK電信（SK Telecom）、韓國電信（Korea Telecom）、T-Mobile、AT&T、威訊通訊（Verizon）及美國移動通訊（US Cellular），往後可能還會有其他公司加入這場競爭。對於五眼聯盟而言，在戰略上必須預見這場競爭中每個技術方面的發展，以及誰做了什麼、在哪裡做、如何做。而且，必須趕在這些系統及主要角逐者的電信架構進入全球市場之前，提前設計出利用策略，並加以實施。

5G之後的下一代技術會是什麼樣貌，對五眼聯盟而言是一個亟需事前預測與規畫的戰略性問題。五眼聯盟的情報與採購系統的特點之一，就是只會對技術進行線性外推（linear extrapolation），而不會推展創新性的變革。五眼聯盟的承包商與政府機構之間的生意往來，主要內容一直是改良上一套系統。就某種程度而言，這是絕對合理的，能將情報蒐集系統或分析工具改良得更好，當然是件好事。但這套研發與採購體系的缺點，是往往趨向僅追求保守的變革。

美國的國防高等研究計畫署在某種程度上避開了這個陷阱，並支持追求最尖端而風險可能極高的創新。然而，就連國防高等研究計畫署的計畫，在被轉化成能實際應用以前，也需要耗費很長的時間；很多時候，這些計畫的創新性在此時已經流失，而淪為所費不貲的古董。我曾參與國防高等研究計畫署一項高度機密的計畫，醞釀多年才得以成形，雖然其產出在技術上具有創新性，但當它終於被整合成一套可運作的系統時，已經失去了競爭優勢，而且還極其昂貴。這項計畫背後有著卓越的科學基礎，但美國政府就是無法及時將它轉化成可運作的系統。

邱吉爾在下達立即採取行動的直接命令時，會說一句簡單的名言：「今天行動！」如今重提這句邱吉爾式格言可能有些過時，但仔細觀察就會發現並非如此。在未來數十年，災難性的網路攻擊將需要以這種程度的即時行動，以準備周延的預測、行動迅速的反擊來減輕威脅。這可被稱為「黃金蛋症候群」(golden egg syndrome)，意即五眼聯盟在情報籃中必須擁有一批既能預測威脅的挑戰，也能隨時以高度安全的隱密手段抗敵及欺敵的黃金蛋。

在未來的世代，這種彈性對於五眼聯盟至關重要。這需要以最安全的方式分享智慧財產的合作與意願。參與者必須從嚴審查，而且必須建立新的安全系統，以避免最難防的內部背叛。這需要一套全新的系統及技術。例如，如果又一個愛德華·史諾登開始檢視高度機密資料，並將之下載到隨身碟中，新系統不僅能立即警示、追蹤、盤查這類行動，還能透過最嚴格的人工智慧應用程式，在一開始就防止他接觸到這些資料。一旦螢幕上顯示系統拒絕瀏覽，使用者就必須向上級提出需要瀏覽的理由。

在二〇一六年，海底有大約三百條主要的跨洋海底電纜，承載著價值約四兆美元的各種銀行、商業及個人交易，還有全球約九十五%的語音及網路傳輸。[1]到了二〇二〇年，這個數字已經成倍增加，從情報角度來看，九十五%的關鍵資料及通訊都是透過海底光纖電纜傳輸的。釐清它們是由誰鋪設、為誰所擁有、由誰營運及維護，就能釐清它們的情報價值。這是不是會讓大家想起「瞎眼者」・霍爾所做過的事？答案是肯定的。其中有許多資料、語音及影像，會經過重重加密以祕密的方式傳輸。在這些電纜中，再加上太空通訊系統、傳統電話系統及微波塔台傳輸，蘊藏著不少珍貴的情報。光是龐大的流量，就對五眼情報體系構成技術上的一大挑戰。這些資料需要以最先進的人工智慧工具進行分析，前提是五眼聯盟能夠聯手迅速地檢索資料。

如果我們回顧「瞎眼者」・霍爾的團隊如何迅速有效地攔截並破解齊默曼電報，再將之與二〇二〇年代起的類似任務做比較，就能清楚看出情況已經有多大的變化、未來又將面臨什麼樣的挑戰。幸好所有人類所發明、設計、製造及實施的事物，都是能被人類所理解、對抗的。五眼聯盟的創造力與智慧，必須在極具彈性的系統支援下，開發出新型的欺敵技術與巧妙科技。

五眼聯盟對內需要愈來愈多的備份系統、全面性的電源和電力分配保護、通訊上的彈性、分離式的獨立網路偵測系統，以及巧妙運用新型電子欺敵工具，來減輕威脅的入侵。在二〇二〇年代過渡到二〇三〇年代的如今，冷戰時期的傳統電子干擾，已經無法因應這些確保全球定位系統、傳輸的存活率與耐用性的需求。五眼聯盟情報體系在發出警示與指示時，無論是針對中國對臺灣發動突襲，還是敵對國家及其代理人以新的隱密方式，破壞五眼聯盟成員國、盟邦與友好國家對關鍵基礎設施的維護，以及在軍事上即時且有效地向威脅地區補給與輸送軍事人員及裝備的能力等等，都無法容忍任何出其不意的偷襲。

最可怕的技術偷襲，可能發生在五眼聯盟最需要集結智慧與資源，以避免對通訊、安全性，以及讓五眼聯盟維持電子技術方面的主導地位遭到爆炸性衝擊的「抗量子加密」（quantum resistant cryptography）領域。加密對於五眼聯盟的內部安全極為重要，而破解他人的加密與此是一體兩面的事。從五眼聯盟的角度來看，目前的一大隱憂，就是能破解現有最複雜的加密的高性能量子電腦，而這是個無法接受的漏洞。目前大家認為，亂數算是精密的人工生成演算法，但這些算法是能被量子電腦破解的。

量子電腦不是以0與1，而是以光子、中子、質子和電子執行極其複雜的計算，此為科技上的一大飛躍，將是二〇三〇年代之後的次世代超級電腦。五眼聯盟必須確保資訊安全的關鍵支柱，在確保加密技術不被削弱的同時，在技術上也能打擊同樣使用加密技術的對手。五眼聯盟必須在技術上通力合作，達到在具備「抗量子」能力的同時，也能利用這種能力來破解對方通訊的目標。

新型的欺敵技術能保護民用、軍事、政治及商業基礎設施及營運，不受入侵攻擊。五眼聯盟的一大優勢，就是眾多且多元的情報資產遍及全球。共享資料是第一優先，也會進行人員交流，並擁有高度分隔的安全配置。二〇二〇年代與二次大戰之後的時期最明顯的不同，就是民間在承平時期同樣容易遭受各種從前的科技無法辦到的電子攻擊的威脅。個人、銀行、國際金融架構、交通運輸，以及從供電、供水到通訊、媒體等各種形式的關鍵基礎設施，都有可能面臨來自敵對國家、由這些國家所支持的代理人、犯罪組織或惡意駭客的網路攻擊。

次世代科技不僅需要五眼聯盟一同預測並聯手進行基本研發，還必須在性能與開發速度上，超越當前的威脅及未來十到二十年的可預測威脅。五眼聯盟在民間及軍事領域都面臨挑戰。這些挑戰涵蓋了反介入（anti-access）、區域拒止武器（area denial weapon）及非武力系統（non-kinetic system）、網路作戰及範圍更廣的電子作戰領域，再加上如今範圍極廣的資訊威脅，以及各種非對稱威脅。這不僅涵蓋五眼聯盟成員國的軍方，也包括他們的平民人口以及與其進行貿易的盟邦和友好國家。

伊斯蘭國並未消亡，在非洲與亞洲地區仍持續以前所未有的方式擴散。諸如大數據分析、人工智慧、自動化系統、機器人技術、定向能源（directed energy）、高超音速（hypersonic）、生物科技，以及先進的太空與空中監視系統及感測器（包括無人機、無人載具及無人作戰系統〔UCAS〕）等，目前正在發展的先進科技並不足夠。五眼聯盟必須利用最安全、分隔式的反內部威脅安全系統，將這些技術整合進各成員國的戰術及戰略作戰系統中。我們都知道情報共享在二次大戰裡如何挽救頹勢，如今，大家也必須通力合作，各成員國都不該壟斷任何關鍵技術。為了支援這些發展，五眼聯盟必須一同制定必要的計畫與培訓，並且聯合履行。最重要的是，必須證明這些發展能對決策產生影響，才不至於辜負五眼聯盟在情報上的投資。

五眼聯盟情報圈內的教育十分重要，科學與技術情報機構必須與實務情報人員配合，確保能推行最有效的計畫，還要設計跨領域的培訓課程，讓美國、英國、加拿大、澳洲及紐西蘭的人員，在共同的框架下接受培訓。我們從過去的經驗中學到，各國情報圈之間的同儕情誼與思想交流，能帶來巨大的回報。也建議採平民與軍事人員混合，以便相互了解彼此所面臨的威脅、需求及解決方案，並孕育出新的技能、來源、方法及分析。五眼聯盟能在這個過程中，一同制定新的情報教範與行動計畫，將之作為既有協議的附加協議。上述建議的前提，就是必須有具遠見的優質領導階層。

歷史上，美國在投資與全球情報來源及方法上，一直是保持領先的國家。然而，要使上述計畫成功，美國必須在嚴格分隔的範圍內，開放且共享情報。同時，也應將五眼聯盟各成員國的軍校與戰爭學院（war college）納入這個過程，包括提供意見、培訓與教育。五國情報圈之間需要更多的對話，情報培訓學校與戰爭學院需要更多的協同連動。我們已經了解，自二次大戰以來，沒有什麼比人員交流更有助於促進這一點，因為這不僅能交換與發展思想及資訊，還能培養出成為眾人職涯基礎的人脈，這在危機發生時特別有數不清的好處。猶記在冷戰高峰期，我經常使用安全電話（secure phone）與其他五眼聯盟成員國職務對等的同儕交談，有時甚至幾乎每天都要離開辦公室，前往位於倫敦的使館或英國各交流地點與情報人員會面。我們從未失敗過，如同前海軍特種作戰部（NSW）司令兼特種作戰部（SOC）司令威廉．麥克雷文上將（William McRaven）於二〇一四年六月在德州大學畢業典禮上所說的：「我們絕不能退縮！」（We never, ever, rang the Bell!）我們在五眼聯盟的合作精神下團結一致，即使有時可能意見相左，還是必須秉持通力合作的精神攜手工作。

俄羅斯利用社群媒體的不實資訊攻擊西方媒體，並在從菁英知識分子到教育程度較低的民眾的社會各階層中，散播懷疑、製造糾紛。這種分裂策略的整體效果難以衡量，但情報目標十分明確，就是在主要民主國家間製造政治與社會分歧。不實資訊是欺敵策略最強大的武器，使用錯誤資訊來迷惑並誤導原本性情穩定、思路公正的人，是克里姆林宮不惜使用的恐嚇戰術。它的目標是操縱針對各種事件、問題及政策的輿論，包括二〇一六年美國大選、英國脫歐、卡舒吉（Jamal Khashoggi）謀殺案、馬航MH-17班機遭俄羅斯飛彈擊落、斯克里帕爾（Sergei Skripal）在英國索爾茲伯里（Salisbury）遭毒殺未遂、阿塞德政權在敘利亞發動化武攻擊、俄羅斯武裝入侵烏克蘭東部及非法併吞克里米亞，以及其他許多在社群媒體上發動的不實資訊活動。

五眼聯盟不僅有超凡實力可對抗這些攻擊，還能以其人之道還治其人之身，將之調頭對抗俄羅斯政權。五眼聯盟擁有足以對抗對手的巨大潛力與實力，其中一個非機密性的工具就是人工智慧。由於對手同樣會利用這個工具，所以五眼聯盟必須隨時保持大幅領先。美國的「行家計畫」（Project Maven）只花了兩個月就簽約，並在六個月內交付了成品。[2]「行家」（Maven），又稱為「演算法作戰跨功能團隊」（Algorithmic Warfare Cross Functional Team），以先進、安全的人工智慧演算法，即時分析得自多個來源及方法的關鍵資料。普丁非常了解人工智慧的價值，他曾在二〇一七年表示：「它帶來了巨大的機會，但也帶來了難以預測的威脅。誰能成為這個領域的領先者，就能成為世界的統治者。」[3] 普丁的先進研究基金會（Foundation for Advanced Studies，一個類似於國防高等研究計畫署的機構）正在追求與之相當的能力，而恐怖分子則利用社群網路映射（social network mapping）、人工智慧無人機及社交工程攻擊（social engineering attack），來招募及破壞穩定的群眾。英美兩國乃至整個五眼聯盟，在反恐情報工作上必須集中資源，即時從全球網路中揪出並消滅這類恐怖主義資源。

激進主張與極端主義正在增長，而非消亡。五眼聯盟將不得不聯手擴展現有的官民技術合作關係，以便領先威脅，並在它產生效果之前削弱其影響力。同樣的，在跨國人質挾持及綁架案中，英美情報體系可以利用以人工智慧為基礎的系統及技術，來偵測、定位、追蹤及消滅那些由犯罪及政治動機驅策的挾持者和綁架者。

在軍事方面，五眼聯盟成員國及重要盟邦，將能夠使用以人工智慧為基礎的技術，配合各種隱密的先進感測器及引導系統，即時對恐怖分子目標使用自主武器（lethal autonomous weapon）。這是死神及全球鷹等無人機所搭載的地獄火飛彈等舊系統無法實現的。以超出人類正常運作的速度，處理大量隱蔽情報資料，並做出準確的即時決策，將改變反恐作戰的規則。美國於二〇一八年九月公布的《國家網路戰略》（National Cyber Strategy）及美國國防部的《網路戰略》（Cyber Strategy），宣示必須保衛本土，保護美國的繁榮，威懾、偵測及懲罰心懷惡意的敵人，並與盟友一同推動「開放、互通、可靠且安全的網路」，同時保護美國的太空資產。俄羅斯與中國被明確定義為對手，尤其中國「正在削弱美國軍事優勢，並持續從美國公、私部門非法獲取敏感資訊」。在一個競爭性的公、私及軍—政網路環境裡，五眼聯盟顯然必須保持大幅領先，前述高層政策的內容才能產生實質性的意義，讓對這些目標知之甚少的普通大眾也能領會。

五眼聯盟的合作極為重要，美國不能單獨行動。幸好，五角大廈已經宣示其目標是「提升盟友與合作夥伴的能力，並強化國防部運用合作夥伴的獨特技能、資源、軍力及觀點的能力」。在某種程度上，這可能被其他五眼聯盟成員國視為美國的資助。然而，即使有如此牢固的歷史淵源，美國國防部裡的年輕世代對五眼聯盟的歷史卻知之甚少，甚至一無所知。他們必須被教育、被納入五眼聯盟的大家庭裡。

一個關鍵的解決方案，是英美情報部門在欺敵方面豐富的歷史經驗。欺敵在二次大戰中幫助我們獲得勝利，無疑也縮短了戰爭的時間。英國二次大戰官方歷史學家哈利．辛斯利爵士估計，恩尼格瑪密碼與MAGIC資料，讓戰事縮短的時間可能長達兩年。在網路世界，五眼聯盟能攜手以多種方式超越並壓倒同等級的威脅，以及較低階的恐怖組織、犯罪駭客及其背後金主，不過詳細內容當然必須保密。可以說，英美兩國加上其他三個成員國所擁有的龐大資源及深厚智慧底蘊，在對面任何前述威脅時，都能占盡優勢。

如今要抵達主要衝突區域、成功駐留並進行各種任務，遠比從前、甚至短短十年前的二〇一〇年更加困難。為了在太平洋，尤其是南海與鄰近海域等地區，維持持續的前沿存在，美國擁有足以在各種威脅情境中，完成國家戰略計畫所擬定的各種任務的武器及整體軍事架構。然而，情報顯示，同等級的軍事對手可能會試圖阻止、中斷，甚至以武力挑戰美國的存在及干預行動。在這種日益複雜的環境裡，欺敵就成為一種十分重要的手段。絕不能讓威脅者知道他們所不知道的事，同時以最微妙且驚人的手段來否認、欺騙或干擾他們，讓他們採信一系列相互衝突的資訊。我們必須讓威脅者對五眼聯盟正在做什麼，以及在情況惡化時將如何擴大行動，全都一無所知；也必須備妥各種良方並嚴格保密，以便在終極威脅出現時發揮作用。邱吉爾、羅斯福及其高階將領，是這方面的楷模。他們保有並隱藏最機密的欺敵計畫與技術，唯有在真正需要時才動用。

五眼聯盟擁有智慧、技術、文化、社會凝聚力，以及數十年來培養出來的共識，可以對抗幾個不具五眼這種凝聚力的對手。除了欺敵技術之外的其他科技發展，包括陸海空及水下的機器人作戰系統、無人系統、搭配機載資料處理系統的固定式及移動式感測器等，同時在人工智慧主導下，輔助操作人員做出決策，而不是被過多的資訊所淹沒。五眼聯盟可以向指揮官提供決策所需的重要資訊，並以人工智慧加強太空系統的韌性，以確保五眼聯盟的太空通訊在高度競爭的環境下仍能安全完好。上述種種，都需要與高能量雷射（high energy laser）、高超音速載具與武器，以及推動它們的高超音速推進系統的計畫性進展做整合。過不了多久，五眼聯盟就能以前所未有的，甚至短短十年前仍無法想像的方式，因應大多數威脅。

如果競爭對手能愈來愈看清上述的一切，喬納森．沃德（Jonathan Ward）在論文《中印海域競爭》（*Sino-Indian Competition in the Maritime Domain*）[4]中深入分析的問題，或許就不會發生。若能讓它們成為威懾可能引發危機之侵略行動的主要力量，前美國海軍部長理察・丹齊格（Richard Danzig）的睿智名言「鼓勵創新與提升攻擊力，應該比購買更多船艦更重要」[5]就可能成真。二〇一八年六月四日的《時代雜誌》中，與時任國家情報總監的丹・柯茨（Dan Coats）討論並分析了各種情報相關議題。文章指出，柯茨擁有美國參議院情報專責委員會背景，並曾在二〇〇一年至二〇〇五年間擔任駐德國大使，擁有無懈可擊的資歷，但恐怕還是無法說服他的總統相信，美國情報界對伊朗核武發展是否符合規定等問題的評估有多少價值。

在這種環境下，五眼聯盟愈來愈需要聯手為情報價值代言，以徹底、準確的來源及方法為基礎的合理分析，站穩腳跟。就這一點而言，五眼聯盟與其政治監督者及領導階層，必須扮演一個不同層級的新角色。這一點在二〇一九年八月柯茨總監及其副總監蘇珊・M・戈登（Susan M. Gordon）相繼辭職時，變得不言自明；其凸顯出，優質、真實、非政治取向的情報，唯有不受政治影響，才符合國家利益，但這與政治監督者的觀念大相徑庭。

從以上的討論可以推演出，五眼聯盟需要的是一項以視情報為動態而非靜態的概念為基礎的「大戰略」。五眼聯盟各情報部門與機構的重要人員，會輪流在五國首都舉行兩年一度的「峰會」。在兩次峰會之間，來自各種專業情報社群的工作小組和圓桌會議，會研究當前及未來可能出現的問題，並將最重要的問題提交峰會解決。定期舉行會議相當重要，有鑑於如今我們曾討論過的，乃至無人能預見或預測的威脅的性質，都需要智囊團在會議中研擬因應之道。各方能在這種峰會中一同討論出威脅對象、整合解決方案、啟動聯合技術及行動合作，以及所需的規畫及預算。峰會成員可以邀請自己國內最優秀的顧問出席，以針對下一階段的技術革命及其對情報蒐集與分析的影響，達成共識。從安全的角度來看，五眼聯盟峰會需要對特殊計畫建立區隔，並制定出安全基準。在更廣泛的安全脈絡下，五眼聯盟必須有一致合意的方法，來因應內部威脅，以減輕內部背叛所造成的傷害，絕不該吝於分享任何可削弱內部背叛的系統及技術。只要有良好的區隔政策，就能避免讓一粒老鼠屎壞了一鍋粥，雖然從英國的費爾比及美國的沃克間諜網就能看出，一粒老鼠屎就足以造成嚴重的傷害。

這些峰會必須面對一個戰略性的問題，那就是民間／商業領域與政府的交流。對社會各個層面與活動的網路威脅，以及對關鍵商業智慧財產與國防及國安技術的攻擊，都需要新的方法來教育並訓練五眼聯盟的大眾與企業，如何對抗這些普遍存在的威脅。智慧財產外流，對經濟與國家安全是一個巨大的威脅，這不僅限於網路上，也威脅到現實世界與人民的安全。

峰會的討論也涵蓋了一個可能很容易被大眾所忽略的領域，那就是經濟情報。我們往往過度專注於其他情報領域及眾多自己面臨的威脅，很容易忘記許多全球經濟問題也可能轉變成威脅。大多數人都意識到，數十年來石油與天然氣對外交及商業政策的影響，也知道保護石油與天然氣供應，對民主國家的經濟有多重要。這一切都不會改變。然而，其他同樣普遍存在的經濟問題，可能在未來成為令人擔憂的威脅。水權爭議及供水問題，可能變得愈來愈嚴重。對於構成電子零組件及車輛與飛機等整套系統，乃至生活用品的關鍵礦物的分析，能夠揭示哪些國家擁有哪些礦產及商業目的，並界定出微妙的國際經濟平衡。在二十一世紀，全球經濟很可能將由哪些產業及產品需要哪些礦產，以及它們的產地及供應鏈所主導。

為了使這些峰會、乃至整個五眼聯盟在可預見的未來取得成功，我們必須清楚而明確地定義出「五眼聯盟戰略」是什麼。情報大戰略不僅關乎各機構「如何」產出「什麼」，而是他們「為什麼」要在「什麼時候」做「什麼」。接下來，才在執行中探討「什麼」與「如何」。「如何」取決於一個最重要的因素，就是五眼聯盟各成員國的國家利益，以及整個聯盟的整體利益。這些利益推動了「為什麼」，讓五眼聯盟情報圈在當今及可預見的未來，為現代社會提供重要的安全保障。

若沒有關於可能隨時間及各種全球局勢變化而改變的國家利益的明確定義，五眼聯盟偉大的情報傳統就可能變得岌岌可危。一九四一年八月十日，邱吉爾在停泊於紐芬蘭外的普拉森蒂亞灣的威爾斯親王號上，與從華盛頓搭乘奧古斯塔號（USS Augusta）前來的羅斯福會面。兩位偉人在打敗納粹的大戰略上達成了共識，而這個戰略基於一個關鍵的基本原則，那就是英國與美國的重大國家利益。五眼聯盟必須為了謀求由其政治領導階層所定義的重大國家利益，持續因應千變萬化的全球情勢，隨時調整情報行動、技術、來源、方法與分析。

五眼聯盟的歷史，是以合作與奉獻寫成的偉大歷史。五眼聯盟在實務層面上的核心，是來自美國、英國、加拿大、澳洲與紐西蘭，為這個卓越的社群做出巨大貢獻的情報專家。他們以卓越的才能為聯盟服務，未來也將繼續努力。

我有幸在過去五十年裡參與這個偉大的社群，雖然在整個聯盟的偉大事蹟中只扮演了微不足道的角色，但每個曾在這艱辛、動盪的五十年裡生活、工作過的人，其努力、奉獻、勤奮與犧牲累積起來，對世界產生了巨大的影響。我由衷相信這個跨國情報社群，代表了這五個偉大民主國家的核心力量與價值觀，體現了這五國不論在最黑暗的歲月還是最璀璨的勝利時刻，都能保持屹立不搖、堅定忠誠的能力。

延續至今的五眼聯盟文化

回顧五眼聯盟內所發生的種種，實在是非常不簡單。自一九四五年以來的七十五年裡，五國政府歷經更迭，但五眼聯盟卻沒有遭遇任何嚴重威脅地存續了下來。雖然曾經歷挑戰，但整體而言，從過去到現在將眾多成員凝聚在一起的專業與忠誠，是遠超乎政治更迭的，更深刻、更永續的象徵。在某種程度上，五眼聯盟定義了這五國在充滿不確定性的世界裡，堅持民主和自由的價值觀與奉獻的力量。

五眼聯盟的政治高層之間曾存在過一些政治對立，例如英國介入蘇伊士運河危機，以及美國介入越戰等問題，但這些問題從未破壞合作關係的根基。當北韓在一九五〇年六月二十五日入侵南韓時，五眼聯盟團結一致，協力作戰、分享情報，直到一九五三年七月二十七日達成停戰協議為止。英國在馬來西亞得到五眼聯盟中的大英國協盟友通力支持，成功鎮壓了叛亂行動。英國在越戰期間祕密支援美國，美國也在一九八二年的福克蘭群島戰爭中，全力支援英國。儘管在英美兩國在中東政策上存在政治分歧，其他三國則傾向透過聯合國在國際政治上扮演自己的角色，但在實務層面上，以合作關係為基礎的情報工作仍能延續至今。

附錄

影響我的偉人及導師

皇家海軍上將雷金納德・「眨眼者」・霍爾爵士

齊默曼電報事件是英國史上最偉大的情報勝利之一。它的一百週年紀念於二〇一七年舉行，而重要的是大家應該意識到一九一七年至今所有事件的連貫性。皇家海軍上將雷金納德・「眨眼者」・霍爾爵士，是史上最著名的情報行動策畫者。「眨眼者」這個暱稱得自其臉部持續的痙攣，不過，他以沉著冷靜著稱。霍爾在早年就以密碼學成功破解無線電報而展現才華。當時，霍爾還不知道他與下屬的行動，已經為日後從納粹時代的暴政中拯救文明世界的關鍵情報合作與最高機密分享，建構了舞台。

五眼聯盟的出現，在很大程度上要歸功於雷金納德・「眨眼者」・霍爾上將。如果沒有他建立的基礎，以及英國在兩次大戰期間歷經大蕭條造成的金融困境後仍能保有的實力，很難想像英國有辦法於一九三九年在布萊切利園，建立一個幫助國家打贏大戰，並與美國海軍情報局全面合作的最高機密組織。

「眨眼者」．霍爾的父親，是英國海軍情報局首位總監威廉．亨利．霍爾（William Henry Hall），因此，他對情報的熱情，在其加入皇家海軍前就已流淌在血液中。作為一名上校，「眨眼者」．霍爾在整個一次大戰期間擔任海軍情報部長，在齊默曼電報事件後於一九一七年晉升為少將。後來，他在一九二二年晉升中將，又在一九二六年晉升上將。

英國海軍情報部成立於一八八七年，主要任務是保護大英帝國的貿易利益。海軍情報部在一八八七年只有十名工作人員，年度預算約五千英鎊。許多皇家海軍高層對此編制持反對態度，例如，費雪上將（John Fisher）就曾明確譴責此編制將「出色的海軍軍官變成普通的文書人員」。

當霍爾當上海軍情報部長，且一次大戰於一九一四年八月爆發時，面臨許多出於偏見與無知的反對。我們今天所理解的作戰情報，在當時還很原始，甚至根本還不存在。霍爾採取了一個非凡的舉措，徹底改變了海戰的樣貌。他的這項舉措如今看起來可能無甚稀奇，但在一九一四年卻無人能想見。霍爾意識到，可以利用無線電通訊及密碼學打贏戰爭，套一句現代的說法，他就是一個在技術上改變遊戲規則的人。霍爾巧妙運用的理論基礎，來自阿爾弗雷德．尤因爵士（Sir Alfred Ewing），他是劍橋大學機械工程教授，獲邀進入海軍部擔任海軍教育部長，並建立了第一支密碼團隊。霍爾成立了一次大戰中海軍情報工作核心的「四十號辦公室」，並建立了一支一流的解碼專家團隊。

霍爾面臨最大的問題是要跟海軍部作戰處打交道。作戰處有種根深柢固的偏見，他們不喜歡讓一群多數為非軍職的新技術專家，根據無線電截獲的情報來指導軍事行動。霍爾清楚知道問題癥結：作戰人員不願與四十號辦公室的文職解碼專家分享他們的作戰資料，而後者被剝奪了重要的機會，無法根據當下與計畫中的英國海軍行動及德國對手，來分析與破解密碼情報。在一九一六年的日德蘭（Jutland）海戰中，充滿了因未能巧妙利用這類情報而導致的失敗。在探討為什麼日德蘭海戰打得不如皇家海軍乃至舉國上下所預期的那麼成功時，這一點往往被低估。

那麼，霍爾在一九一七年一月至三月之間，做了哪些將永遠被記錄在全球所有情報機構的史冊中，並為五眼聯盟的情報工作擘畫了藍圖的大事？首先要看的，是霍爾與他的四十號辦公室團隊，當時處在什麼樣的政治與軍事脈絡下。美國在一九一七年一月尚未參戰。德國計畫於一九一七年二月一日重啟無限制潛艇戰（unrestricted U-boat warfare），試圖攻擊英國最重要的國家利益——海上貿易，來拖垮英國經濟。這可能成為美國總統說服自國人民加入協約國作戰的轉捩點，因為當時美國有憤怒且言辭激烈的愛爾蘭裔與德裔人口，反英情緒其實頗為高漲。其次，在一九一七年一月十一日，德國外交部長阿圖爾・齊默曼（Arthur Zimmermann）向同意以密碼形式收發電報的駐柏林美國大使詹姆斯・W・傑勒德（James W. Gerard），發出了一份密碼電報。美國大使館在五日後的一九一七年一月十六日轉發了這封電報。

德國外交部為什麼要利用美國大使館來傳遞訊息？例如從華盛頓特區發齊默曼電報給人在墨西哥市的德國大使海因里希・馮・埃克哈特（Heinrich von Eckhardt）？霍爾及其團隊很早就意識到海底通訊電纜可以是重要的情報來源，而且切斷電纜就等同於剝奪敵方重要的通訊手段。英國在一九一四年開戰之初，就切斷了德國的跨大西洋海底電纜。美國在一九一四年還是中立國，允許德國在有限範圍內使用聯通歐洲與美國的跨大西洋電纜，主因是伍德羅・威爾遜總統正在推動和談，希望確保柏林與美國的外交對話管道暢通。齊默曼在電報中指示德國駐墨西哥市大使通知墨西哥總統貝努斯蒂諾・卡蘭薩（Venustiano Carranza），如果美國對德國宣戰，德國將以經濟援助墨西哥來對抗美國，幫助他們奪回在美墨戰爭中失去的領土。這對美國政府及人民而言是一顆巨大的震撼彈。

霍爾的四十號辦公室讀取了所有（經由美國駐丹麥大使館傳送的）美國通訊，其中也包括所有由美國駐柏林大使館轉發的德國通訊，有些經過加密，有些則否。美國的電纜經過英國，截取點是位於蘭茲恩德（Land's End）附近的波什克諾（Porthcurno）的一座中繼站。霍爾的文職解碼專家奈傑爾・德・格雷（Nigel de Grey）與威廉・蒙哥馬利（William Montgomery）在英國於一九一七年一月十七日截獲齊默曼電報後的第二天，就成功破解了電報內容，速度與效率都令人驚訝。霍爾及其團隊先前還達成了兩個相當關鍵的成就。四十號辦公室在美索不達米亞戰役期間，還偷取到了德國的一三〇四〇外交密碼（Diplomatic Cipher 13040），並且由於私下與俄國人關係良好，霍爾還獲得了極為重要的德國〇〇七五海軍密碼（Naval Cipher 0075，讀者對此〇〇七的淵源應該很熟悉），這是俄國人從擱淺的德國巡洋艦馬德堡號（Magdeburg）上取得的。霍爾一直祕密維持與俄羅斯的聯繫。

霍爾的高明之處，在於他接下來做了哪些事、沒做哪些事。美國人可能會認為，這一切都是英國想將美國捲入戰爭的狡猾陰謀。這封電報有兩點非常明確：德國將自一九一七年二月一日重啟無限制潛艇戰，並向墨西哥提議組成由德國提供資金的德墨軍事聯盟。霍爾需要一個故事，來掩飾他對德國密碼的了解，也不能讓美國人知道四十號辦公室正在閱讀他們與其他人的通訊，同時還得讓威爾遜及其政府相信這封電報內容是真的，而不是英國偽造的。

霍爾從未與英國外交部或海軍部內的任何人諮詢過，僅與自己的團隊一起行動。他制定了一套「欺瞞計畫」，而這就是霍爾及其團隊最高明的地方。霍爾掌握到一個重點：德國駐華盛頓大使館一收到電報，就會轉發給德國駐墨西哥市大使館。霍爾也知道他們使用的是一家商業電報公司。海軍情報部的特務，賄賂了一名墨西哥電報員工去取得密碼，讓霍爾得以告訴美國人，這是直接從華盛頓特區的墨西哥電報公司發出的。這個過程很簡單，但很精明。同時，霍爾還巧妙利用時機，先是按兵不動，一直等到德國於一九一七年二月一日宣布重啟無限制潛艇戰，美國又在二月三日與德國斷交後，霍爾才做了兩件關鍵的事。他直到二月五日才向英國外交大臣報告，強烈要求英國外交部在自己採取各種行動前，暫停與美國的所有外交行動。

霍爾在知會英國外交部後，於一九一七年二月十九日與美國駐倫敦大使館祕書愛德華·

貝爾（Edward Bell）接洽，隔天又與美國駐聖詹姆士朝廷（Court of St James's）大使沃爾特・海因斯・佩奇（Walter Hines Page）會面，並將電報交給他。三天後，佩奇大使與英國外交大臣亞瑟・貝爾福（Arthur Balfour）會面，而貝爾福根據霍爾的建議，將從墨西哥偷來的〈齊默曼電報〉密碼電文及英文譯本交給了佩奇大使。在華盛頓經過一番分析與討論後，威爾遜總統終於採信了。

霍爾於一九一七年二月二十八日將電報內容公開，立刻激起美國大眾對德國與墨西哥的怒火。威爾遜及其高階幕僚也意識到，他們必須保護英國的「墨西哥密碼」及破解密碼的能力，為多年後的英美特殊關係打下最早的基礎。如同一九四二年的經典名片《北非諜影》（*Casablanca*）片尾，亨弗萊・鮑嘉（Humphrey Bogart）所飾演的瑞克・布萊恩（Rick Blaine）對克勞德・雷恩斯（Claude Rains）飾演的憤世嫉俗的法國警長路易・雷諾（Louis Renault）所說的那句經典名句：「路易，我想這是一段美好友誼的開始。」美國為英國保密，的確是一段特殊關係的開端。

對霍爾及其四十號辦公室團隊而言，更幸運的是，墨西哥總統被告知德國的經濟援助並不可靠，墨西哥戰勝美國的可能性也不大。總統貝努斯蒂亞諾・卡蘭薩也被告知，即使德國的經濟援助成真，同在南美且是墨西哥軍購來源的阿根廷、巴西與智利，可能也不會支持墨西哥與德國結盟並對抗美國。儘管如此，墨西哥政府並沒有對德國實施禁運，這讓美國感到懊惱，而且，墨西哥在整個一次大戰期間，持續與德國維持貿易往來。然而，墨西哥在二次大戰中並沒有重蹈覆轍，而是在一九四二年五月二十二日向軸心國宣戰。

最致命的一擊來自阿圖爾・齊默曼本人，他在一九一七年三月三日的一場記者會上，魯莽地宣布該電報內容屬實，接著又在一九一七年三月二十九日，在國會天真地宣稱，根據這項計畫，唯有在美國對德國宣戰時，德國才會為墨西哥提供經濟援助。威爾遜總統在一九一七年四月二日請求國會批准後，美國國會於一九一七年四月六日對德國宣戰。

霍爾與他的四十號辦公室團隊贏得漂亮。不久之後，霍爾晉升為海軍少將。

霍爾的成就以及他與美國同僚的關係，在一百零三年後的二〇二〇年的脈絡下依然重要。美國駐倫敦大使沃爾特・海因斯・佩奇（1855~1918）將霍爾形容為一次大戰中最具影響力的天才人物。倫敦的西敏寺（Westminster Abbey）中，鑲有一塊紀念沃爾特・海因斯・佩奇的牌匾。他和霍爾之間的特殊關係，讓英美兩國得以永遠團結一致地分享敏感情報。

麥克・霍華德爵士

麥克・霍華德爵士（Sir Michael Howard, 1922~2019）在威靈頓學院（Wellington College）及牛津大學基督堂學院（Christ Church）畢業後，參加了冷溪衛隊（Coldstream Guards），一九四四年在義大利戰線的第一次卡西諾山戰役（Battle of Monte Cassino）中，

因表現英勇而獲頒軍功十字勳章（Military Cross）。他在倫敦國王學院創立了戰爭研究系，從一個低階助教開始，憑藉優秀的研究與教學能力，以及積極不懈的領導力，將該系發展成一個規模雖小但治學扎實的系所。他在我加入國王學院時離開，到牛津大學擔任戰爭史「奇切爾」冠名教授（Chichele Professor of the History of War），又在一九八〇年至一九八九年擔任最高榮譽的現代史欽定教授，接替了著有暢銷書《希特勒的末日》（*The Last Days of Hitler*）的休・崔佛－羅珀教授（Hugh Trevor-Roper，後來晉升為戴克男爵〔Baron Dacre〕）。麥克・霍華德於一九八九年至一九九三年間，在耶魯大學擔任軍事史與海軍史「勞勃・A・洛維特」冠名教授（Robert A. Lovett Professor of Military and Naval History），並在此結束他的學術生涯。我還在巴布萊克中學（Bablake School）求學時，曾讀過麥克・霍華德撰寫的《一八七〇～一八七一普法戰爭》（*The Franco-Prussian War of 1870–71*），雖然當時我還年少，就已經對他爬梳細節的功力、精巧的分析及優美的文筆，讚歎不已。

我開始在國王學院做研究時，他與繼任的勞倫斯・馬丁爵士（Sir Laurence Martin）正在辦理交接。勞倫斯・馬丁爵士擁有劍橋大學基督學院（Christ's College）及耶魯大學學位，他在國王學院任教十年後，於一九七八年成為新堡大學（Newcastle University）副校長，又於一九九一年擔任查塔姆研究所（Chatham House，正式名稱為皇家國際事務研究所〔Royal Institute of International Affairs〕）所長。

我與勞倫斯・馬丁有不錯的交情，很欣賞他對國防與情報的「美式觀點」，隨著我的研究逐漸成形，他與我都迅速意識到，大家都需要密切參與我的論述。

布萊恩・蘭夫特

我與布萊恩・蘭夫特（Bryan Ranft）教授的初次接觸，是在格林威治皇家海軍學院，他在該校擔任海軍史和國際事務的負責人。布萊恩與麥克・霍華德同樣是二次大戰退伍軍人，曾就讀於曼徹斯特文理學校（Manchester Grammar School）及牛津大學貝里歐學院（Balliol College），並在二次大戰爆發前夕畢業。

蘭夫特就讀於貝里歐學院時期的同學，包括丹尼斯・希利（1917~2015）；希利曾歷任國防大臣（一九六四年至一九七〇年在位）、財政大臣（一九七四年至一九七九年在位），最後在一九八〇年至一九八三年間擔任工黨副黨魁。希利於二次大戰期間也在英國陸軍服役，並在北非戰線、義大利戰線及安齊奧戰役（Battle of Anzio）中擔任皇家工兵團的少校。希利出身平凡，在就讀於布萊福德文理學校（Bradford Grammar School）時獲得獎學金，進入貝里歐學院。希利就讀牛津大學期間，在一九三七年至一九四〇年間曾是共產黨員，在法國落入納粹手中時脫黨。希利在牛津大學成績優異，於一九四〇年獲得「雙一流」（Double First）學位。在貝里歐學院時，他不僅與布萊恩・蘭夫特私交甚篤，也與未來的保守黨首相愛德華・希思成為終生好友與政治對手，並接替他擔任貝里歐學院學生會主席。布萊恩・蘭夫特在牛津大學的博士論文主題是海上貿易保護，詳細追溯了英國早年為保護貿易採取海洋戰略而獲得成功的經緯，研究內容相當精彩。

蘭夫特與希利在後者擔任國防大臣期間，爆發了嚴重的論爭，當時，希利極力縮減皇家海軍的規模、型態、軍力與部署。他取消了航空母艦的汰換計畫，在最後一艘航空母艦除役時，終結了皇家海軍的定翼機航空隊。海外基地一一關閉，皇家海軍結束了在遠東及地中海的持續前沿存在，淪為一支活動範圍僅限於東北大西洋的海軍。這些是希利面臨嚴峻的預算問題所做出的決定，但蘭夫特認為，從戰略上來看，他的政策失衡，過度著重了部署在歐洲中部前線的萊茵軍，而許多海軍專家認為這是不必要的，因為美國的陸軍及空軍已經在這裡布有重兵，加上北約（其實就是美國）擁有在紅軍及其華沙公約組織盟友試圖越過作戰地區前緣（FEBA）時，使用戰術核武的能力。

蘭夫特在幾篇立論有據的論文中指出，蘇聯的擴張主義與侵略姿態主要展現在海上，蘇聯海軍上將謝爾蓋・戈爾什科夫（1910~1988）在蘇聯領導階層的支持下，為了確保蘇聯的重要國家利益而遵循傳統的海上戰略。日後證明，蘭夫特的論點完全正確，但希利對皇家海軍的軍力結構及可部署能力所造成的嚴重損害，已經無可挽回。

布萊恩・蘭夫特在一九六〇年代晚期就意識到我的研究彰顯出一個重大但未被探討的議題，以如今的觀點回顧，這一點可能顯得很不尋常。當時，我深受啟發地積極研究納粹時代，而且對於海戰，以及情報對盟軍在歐洲與太平洋海上的勝利中所發揮的關鍵作用，也有著濃厚的興趣。布萊恩・蘭夫特的友善與慷慨，對我著實助益良多。

哈利・辛斯利爵士

哈利・辛斯利爵士在一九一八年十一月二十六日生於英格蘭中部的沃爾索爾（Walsall），於一九九八年二月十六日因肺癌在劍橋去世，享壽七十九歲。他出身平凡，但才智上極具天賦。大家都誤以為，在一九三〇年代那階級分明的社會裡，勞工階級的孩子沒有機會向上爬，但年輕的哈利卻獲得了進入沃爾索爾的瑪麗皇后文理學校（Queen Mary's Grammar School）求學的機會。一九三七年，辛斯利以優秀成績獲得一項獎學金，進入劍橋大學聖約翰學院攻讀歷史。他在劍橋大學表現優異，於多年後的一九八五年當選英國國家學術院院士（FBA）。

在納粹德國於一九三九年九月一日入侵波蘭後，內維爾・張伯倫於一九三九年九月三日宣戰，當時布萊切利園的政府密碼及暗號學校開始尋找最優秀、最聰明的人才，來因應納粹的挑戰。在經過布萊切利園的傳奇指揮官亞歷山大・「阿拉斯泰爾」・丹尼斯頓中校（Alexander "Alastair" Deniston, 1881~1961）的面試後，哈利・辛斯利很快就開始在「四號小屋」（Hut

4）工作；四號小屋在數十年後的一九七〇年代晚期／一九八〇年代初期，成為幫助盟軍打贏戰爭的解碼行動代名詞。四號小屋是擊敗納粹及其盟友，尤其是成功抵禦U型潛艦，並以最神祕的祕密手段，幫助盟軍打贏大西洋戰役的成功關鍵。邱吉爾深知，倘若英美之間的海上貿易無法維持，英國的戰力恐將以痛苦的死亡告終，他在戰時的演講就反映了這個嚴酷的現實。

在布萊切利園，辛斯利與美國，尤其是美國海軍情報局通力合作。丹尼斯頓中校十分稱許辛斯利，以及艾倫・圖靈、戈登・魏奇曼等布萊切利園的傑出人才的才智。一九四三年底，年紀尚輕的辛斯利便前往華盛頓特區，與美國針對一項最高機密的訊號情報協議進行交涉。

戰爭接近尾聲時，辛斯利在愛德華・特拉維斯爵士（1888~1956）的指揮下工作。特拉維斯曾獲頒爵級司令勳章（KCMG）及司令勳章（CBE），在布萊切利園扮演了非常重要的角色，他在二次大戰期間出任行動主任，後來又在政府通訊總部擔任主任。特拉維斯於一九〇六年加入皇家海軍擔任主計官（Paymaster officer），並在鐵公爵號戰艦（HMS Iron Duke）上服役。在一九一六年至一九一八年期間，特拉維斯進入著名的四十號辦公室，在「眨眼者」・霍爾上校的指揮下工作，一九二五年到政府密碼及暗號學校擔任丹尼斯頓的副手，到了二次大戰期間，又成為布萊切利園的關鍵人物，最後這段經歷已有多本書籍詳述。

特拉維斯在一九四三年英美的《布魯沙協議》，以及一九四六年最高機密的祕密情報協議的簽署上，扮演了重要的角色，鞏固了戰後英美的特殊關係，並為五眼聯盟情報協議的創建，以及史上維持最久的情報合作奠定了基礎。特拉維斯於一九四四年六月獲封爵士，封爵的理由被列為機密，但名義上是因為外交服務有功，在某種程度上也算是實至名歸。

戰爭結束後，哈利．辛斯利因工作表現優異，於一九四六年獲頒官佐勳章（OBE），並與他在布萊切利園結識的希拉蕊．布雷特－史密斯女士（Hilary Brett-Smith）結婚。一九四五年，他回到劍橋大學，並被選為聖約翰學院院士。

在我開始與他共事的一九六九年，他因一九六二年出版的重要著作《和平崛起論》（*Power and the Pursuit of Peace*）[1]而榮升國際關係學教授，該書在國際上備受好評，奠定

（由左至右）哈利．辛斯利、愛德華．特拉維斯爵士及約翰．蒂曼（John Titman）攝於華盛頓，1945年11月。（圖片出處：US National Archives）

了他的學術聲譽。

他所編纂的二次大戰期間英國情報官方史，徹底改變了歷史學家、分析家、媒體、現代情報機構與人員、現役與退役將士的世界觀，在一九八五年獲封爵士，實屬實至名歸。他在一九八九年卸任聖約翰學院院長退休，安享辛勤工作的成果，直到一九九八年二月去世，享壽七十九歲。而我則是在一九七二年十二月六日獲得自己努力追求的榮譽，獲頒倫敦大學國王學院哲學博士學位。[2]

海軍中將諾曼·「內德」·丹寧爵士

退役海軍中將諾曼·「內德」·丹寧爵士（1904~1979）是我有幸定期會面的人士中，最優秀的人物之一。他曾是二次大戰期間著名的「三十九號辦公室」（Room 39）的成員，後來歷任海軍情報局局長（一九六〇年至一九六四年在位）、國防情報副參謀長（一九六四年至一九六七年在位），更早也曾在一九五六年至一九五八年期間，於格林威治擔任高階職位。我在布萊恩·蘭夫特的引介下，初次與丹寧中將見面，當時丹寧中將已經退休，並擔任著名的「國防與國安媒體諮詢委員會」（Defense and Security Media Advisory Board，又名「國防機密通知委員會」〔D Notices Committee〕）主席。該委員會的宗旨，是確保英國媒體不會在不知情的情況下洩露國家機密，意味著丹寧中將幾乎每天都會與弗利特街（Fleet Street）上所有的報社編輯、私人電視台與英國廣播公司（BBC）高層，以及任何可能洩露國安相關消息者有著密切的聯繫。

我經常與丹寧中將會面。他毫不保留地分享非凡的經歷與豐富的回憶，內容著實令人驚歎。他的職業生涯從史上最大的戰爭一路涵蓋到冷戰時期。我們每次會面約兩小時，會後常一起享用午餐，因此，有幸聽他說起自己的故事、見解、軼事，尤其是分享他無價的智慧。

丹寧中將的兄長是被柴契爾夫人譽為「現代最偉大的英國法官之一」的大法官阿爾弗雷德·湯普森·「湯姆」·丹寧勳爵（Lord Justice Alfred Thompson “Tom” Denning, 1899~1999）。丹寧勳爵於一九二一年進入林肯律師學院，並於一九二三年六月成為律師，是牛津大學莫德林學院（Magdalen College）的傑出校友。我自己在近四十年前的一九八〇年十一月成為出身自林肯律師學院的高級律師，可以說是命運的巧合讓我有幸認識這對兄弟，他們兩位出身平凡，卻都晉身英國最高位階，顛覆了大家對英國在二十世紀初期到中期是一個階級分明的社會的認知。

詹姆斯・麥康納

在格林威治的第二年，我和同事，包括軍方教職人員與平民學者，迎接了一位來自美國國家安全局及美國海軍重要智庫海軍分析中心（CNA）的美國專家詹姆斯・麥康納（James McConnell），他是一位極有才幹且信譽卓著的蘇聯情報分析家，同時也是熟知蘇聯海軍一切事物的專家。麥康納畢業於哥倫比亞大學俄語系。他是格林威治唯一一位俄語流利，能讀出蘇聯軍事及戰略思想中細微差異的人，為俄羅斯公開資料的終極專家，不但深入了解這些資料的內容、如何獲取它們，還有最重要的是，如何將這些資料與高度機密的情報來源，尤其是訊號情報與人力情報，進行比對後加以詮釋，因此，他成為布萊恩・蘭夫特團隊亟需的生力軍。他和我不僅成為密切合作的同事，也結為終生摯友。

詹姆斯・麥康納在我於一九七六年被派往華盛頓這個職涯上的一大改變中，具有關鍵性的作用。詹姆斯向我傳授了許多俄羅斯情報來源與方法的知識，幫助我理解他們的戰略思維，以及這些思維如何體現在他們的建造計畫、作戰部署，還有利用海軍軍力達成目標之上。他深入研究蘇聯的軍事文獻和思想，而我在這方面完全無法企及，只能竭盡所能地吸收他這位拒絕把常規當真理的一流獨立思想家的所有知識。

他的卓越特質，讓美國海軍、英國及其他盟友，從一九七〇年代初期直到蘇聯解體都獲益匪淺。他與包括我在內的同儕，會在適當時機對各種美國情報評估的準確性，以及所依據的資料提出質疑。他選擇以格林威治為據點，而不是留在美國駐倫敦大使館擔任中央情報局站長幕僚，或到英國國防部擔任國防情報或海軍情報分析家。他堅持獨立思考，保有能在英國對蘇聯擁有深厚思想基礎的各種圈子之間來去的自由，不僅限於國防與情報圈，也包括學術圈。

他與我分享了對於蘇聯的關鍵海軍核威懾資產，也就是在一九七〇年代初期相當於英美海軍的北極星飛彈潛艦的戰略核動力潛艦的角色、任務及戰術部署細節，將往哪個方向發展的大膽看法。他的「保留策略」（Withholding Strategy）假說，精準預測了蘇聯海軍的戰略思維，也就是一旦核戰爆發，蘇聯將把戰略核動力潛艦當成備用的第二次打擊軍力，會竭盡所能把它們保護在堅不可摧的「堡壘」（bastions）裡。這些「堡壘」位於北極冰帽下，蘇聯會在北冰洋上尋找冰沼湖（polynyas）或薄冰覆蓋的地點，從這種地點以潛艦發射核子彈道飛彈，對美國及盟友進行第二次打擊。這意味著，蘇聯需要將潛艦進行冰硬化，並將北極當作關鍵的堡壘，其他堡壘則可能位於北挪威海及巴倫支海中具有可防禦範圍的海域。這些堡壘將由多種戰術資產全面保護。

這不僅是嶄新且創新的思考與評估，也挑戰了傳統的報告、分析，以及美國的國家情報評估。差異在於嚴格的傳統情報來源與方法、從這些來源獲得的分析結果，以及麥康納將這些資料來源與蘇聯的公開情報來源做比對的獨特手法之間的三角關係。後者對西方來源而言不易獲得，通常得透過祕密手段獲取。它們在蘇聯並不常向大眾公開，儘管未被列為機密，但在發布上還是有所限制。除了這些較隱蔽的蘇聯公開來源，還有蘇聯科學家與工程師在專業圈內發表的技術論文，它們也未被列為機密，但要取得還是有點難度。

麥康納大量使用這些資源，並做出極為有效的分析。這些分析非常可靠，將之與高度機密的英美情報來源一起閱讀，對蘇聯意圖就能產生新的觀點。在閱讀這些分析的同時，我總會為自己語言能力匱乏，頂多只會一些少得可憐的俄語詞彙感到汗顏。麥康納是個獨樹一幟的人才，英國相關人員因他在格林威治的服務，得以熟悉他的方法與成果，有幸在那數十年間向他學習，讓英國獲益匪淺。

阿拉斯泰爾・布坎名譽教授

我清楚地記得在一九七〇年代初接到通知，我與一名皇家海軍陸戰隊軍官、兩名陸軍軍官及兩名皇家空軍軍官，一同獲選參加牛津大學的一門專為我們設計的課程，主講者是牛津大學國際關係「曼特裘・波頓」冠名教授（Montague Burton Professor of International Relations）阿拉斯泰爾・布坎（Alastair Buchan, 1918~1976），他是名作家兼前加拿大總督約翰・布坎（John Buchan）之子。他在牛津大學任教前，曾擔任國際戰略研究所（International Institute of Strategic Studies）所長，以及帝國國防學院（Imperial Defense College）校長，二次大戰時期曾在加拿大陸軍服役。這門課程要求很高，但極具啟發性。我是學生中唯一的全職情報人員，但與他人建立了持久的關係。撰寫本書時，我下意識且潛移默化地運用了在一九六〇年代從阿拉斯泰爾．布坎與其他導師身上學到的知識。

大衛．卡恩

透過我在情報圈與學術圈的關係，我對美國人大衛．卡恩（David Kahn）相當熟悉。他是《破譯者：人類密碼史》（*The Codebreakers—The Story of Secret Writing*）的作者，該書詳述且分析了從古埃及到一九六七年的密碼學歷史。我在攻讀博士學位期間，曾研讀大衛．卡恩的著作，因此當他以研究學者的身分來到牛津大學聖安東尼學院（St Antony's College）時，我便計畫與他會面。

一九七四年，大衛．卡恩在地位崇高的牛津大學現代史欽定教授，休．崔佛－羅珀的指導下，取得了德國近代史哲學博士學位。我自然很想親自與他交流，因此，在多次前往牛津拜訪前述的其他知名人士時，也見到了他。我對他在出版著作時遇到的一些困難很感興趣，因為美國國家安全局希望他的出版商刪除某些內容，即使這些部分是使用公開資料寫成的。

我深入研讀了他的密碼學研究，也明白了他如何成功蒐集到如此龐大宏偉的資料集。我對大衛・卡恩有極高的評價，也認為他的研究成果無與倫比。後來，他將自己的重要研究論文與個人文件，捐贈給國家安全局檔案館。即使與美國政府有過一些意見分歧，大衛・卡恩成為了一位造福情報圈且備受尊崇的密碼學史學家，也被國家安全局視為自己的一員。

彼得・傑伊

彼得・傑伊（Peter Jay）曾在皇家海軍服役，也曾在財政部擔任公職，最後轉行成為記者，在《泰晤士報》（*The Times*）當了十年經濟線編輯。彼得・傑伊聰穎過人，擁有牛津大學基督堂學院的哲學、政治學及經濟學（PPE）一流學位，也曾擔任牛津大學辯論社社長。父親是工黨政治家道格拉斯・傑伊（Douglas Jay，後來被封為傑伊男爵〔Baron Jay〕）。

彼得・傑伊是一位極有才幹、很受歡迎的講師。他對自己的議題非常瞭解，陳述得相當清楚幽默，能技巧嫻熟地回答英國與世界經濟的相關問題。我原本沒有多注意這一點，直到有一天，我被召喚到院長辦公室。「泰迪」・艾利斯少將（"Teddy" Ellis）是一位風趣的人，這是他在退休前的最後一個職位。我跟他的兒子很熟，他也是一名皇家海軍軍官，資歷與我差不多。艾利斯少將拜託我幫他一個忙，我當然好奇是什麼事。他表示，自己不能命令我去做他要求的這件事，但顯然希望我能同意。他表示，自己知道我透過他的講座認識了彼得・傑伊，而彼得・傑伊是詹姆斯・卡拉漢的女婿。艾利斯少將解釋，彼得・傑伊計畫駕駛一艘帆船橫渡大西洋到美國。當時還沒有全球定位技術（GPS），帆船上也沒有達卡導航儀（Decca navigator），或可供船舶在遠距離無線電發射器範圍內，以無線電方位定位的遠距離無線電導航系統（LORAN）。彼得・傑伊告訴艾利斯少將，自己渴望學習天文導航，是否能幫忙找個合適的人來教他，而當時學院教職員中唯一的導航教官就是我。我該教他嗎？我毫不猶豫地答應了：「是的，長官，我非常樂意。」艾利斯少將非常高興，我離開辦公室時又給他多留下了幾分好印象。我忠實地履行了職責，而且老實說，我非常享受這場互動。彼得・傑伊聰穎過人，我也傾囊相授了必要的技能，幫助他安全地橫渡大西洋。

當時，我並沒有意識到自己正在訓練的是未來的英國駐美大使，而他的岳父則是未來的首相。幾年後，在華盛頓的英國大使館裡，這段往事讓我在向上級解釋自己與這位新任大使的關係時有點尷尬。在他之前的前任大使，是優秀且人緣極佳的職業外交官彼得・賴姆斯博沙爵士（Sir Peter Ramsbotham，大使任期為一九七四年至一九七七年），他同樣受到美國人的高度尊崇，是使館內全體人員的寵兒。柴契爾夫人在一九七九年當選為首相後，迅速安排彼得・傑伊離開駐美大使館，由另一位職業外交官尼古拉斯・韓德森爵士（Sir Nicholas Henderson）繼任。

海軍上將尼古拉斯．杭特爵士與海軍上將詹姆斯．艾伯禮爵士

我在海上服役的歲月裡，有兩位高階皇家海軍軍官對我的職涯與思想產生了深遠的影響。我對他們的領導能力與卓越智慧極為推崇，這兩位後來都晉升為四星上將，並因服役有功而獲封爵。第一位是我在無畏號上服役時的艦長尼古拉斯．杭特（Nicholas Hun, 1930~2013），他曾於一九八五年至一九八七年擔任艦隊總司令，以及英倫海峽及東大西洋盟軍總司令。我認識他時，他還是一位年輕男孩的父親，這位男孩後來成為英國衛生大臣，後來又擔任外交大臣，直到二〇一九年辭職，他就是傑瑞米．杭特議員（Jeremy Hunt, MP）。

當我在杭特艦長的指揮下於無畏號上服役時，曾參與二次大戰的詹姆斯．艾伯禮少將（James Eberle, 1927~2018）是我們的航空母艦及兩棲艦艇將官。他曾於一九七九年至一九八一年間擔任艦隊總司令，一九八一年至一九八二年間擔任本土海軍總司令，退役後還在一九八四年至一九九〇年間擔任皇家國際事務研究所所長。

這兩位將領對我的思想與領導能力有深遠影響。我在後來的海軍生涯中，都與他們兩位維持聯繫，而且在我於一九八三年永久定居美國後，依然與杭特上將保持聯絡。他們兩位都是幫助我培養了海軍與戰略思維的思想家，也是讓我的職涯發展獲益良多，為我樹立了良好榜樣的大恩人。

丹尼爾・派翠克・歐康諾

一九七三年是格林威治皇家海軍學院成立一百週年；格林威治皇家海軍學院於一九九八年關閉，當時英國所有軍種的高等軍事教育，被合併成位於牛津郡沃奇菲爾德（Watchfield）的三軍聯合指揮與參謀學院。如今原校址由格林威治舊皇家海軍學院基金會（Greenwich Foundation for the Old Royal Naval College）負責管理。在這個值得慶祝的一年裡，我有幸成為學院的工作人員，在伊麗莎白女王與其他重要人物來訪時，協助張羅晚宴。我們舉辦了一場「海洋法」座談會兼研討會，我相信這是有史以來第一次大規模的相關聚會。

身為其中最資淺（至少就年齡來看）的工作人員，院長指派我負責整場會議的後勤工作。幸運的是，這使我有機會與所有演講嘉賓及與會者互動，其中有一位人物在眾多嘉賓中脫穎而出，他是整場會議裡最重要的貢獻者，發表了一系列出色的演講。他就是丹尼爾・派翠克・歐康諾教授（Daniel Patrick O'Connell, 1924~1979）。他出生於紐西蘭的奧克蘭市，從一九七二年到一九七九年在牛津逝世為止，都在牛津大學擔任公共國際法「奇切爾」冠名教授（Chichele Professor of Public International Law）。我至今仍認為，他的著作《法律對海權的影響》（*The Influence of Law on Sea Power*）與《國際海洋法》（*The International Law of the Sea*，於其歿後出版）[3]是海洋法領域的重要作品，後者更是一部權威性的大作。歐康諾教授開創性的著作與當時的會議紀錄，對於透過英國政府與海軍管道促成《聯合國海洋法公約》的制定，具有推波助瀾的作用；此公約在一九八二年十二月十日由一百五十七個締約國簽署，並在一九九四年十一月十六日生效。

我在後勤工作中與歐康諾教授互動時，他對我們在結合情報與海洋法方面的想法，產生了極大的興趣，認為這有助於維護國際秩序，不僅在公海上，也在範圍更廣的舉世和平與秩序上。後來，我又數度造訪牛津發展這些想法。在造訪歐康諾教授的同時，我也得以維繫與布坎教授及崔佛－羅珀教授的密切關係。這是一段結合法律、情報與近代史，預測冷戰走向及如何對抗蘇聯與華沙公約組織的啟發性暨知性體驗。

我踏入海洋法的領域時，歐康諾教授鼓勵我必須更廣泛、更詳細地研究法律問題，讓我後來在對抗海上的國際恐怖主義、槍械走私、人口販運、毒品貿易及非法軍火交易等問題時，占有極大的優勢。如今，中國在南海的侵略行為，以及海牙的國際商會國際仲裁院對中國的裁決，讓我關注的焦點不僅限於情報的意涵，也涵蓋了緊密交織的法律層面。我在海洋法方面的深入鑽研，讓我在履行離開格林威治後的第一場海上任命時，於一九七五年七月二十九日錄取法院四大學院之一的林肯律師學院，並在日後成為英國高級律師。

海軍上將赫伯特・瑞奇蒙爵士

格林威治海軍學術的教員有一個私人餐會俱樂部，只針對在海軍戰略、計畫、情報及行動等重要領域，以及有關上述領域的當代國際關係及政治的卓越學者開放。我有幸加入這個少數菁英集團，也就是以海軍上將赫伯特・瑞奇蒙（Herbert Richmond, 1871~1946）的名字命名的「赫伯特・瑞奇蒙餐會俱樂部」（Herbert Richmond Dining Club）。他在一九一二年十月創辦了以「在海軍內部推廣及傳播海軍專業相關的高階知識」為目標的《海軍評論》（*The Naval Review*），至今仍是一個提供海軍戰略、行動，以及相關的政治、經濟、社會、外交與歷史因素的高品質思想及論述的重要資訊來源。瑞奇蒙不僅是一位非常成功的海軍指揮官，同時也是一位優秀的知識分子。他以四星上將的軍銜退役後，於一九三四年至一九三六年間擔任帝國與海軍史「維爾・哈姆斯沃思」冠名教授（Vere Harmsworth Professor of Imperial and Naval History），並於一九三四年至一九四六年間擔任劍橋大學唐寧學院（Downing College）院長。他被譽為「該世代最傑出的海軍軍官」，也因一流海軍歷史學家的身分而被譽為「英國馬漢」（British Mahan，編註：馬漢是指阿爾弗雷德・賽耶・馬漢〔（Alfred Thayer Mahan,1840~1914〕，為美國海軍，認為制海權對一國的力量最為重要）。他在教授高級軍官課程後，於一九二〇年至一九二二年間擔任格林威治皇家海軍學院院長。從皇家海軍退役後，他很早就預見了日本將成為威脅，以及英國政府應如何抵制日本將發展成擴張主義的行動。

海軍中將洛伊・「格斯」・哈勒戴爵士

在華盛頓任職時，我的匯報鏈是透過五角大廈海軍作戰部長辦公室轄下的系統分析部（Op-96），轉交給英國海軍駐美武官——海軍少將洛伊・「格斯」・哈勒戴（Roy "Gus" Halliday, 1923~2007）。哈勒戴上將是一位傑出的二次大戰老兵，並因在英國太平洋艦隊的光輝號及勝利號上抵禦日本，而獲頒傑出服役十字勳章。他在戰鬥中被擊落，並由幼犬號（HMS Whelp）救起後，時任該艦一級上尉（First Lieutenant）的菲利普親王（Prince Philip of Greece）還借給哈勒戴一套制服，後來，兩人在弗里曼特爾（Fremantle）上岸休息時還曾一同慶祝。哈勒戴很快就回到勝利號上，參與了一九四五年三月至五月對先島群島（Sakishima Islands）機場的空襲行動。他因作戰英勇而獲頒傑出服役十字勳章，並因在子午線行動（Operation Meridian）中的飛行表現，而獲得戰報通令嘉獎（Mentioned in Dispatches）。日本投降後，他得知船艙室友肯・伯倫斯頓（Ken Burrenston）在巨港（Palembang）被擊落並為日軍所俘，而且在日本投降的兩天後，在惡名昭彰的樟宜戰俘營遭到斬首，這是一起令人髮指的戰爭罪行。

經過一段平順的戰後生涯，他在一九七三年晉升海軍准將，負責執掌海軍情報（當時海軍情報部長的職位，已在國防大臣丹尼斯・希利於一九六七年發起的集中化改革中被廢除），又在一九七五年晉升海軍少將，被任命為駐華盛頓海軍武官兼英國海軍人員指揮官。

一九七八年，哈勒戴上將晉升為國防情報副參謀長，並在一九八一年從皇家海軍退役後，於一九八一年至一九八四年間擔任國防部情報祕書長。我有幸在哈勒戴上將履職的不同階段為他服務，在我於華盛頓任職期間與之後，他一直是我的興趣與職涯發展的重要支柱。

卡利斯・「卡爾」・特羅斯特上將

一九七〇年代中期，我在華盛頓時對美國海軍匯報的對象，是系統分析部的卡利斯・特羅斯特少將（Carlisle Trost，通常被暱稱為卡爾〔Carl〕）。特羅斯特上將來自伊利諾州，在一九五三年以美國海軍學院（US Naval Academy）當屆第一名的成績畢業後，成為一名潛水艇員，職涯發展相當成功；或許以耀眼來形容更為貼切。

一九八六年五月，他獲雷根總統提名接任詹姆斯・瓦特金上將（Admiral James Watkins），於一九八六年七月至一九九〇年六月間，擔任海軍作戰部長，我非常幸運能直接向這位不久後便榮升作戰部長的優秀軍官匯報。從哈勒戴上將到特羅斯特上將，我完全沒預料到自己會遇到職業生涯如此出色的長官。

小山繆・L・葛拉維利中將

一九七〇年代中期，我在華盛頓的任期中，最後一段時間是在海上履職，被派往美國太平洋艦隊第三艦隊的核動力巡洋艦班布里奇號（CGN 25）。我參加了從聖地亞牙哥啟航，在太平洋上舉行的校隊衝刺演習（Exercise Varsity Sprint）。這場演習讓我大開眼界，見識到美國海軍的軍力是何其強大。當時班布里奇號才剛裝備了全球最先進的海軍戰術資料系統（Naval Tactical Data System），讓我在艦上獲得了相當豐富的實務操作經驗。

第三艦隊司令小山繆・L・葛拉維利中將（Samuel L. Gravely Jr., 1922~2004）是一位非凡而優秀的領導者。在班布里奇號上那段時間，我與他建立了不錯的交情。他是

班布里奇號（CGN 25）。（圖片出處：Wikimedia Commons, US Navy）

美國海軍小山繆・葛拉維利中將。（圖片出處：Arlington Cemetery）

第一位在戰鬥艦艇上擔任軍官、第一位指揮美國海軍艦艇、第一位晉升海軍將官，以及第一位指揮編號艦隊（numbered fleet）的非裔美國人。對他的世代而言，這是一項非常了不起的成就。他與我針對許多問題進行了交流，包括正在進行的海戰一九八五計畫、蘇聯情報態勢，以及美國海軍與皇家海軍的對比。他常在演練各種隊形變換時，邀我和他一同站在班布里奇號的艦橋翼（bridge wing）上校閱。在校隊衝刺演習期間，班布里奇號展示了結合海軍戰術資料系統與㹴犬（Terrier）飛彈系統的強大威力。我也曾搭乘直升機造訪其他幾艘艦船，包括戰鬥群中的航空母艦。那是一段愉快的時光，一個絕佳的學習經驗，我也希望自己在這場演習中有做出略盡綿薄的貢獻。

回到英國後，我與葛拉維利上將仍以書信保持聯繫。他於一九八〇年退役時，我因在倫敦的工作時程，無法前往美國參加他在國防通信局（Defense Communications Agency）的退役儀式，讓我非常沮喪。直到今天，他在我心目中仍是自己有幸認識的最傑出的人物之一。

名詞對照表

◎3～5劃

大規模毀滅性武器－WMD Weapon(s) of Mass Destruction
中央情報局－CIA; Central Intelligence Agency
太平洋司令部總司令－CinCPac; Commander-in-Chief US Pacific Command
太平洋艦隊司令－CinCPacFleet; Commander-in-Chief US Pacific Fleet
太平洋艦隊潛艦部隊司令－COMSUBPAC; Commander Submarine Forces US Pacific Fleet
北大西洋公約組織（簡稱北約）－North Atlantic Treaty Organization
外交情報顧問委員會－PFIAB; President's Foreign Intelligence Advisory Board
外國情報監視法庭－FISC; Foreign Intelligence Surveillance Court

◎6～8劃

伊斯蘭國－ISIS; Islamic State（伊拉克與敘利亞）
光電情報－ELECTRO-OPINT; Electro-Optical Intelligence
地理空間情報－GEOINT; Geospatial Intelligence
自動識別系統－AIS; Automatic Identification System
作戰地區前緣－FEBA; Forward Edge of the Battle Area
作戰概念－CONOPS; Concepts of Operation

巡弋飛彈潛艦－SSGN

初始作戰能力－IOC; Initial Operational Capability

◎9劃

俄羅斯聯邦軍隊總參謀部情報總局－GRU; Intelligence Directorate of the General Staff of the Armed Forces

指標與預警－I&W; Indicators and Warning，

政府密碼及暗號學校－GC&CS; Government Code and Cypher School

政府通訊總部－GCHQ; Government Communications Headquarters

皇家騎警－RCMP; Royal Canadian Mounted Police（加拿大）

相互保證毀滅－MAD; Mutual Assured Destruction，

美國駐歐海軍司令－CinCUSNavEur; Commander-in-Chief US Naval Forces Europe

軍情五處－MI5，英國國安機構

軍情六處－MI6，英國國安機構，即祕密情報局（SIS）

限定目標實驗－LOE; Limited Objective Experiment

音響情報－ACINT; Acoustic Intelligence

◎10劃

柴電攻擊潛艦－SSK

核動力攻擊潛艦（簡稱核攻擊潛艦）－SSN

核子情報－NUCINT; Nuclear Intelligence

海軍分析中心－CNA; Center for Naval Analyses

海軍作戰部長－CNO; Chief of Naval Operations

海軍情報局－ONI; Office of Naval Intelligence

海軍情報局局長－DNI; Director of Naval Intelligence（英國與美國皆有）

海軍情報部－NID; Naval Intelligence Department

海豹部隊－SEAL; US Navy Sea Air Land Special Force Operator（美國海軍三棲特戰隊）

紐西蘭政府通訊安全局－GCSB; New Zealand Government Communications Security Bureau

紐西蘭祕密情報局－NZSIS; New Zealand Secret Intelligence Service

紐西蘭國家評估局－NAB; New Zealand National Assessment Bureau

能源部－DOE; Department of Energy（美國）

訊號情報－SIGINT; Signals Intelligence

◎11劃

參謀長聯席會議主席－CJCS; Chairman of the Joint Chiefs of Staff

國防高等研究計畫署－DARPA; Defense Advanced Research Projects Agency

國防情報局－DIA; Defense Intelligence Agency

國防情報組－DIS; Defence Intelligence Staff（後來改為國防情報局）

國家反恐中心－NCTC; National Counterterrorism Center

國家地理空間情報局－NGA; National Geospatial Agency

國家安全局－NSA; National Security Agency

國家安全委員會－KGB; The Committee for State Security，蘇聯自一九五四年三月到一九九一年十二月的主要國安機構。

國家安全會議－NSC; National Security Council（英國與美國皆有）

國家偵察局－NRO; National Reconnaissance Office

國家情報總監－DNI; Director of National Intelligence（美國）

國家網路安全中心－NCSC; National Cyber Security Center

國際原子能總署－IAEA; International Atomic Energy Authority

眾議院軍事委員會－HASC; House Armed Services Committee

眾議院情報委員會－HPSCI; House Permanent Select Committee on Intelligence

通訊安全局－CSE; Communications Security Establishment

通訊情報－COMINT; Communications Intelligence

◎12～14劃

測量與特徵情報－MASINT; Measurement and Signature Intelligence

無人水下載具－UUV; Unmanned Underwater Vehicle

無人戰鬥空中載具－UCAV; Unmanned Combat Aerial Vehicle

無人機－UAV; Unmanned Aerial Vehicle

無線頻率與電磁脈衝情報－RF/EMPINT; Radio Frequency and Electromagnetic Pulse Intelligence

雷射情報－LASINT; Laser Intelligence

雷達情報－RADINT; Radar Intelligence

電子情報－ELINT; Electronic Intelligence

磁異常探測器－MAD; Magnetic Anomaly Detector

◎15劃以上

彈道飛彈潛艦－SSBN

影像情報－IMINT; Imagery Intelligence

戰術、技術與程序－TTPs; Tactics Techniques and Procedures
澳洲安全情報組織－ASIO; Australia Security and Intelligence Organization
澳洲祕密情報局－ASIS; Australia Secret Intelligence Service
輻射情報－RINT; Radiation Intelligence
聯合國海洋法公約－UNCLOS; United Nations Convention on the Law of the Sea
聯合國組織－UNO; United Nations Organization
聯合情報委員會－JIC; Joint Intelligence Committee
聯邦安全局－FSB; Federal Security Service（俄國）
聯邦調查局－FBI; Federal Bureau of Investigation
聲波監聽系統－SOSUS Sound Surveillance System
艦隊戰鬥實驗－FBE; Fleet Battle Experiment

附註

Chapter 1　英美特殊關係的基礎（一九六八～一九七四）

1 出版年份為一九七九、一九八一、一九八四、一九八八及一九九〇年。

2 舊皇家海軍學院如今已被指定為世界遺產，由克里斯多夫・雷恩（Christopher Wren）設計，建於一六九六年至一七一二年間。

Chapter 2　蘇聯帶來的挑戰（一九七四～一九七八）

1 本研究之非機密內容可在以下出版品中讀到：Bradford Dismukes and James McConnell's, editors, *Soviet Naval Diplomacy* (New York, NY: Pergamon Press, 1979).

2 讀者可以從穆勒上將與他的自由號聯盟委員會，發表在國會圖書館網站上的研究成果中，找到相關細節：usslibertydocumentcenter.org, September 2013.

3 個人認為，關於國會圖書館網站上的細節，與自由號攻擊事件的非情報層面的最佳著作，無疑是詹姆斯・斯科特（James Scott）所著的以下書籍：*The Attack on the Liberty. The Untold Story of Israel's Deadly 1967 Assault on a US Spy Ship* (New York, NY: Simon & Schuster, 2009).

4 前沿部署，是指將部隊部署在預期將成為第一批與敵軍接觸，或在作戰行動中擔任前鋒的位置。

Chapter 4　英美特殊關係的最佳體現（一九八三～二〇〇一）

1 Executive Order Number 12333.

2 所有數字引用自*The World Factbook 2018* (Washington, D.C.: Central Intelligence Agency, 2018)

Chapter 5 二〇〇一年九一一事件及其後果

1 J. Risen and E. Lichtblau, “Bush Lets U.S. Spy on Callers Without Courts,” *New York Times*, December 16, 2005.

2 J. Robertson, “Bush-Era Documents Show Official Misled Congress About NSA Spying” Bloomberg, April 25, 2015.

3 Anthony Wells, “Soviet Submarine Warfare Strategy Assessment and Future US Submarine and Anti-Submarine Warfare Technologies,” Defense Advanced Research Projects Agency, March 1988, US Department of Defense.

Chapter 6 情報的角色、任務與行動（一九九〇～二〇一八）

1 讀者應該注意，美國確實承認《聯合國海洋法公約》做為習慣國際法的準則，儘管它尚未正式批准該公約。

2 川普的相關發言可參照：https://www.whitehouse.gov/briefings-statements/ remarks-president-trump-joint-comprehensive-plan-action/ (accessed April 23, 2020).

3 *The World Factbook 2019* (Washington, D.C.: Central Intelligence Agency, 2019)

4 Ellen Nakashima and Paul Sonne, “China hacked a Navy contractor and secured a trove of highly sensitive data on submarine warfare,” *The Washington Post*, June 8, 2018.

5 取自：https://docs.house.gov/meetings/IG/IG00/20180517/108298/HHRG- 115-IG00-Wstate-FanellJ-20180517.pdf (accessed April 23, 2020)

6 House of Commons records, February 27, 1984, Debate 55107, pp. 37–38.

7 Gustav Bertrand, *Enigma ou la plus grande enigma de la guerre 1939–1945* (Paris: Plon Publishing House, 1973), 256.

8 這些主要行動的優質紀錄，可以參照德斯蒙德．波爾（Desmond Ball）與霍納（D. M. Horner）所著的：*Breaking the Codes: Australia's KGB Network, 1944–1950* (Sydney: Allen & Unwin, 1998).

9 Cunningham Diary, entry for November 21, 1945, British Library, MSS 52578.

10 摘自英國聯合情報委員會一份一九四七年十月二十日的報告。(JIC 1947, number 65, "Summary of Principal External Factors Affecting Commonwealth Security," The National Archives).

Chapter 7 當前與未來的威脅

1 克雷公司曾是一家位於華盛頓州西雅圖的美國超級電腦公司。原名Cray Research, Inc.。

2 日本電氣株式會社是一家總部位於日本東京港區的跨國資訊科技公司，於一九八三年改名前為NEC，隸屬於住友集團。

3 細節參照：www.coastguardfoundation.org.

4 參照他的論文："Computing Machinery and Intelligence," University of Manchester, 1950, p. 460.

5 Andrew and Leslie Cockburn, *Dangerous Liaison: The Inside Story of the US–Israel Covert Relationship* (London: Harper Collins, 1991).

6 Dhow是一種單桅或雙桅的阿拉伯帆船。

7 Efraim Halevy, *Man in the Shadows: Inside the Middle East Crisis with a Man Who Led the Mossad* (New York: St Martin's Press, 2006) 278.

8 Ibid., 44.

9 Ibid., 270.

10 Ibid., 277.

11 歐瑪爾（Umar，也可拼為Omar），是伊斯蘭史上最有權勢且影響最深遠的四大哈里發之一。他是伊斯蘭教先知穆罕默德最資深的夥伴，於六三四年八月二十三日接替阿布．伯克爾（Abu Bakr）成為正統哈里發時期的第二代哈里發。

12 中華人民共和國國務院新聞辦公室，“China’s National Defense in the New Era”, (Beijing: Foreign Languages Press Co. Ltd., 2019)，取自：http://english.www. gov.cn/archive/whitepaper/201907/24/content_WS5d3941ddc6d08408f502283d.html

13 取自https://docs.house.gov/meetings/IG/IG00/20180517/108298/HHRG- 115-IG00-Wstate-FanellJ-20180517.pdf (accessed April 23, 2020).

14 Ibid.

15 USC, #1292 (2017).

16 *The World Factbook 2019* (Washington, D.C.: Central Intelligence Agency, 2019)

17 *The World Factbook 2019* (Washington, D.C.: Central Intelligence Agency, 2019)

18 安德洛波夫的俄羅斯聯邦軍隊總參謀部情報總局主席任期，為一九六七年至一九八二年。

19 細節於二〇一三年八月九日由紐約哥倫比亞廣播公司（CBS）所報導。

20 *The World Factbook 2019* (Washington, D.C.: Central Intelligence Agency, 2019)

Chapter 8　二十一世紀的五眼聯盟

1 Bryan Clark, “Undersea cables and the future of submarine competition,” *Bulletin of the Atomic Scientists*, June 15, 2016.

2 Kari Bingen, Deputy Secretary of Defense for Intelligence, stated at the Intelligence and National Security Summit hosted by INSA and AFCEA, September 2018, reported by Mark Pomerleau.

3 詹姆斯・文森（James Vincent）於二〇一七年九月四日的*The Verge*中引用，由全國廣播公司商業頻道（CNBC）所報導。

4 J. Ward, “Sino-Indo Competition in the Maritim Domain,” The Jamestown Foundation, Global Research and

Analysis, February 2, 2017.

5 R. Danzig, "Former Navy Leader Warns About Fleet Expansion," *National Defense,* January 9, 2018.

附錄

1 Harry Hinsley, *Power and the Pursuit of Peace: Theory and Practice in the History of Relations Between States* (Cambridge: Cambridge University Press, 1962).

2 Anthony Wells, "Studies in British Naval Intelligence, 1880–1945" (D. Phil thesis, King's College, University of London, 1972).

3 D. P. O'Connell, *The Influence of Law on Sea Power* (Manchester: Manchester University Press, 1975); D. P. O'Connell, *The International Law of the Sea* Vol 1 (Oxford: Oxford University Press, 1982).

參考書目

Abshagen, K. H. *Canaris*. Translated by A. H. Brodrick. London: Hutchinson, 1956.

Admiralty British. Fuhrer Conference on Naval Affairs. Admiralty 1947. London: Her Majesty's Stationery Office.

Aid, M. *Secret Sentry: The Untold History of the National Security Agency*. New York: Bloomsbury, 2009. Aldrich, R. J. Editor. *British Intelligence, Strategy, and the Cold War. 1945–1951*. London: Routledge, 1992. Aldrich, R. J. Editor. *Espionage, Security, and Intelligence in Britain, 1945–1970*. Manchester: Manchester University Press, 1998.

Aldrich R. J. *Intelligence and the war against Japan: Britain, America and the Politics of Secret Service*. Cambridge: Cambridge University Press, 1999.

Aldrich R. J. *The Hidden Hand: Britain, America, and Cold War Secret Intelligence*. London: John Murray, 2001. Aldrich R. J., G. Rawnsley and M. Y. Rawnsley, eds. *The Clandestine Cold War in Asia 1945–1965*. London: Frank Cass, 1999.

Aldrich R. J. and M. F Hopkins, eds. *Intelligence, Defense, and Diplomacy: British Policy in the Post War World*. London: Frank Cass, 1994.

Aldrich, Richard J. *GCHQ The Uncensored Story of Britain's Most Secret Intelligence Agency*. London: Harper Press, 2010.

Alsop, Stewart and Braden, Thomas. *Sub Rosa. The OSS and American Espionage*. New York: Reynal and Hitchcock, 1946.

Andrew, C. M. *Secret Service: The Making of the British Intelligence Community*. London: Heinemann, 1985.

Andrew, C. M. *For the President's Eyes Only: Secret Intelligence and the American Presidency from Washington to Bush*. London: Harper Collins, 1995.

Andrew, C. M. *Defense of the Realm. The Official History of the Security Service*. London: Allen Lane, 2009. Andrew, C. M. and D. Dilks, eds. *The Missing Dimension: Governments and Intelligence Communities in the Twentieth Century*. London: Macmillan, 1982.

Andrew, C. M. and O. Gordievsky. *KGB: The Inside Story*. London: Hodder and Stoughton, 1990.

Andrew, C. M. and V. Mitrokhin. *The Sword and the Shield: The Mitrokhin Archive and the Secret History of the KGB*. New York: Basic Books, 1999.

Arnold, H. *Global Mission. Chief of the Army Air Forces 1938–1946*. New York: Harper,1949. Assman, K. *Deutsche Seestrategie in Zwei Welkriegen*. Vowinckel. Heidelberg: Heidelberg Press, 1959. Aston, Sir George. *Secret Service*. London: Faber and Faber, 1939.

Bamford, J. *The Puzzle Palace: America's National Security Agency and its Special Relationship with GCHQ*. London: Sidgwick and Jackson, 1983.

Bamford, J. *Body of Secrets: How NSA and Britain's GCHQ Eavesdrop on the World*. New York: Doubleday, 2001. Bamford, J. *The Shadow Factory: The Ultra-Secret NSA from 9/11 to Eavesdropping on America*. New York: Doubleday, 2008.

Barrass, Gordon S. *The Great Cold War: A Journey Through the Hall of Mirrors*. Stanford, California: Stanford University, 2009.

Barry and Creasy. *Attacks on the Tirpitz by Midget Submarines*. September 1943. *London Gazette*, July 3, 1947. Beardon, Milton, and James Risen. *The Main Enemy: The Inside Story of the CIA's Final Showdown with the KGB*. London: Penguin Random House, 2003.

Bedell Smith, W. *Eisenhower's Six Great Decisions*. London: Longmans, 1956.

Bennett, G. *Churchill's Man of Mystery: Desmond Morton and the World of Intelligence*. London: Routledge, 2007.

Bennett, R. *Ultra in the West: The Normandy Campaign of 1944–1945*. London: Hutchinson, 1979. Blackburn, D. and W. Caddell. *Secret Service in South Africa*. London: Cassell and Company London, 1911. Belot, R. *The Struggle for the Mediterranean 1939–1945*. Oxford: Oxford University Press, 1951.

Benjamin, R. *Five Lives in One. An Insider's View of the Defence and Intelligence World*. Tunbridge Wells: Parapress, 1996.

Benson, R. L. and R. Warner. *Venona: Soviet Espionage and the American Response, 1939–1957. Menlo Park*. California: Aegean Park Press, 1997.

Bilton, M. and P. Kosminksy. *Speaking Out: Untold Stories from the Falklands War*. Grafton: Grafton, 1987. Booth, K. *Navies and Foreign Policy*. New York: Croom Helm, 1977.

Borovik, Genrikh. *The Philby Files: The Secret Life of Master Spy Kim Philby—KGB Archives Revealed*. London: Little Brown, 1994.

Brodie, Bernard. *Strategy in the Missile Age*. Princeton: Princeton University Press, 1959.

Brodie, Bernard. *The Future of Deterrence in U.S. Strategy*. California: University of California Press, 1968. Brodie, Bernard. *War and Politics*. London: Macmillan, 1973.

Buchan, Alastair. *War in Modern Society*. Oxford: Oxford University, 1966

Buchan, Alastair. *The End of the Postwar Era: A New Balance of World Power*. Oxford: Oxford University, 1974. Cable, James. *Britain's Naval Future*. Annapolis, Maryland: US Naval Institute Press, 1983.

Calvocoressi, P. *Top Secret Ultra*. London: Cassell and Company London, 1980.

Carrington, Lord. *Reflect on Things Past. The Memoirs of Lord Carrington*. London: Collins, 1988. Carl, Leo D. *The*

International Dictionary of Intelligence. Virginia: McLean, 1990.

Carter, Miranda. *Anthony Blunt: His Lives*. London: Farrar, Straus, & Giroux, 2001. Cater, D. *The Fourth Branch of Government*. Boston: Houghton Mifflin, 1959.

Cavendish, A. *Inside Intelligence*. London: Harper Collins, 1990.

Cherkashin, A. *Spy Handler. Memoirs of a KGB Officer*. New York: Basic Books, 2005.

China. The State Council Information Office of the People's Republic of China: In the New Era. July 2019. 這是一份公開的中國政府官方出版物和政策聲明。Clayton, A. *The Enemy is Listening: The Story of the Y Service*. London: Hutchinson, 1980.

Cockburn, Andrew and Leslie: *Dangerous Liaison. The Inside Story of the US-Israeli Covert Relationship*. Place: Harper Collins, 1991.

Cocker, M. P. *Royal Navy Submarines 1901–1982*. London: Frederick Warre Publications, 1982. Cole, D. J. *Geoffrey Prime: The Imperfect Spy*. London: Robert Hale, 1998.

Colvin, I. *Chief of Intelligence*. London: Gollanz, 1951.

Colomb J. C. R. "Naval Intelligence and the Protection of Shipping in War," *RUSI Journal*, vol. 25 (1882): 553–590.

Compton-Hall, Richard. *Subs versus Subs. The Tactical Technology of Underwater Warfare*. London: David and Charles Publishers, 1988.

Copeland, B. J. *Colossus: The Secrets of Bletchley Park's Code-Breaking Computers*. Oxford: Oxford University Press, 2006.

Corera, Gordon. *MI6: Life and Death in the British Secret Service*. London: Harper Collins, 2012. Dalein, D. J. *Soviet Espionage*. Oxford: Oxford University Press, 1955.

Deacon, R. *A History of the British Secret Service*. London: Muller, 1969.

De Silva, P. *Sub Rosa: The CIA and the Use of Intelligence*. New York: Times Books, 1978. Dismukes, B. and McConnell J. *Soviet Naval Diplomacy*. New York: Pergamon Press, 1979. Driberg, T. *Guy Burgess*. London: Weidenfeld and Nicholson, 1956.

Dulles, Allen. *The Craft of Intelligence*. New York: Harper and Row, 1963.

Dumbrell, J. *Special Relationship: Anglo-American Relations from the Cold War to Iraq*. London: Palgrave, 2006. Earley, Peter. *Confessions of a Spy: The Real Story of Aldrich Ames*. New York: Putnam & Son, 1997.

Elliott, G. and H. Shukman. *Secret Classrooms. An untold story of the Cold War*. London: St. Ermin's Press, 2002.

Everitt, Nicholas. *British Secret Service during the Great War*. London: Hutchinson, 1920. Ewing, A. W. *The Man of Room 40. The Life of Sir Alfred Ewing*. London: Hutchinson, 1939. Fahey, J. A. *Licensed to Spy*. Annapolis, Maryland: US Naval Institute Press, 2002.

Falconer, D. *First into Action: A Dramatic Personal Account of Life in the SBS*. London: Little Brown, 2001. Fanell, James. "China's Worldwide Military Expansion." Testimony and Statement for the Record. US House of Representatives Permanent Select Committee on Intelligence. Hearing, May 15, 2018. Rayburn Building, Washington DC.

Fishman, Charles. *One Giant Leap. The Impossible Mission that Flew us to the Moon*. New York: Simon and Schuster, 2019.

Fitzgerald, P. and M. Leopold. *Strangers on the Line: A Secret History of Phone-Tapping*. London: Bodley Head, 1987.

Freedman, Sir Lawrence. *Strategy*. Oxford: Oxford University Press, 2013.

Freedman, Sir Lawrence. *Official History of the Falklands Campaign. Volumes 1 and 2*. London: Routledge, 2005.

Freedman, Sir Lawrence and Gamba-Stonehouse, V. *Signals of War: The Falklands Conflict of 1982*. Princeton: Princeton University Press, 1991.

Freedman, Sir Lawrence. *A Choice of Enemies: America Confronts the Middle East*. Oxford: Oxford University

Press, 2008.

Friedman, Norman. *Submarine Design and Development. Conway Maritime Press*. London: Conway, 1984. Friedman, Norman. *The Fifty-Year Conflict: Conflict and Strategy in the Cold War*. Annapolis. Maryland: Naval Institute Press, 2007.

Foote, A. *Handbook for Spies*. London: Museum Press, 1949.

Foot, M. R. D. *SOE in France*. London: Her Majesty's Stationery Office, 1964.

Friedman, W. F. and C. J. Mendelsohn. *The Zimmermann Telegram of January 16, 1917 and its cryptographic background.* US War department, Office of the Chief Signal Officer. Washington DC: US Government Printing Office, 1938.

Frost, M. *Spyworld: Inside the Canadian and American Intelligence Establishments*. Toronto: Doubleday, 1994. Fuchida, Mitsuo and Okumiya Masutake. Edited by Roger Pineau and Clarke Kawakami. *Midway, The Battle that Doomed Japan. The Japanese Navy's Story*. Annapolis, Maryland: Blue Jacket, 1955.

Gaddis, John Lewis. *The Cold War*. London: 2007.

Ganguly, Sumit and Chris Mason. "An Unnatural Partnership? The Future of US-India Strategic Cooperation. Strategic Studies Institute." US Army War College. May 2019.

Gates, Robert. *From the Shadows: The Ultimate Insider's Story of Five Presidents and How They Won the Cold War*. New York: Simon & Schuster, 2006.

George, James, ed. *The Soviet and Other Communist Navies*. Annapolis, Maryland: US Naval Institute Press, 1986.

Godfrey, Vice Admiral John. *Naval Memoirs*. London: National Maritime Museum Greenwich, 1965. Goodman, M. S. *Spying on the Nuclear Bear: Anglo-American Intelligence and the Soviet Bomb*. Stanford, California: Stanford University Press, 2007.

Gordievsky, Oleg. *Next Stop Execution: The Autobiography of Oleg Gordievsky*. London: Whole Story, 1995. Graham, G. S. *The Politics of Naval Supremacy*. Cambridge: Cambridge University Press, 1965.

Grant, R. M. *U-Boat Intelligence, 1914–1918*. Connecticut: Hamden, 1969. Grayson, W. C. *Chicksands. A Millennium History*. London: Shefford Press, 1992.

Grimes, Sandra, and Jeanne Vertefeuille. *Circle of Treason: A CIA Account of Traitor Aldrich Ames and the Men He Betrayed*. Annapolis, Maryland: Naval Institute Press, 2012.

Halevy, Efraim. *Man in the Shadows. Inside the Middle East Crisis with a man who led the Mossad.* London: Weidenfeld and Nicholson, 2006.

Harper, Stephen. *Capturing Enigma. How HMS Petard Seized the German Naval Codes*. London: The History Press, 2008.

Hastings, Max with Simon Jenkins. *The Battle for the Falklands*. New York: W.W. Norton and Company, 1983. Healey, D. *The Time of My Life*. London: Michael Joseph, 1989.

Helms, Richard. *A Look over My Shoulder: A Life in the Central Intelligence Agency*. New York: Random House, 2003.

Hendrick, B. J. *The Life and Letters of Walter H. Page*. Garden City, New York: Yale University Press, 1922.

Herman, M. *Intelligence Power in Peace and War*. Cambridge: Cambridge University Press, 1992. Herman, M. *Intelligence Services in the Information Age*. London: Cassell and Company London, 2001.

Higham, R. *Armed Forces in Peacetime. Britain 1918–1940. A Case Study*. London: Foulis Press, 1963. Hill, Rear Admiral J. R. *Anti-Submarine Warfare*. United States Naval Institute Press. Annapolis, Maryland. 1985.

Hill, Rear Admiral J. R., ed. *Oxford Illustrated History of the Royal Navy*. Oxford: Oxford University Press, 1995.

Hill, Rear Admiral J. R. *Lewin of Greenwich. The Authorized Biography of Admiral of the Fleet Lord Lewin*. London: Cassell and Company London, 2000.

Hillsman, Roger. *Strategic Intelligence and National Decisions*. Cambridge: Cambridge University Press, 1956.

Hinsley, F. H. *British Intelligence in the Second World War*. London: Her Majesty's Stationery Office, 1979–1990.

Hinsley, F. H. *Hitler's Strategy*. Cambridge: Cambridge University Press, 1951.

Hinsley, F. H. and A. Stripp, eds. *Code-Breakers: The Inside Story of Bletchley Park.* Oxford: Oxford University Press, 1993.

Hoffman, David E. *The Billion Dollar Spy: A True Story of Cold War Espionage and Betrayal*. New York: Penguin Random House, 2015.

Hollander, Paul. *Political Will and Personal Belief: The Decline and Fall of Soviet Communism*. New Haven, Connecticut: Yale University, 1999.

Howard, Sir Michael. *Captain Professor: A Life in War and Peace*. New York: Continuum Press, 2006.

Howard, Sir Michael. *Liberation or Catastrophe: Reflections on the History of the 20th Century*. London: A and C Black, 2007.

Howe, Geoffrey. *Conflict of Loyalty*. London: Macmillan, 1994. Hunt, Sir David. *A Don at War*. London: Harper Collins, 1966. International Institute for Strategic Studies (IISS). *The Military Balance Collection.* London: IISS, 2020. Ireland, Bernard. With Eric Grove. *War at Sea 1897–1997*. London: Harper Collins and Janes, 1997.

James, Admiral Sir William. "The Eyes of the Navy. Room 40." *Edinburgh University Journal*, no. 22 (Spring 1965): 50–54. *Janes Fighting Ships*. London: Janes Publishing, 1960–2015.

Jeffery, Keith. *MI6: The History of the Secret Intelligence Service, 1909–1949*. London: Penguin Random House, 2010.

Jenkins, R. *Life at the Centre*. London: Macmillan, 1991.

Johnson, Adrian L., ed. *Wars in Peace.* London: Royal United Service Institution, 2014.

Johnson, T. R. *American Cryptology during the Cold War, 1945–1989*. Volumes 1–4. United States National Security Agency. Declassified in 2009.

Jones, Nate, ed. *Able Archer '83: The Secret History of the NATO Exercise that Almost Triggered Nuclear War*. New York: The New Press, 2016.

Jones, R. V. *Most Secret War*. London: Hamish Hamilton Limited, 1978.

Kagan, Neil and Stephen G. Hyslop. *The Secret History of World War 2*. Washington DC: National Geographic. Kahn, David. *The Codebreakers*. London: Weidenfeld & Nicholson, 1966.

Kalugin, O. and F. Montaigne. *The First Directorate: My First 32 years in intelligence and espionage against the West—the ultimate memoirs of a Master Spy*. New York: St. Martin's Press, 1994.

Kendall, W. "The Functions of Intelligence." *World Politics*, no. 4, vol. 1 (July 1949): 542–552. Kegan, John. *Intelligence in War*. New York: Vintage Books & Random House, 2002

Kendall, Bridget. *The Cold War: A New Oral History of Life Between East and West*. London: Penguin Books, 2018.

Kent, S. *Strategic Intelligence for American World Policy*. Oxford: Oxford University Press, 1949.

Korbel, J. *The Communist Subversion of Czechoslovakia, 1938–1948*. Oxford: Oxford University Press, 1959. Kot, S. *Conversations with the Kremlin and Dispatches from Russia*. Oxford: Oxford University Press, 1963. Krupakar, Jayanna. "Chinese Naval Base in the Indian Ocean. Signs of a Maritime Grand Strategy." *Strategic Analysis*, no. 3, vol. 41 (2017): 207–222

Lamphere, R. J. and T. Shachtman. *The FBI-KGB war: A Special Agent's Story*. London: W. H. Allen, 1986. Lewis, Norman. *The Honoured Society*. London: Collins, 1964

Liddell-Hart, Sir B. H. *Strategy—the Indirect Approach*. London: Faber & Faber, 1954. Liddell-Hart, Sir B. H. *The Other Side of the Hill*. London: Cassell, 1951.

Liddell-Hart, Sir B. H. *Memoirs in Two Volumes*. London: Cassell, 1965.

Liddell-Hart, Sir B. H. *The Real War, 1914–1918*. Boston: Little Brown & Company, 1930. Lockhart, Sir Robert

Bruce. *Memories of a British Agent*. London: Putnam, 1932.

Lockhart, Robin. *The Ace of Spies*. London: Hodder & Stoughton, 1967.

Lyubimov, Mikhail. *Notes of a Ne'er-Do-Well Rezident or Will-o'-the-Wisp*. Moscow: 1995. Lyubimov, Mikhail. *Spies I Love and Hate*. Moscow: AST Olimp, 1997.

Macintyre, Ben. *The Spy and the Traitor*. London: Crown Publishing Group, 2018.

Marder, A. J. *From the Dreadnought to Scapa Flow*. 5 Volumes. Oxford: Oxford University Press, 1940. Marder, A. J. *The Anatomy of British Sea Power*. New York: Alfred Knopf, 1940.

Martin, Sir Laurence. *Arms and Strategy*. London: Weidenfeld & Nicholson, 1973.

Mathams, R. H. *Sub-Rosa: Memoirs of an Australian Intelligence Analyst*. Sydney: Allen & Unwin, 1982. McGehee, R. W. *Deadly Deceit: My 25 Years in the CIA*. New York: Sheridan Square, 1983.

McKay, Sinclair. *The Secret Life of Bletchley Park*. London: Aurum Press Limited, 2010. McKay, Sinclair. *The Lost World of Bletchley Park*. London: Aurum Press Limited, 2013. McKay, Sinclair. *The Secret Listeners*. London: Aurum Press Limited, 2013.

McKnight, D. *Australia's Spies and Their Secrets*. London: University College London Press, 1994. McLachlan, Donald. *Room 39. Naval Intelligence in Action, 1939–1945*. London: Weidenfeld & Nicholson, 1968.

Mikesh, R. C. B-57: *Canberra at War*. London: Ian Allan, 1980.

Mitchell, M. and T. Mitchell. *The Spy Who Tried to Stop a War: Katharine Gun and the Secret Plot to Sanction the Iraq Invasion*. London: Polipoint Press, 2008.

Monat, P. *Spy in the US*. New York: Harper & Row, 1961.

Montagu, E. E. S. *The Man Who Never Was*. London: Evans Brothers, 1953.

Montgomery Hyde, H. *George Blake: Superspy*. London: Futura, 1987.

Moore, Charles. *Margaret Thatcher: The Authorized Biography. Volume 2. Everything She Wants*. London: Allen Lane, 2015.

Moorehead, A. *The Traitors*. London: Hamish Hamilton, 1952.

Morley, Jefferson. *The Ghost: The Secret Life of CIA Spymaster James Jesus Angleton*. London: St. Martin's Press, 2017.

Murphy, D. E., S. A. Kondrashev and G. Bailey. *Battleground Berlin: CIA vs. KGB in the Cold War*. New Haven: Yale University Press, 1997.

Nicolai, Colonel W. *The German Secret Service*. Translated by G. Renwick. Frankfurt am Main: Fischer, 2007. Nott, J. *Here Today Gone Tomorrow: Recollections of an Errant Politician*. London: Politico's, 2002.

Oberdorfer, Don. *From the Cold War to a New Era: The United States and the Soviet Union, 1983–1991*. Baltimore, Maryland: John Hopkins University Press, 1998.

Orlov, Alexander. *Handbook of Intelligence and Guerrilla Warfare*. London: Cresset Press, 1963. Packard, W. *A Century of Naval Intelligence*. Washington DC: Office of Naval Intelligence, 1996.

Parrish, T. *The Ultra Americans: The US Role in Breaking Nazi Codes*. New York: Stein and Day, 1986.

Parker, Philip, Editor. *The Cold War Spy Pocket Manual*. Oxford: Pool of London Press, 2015.

Paterson, M. *Voices of the Codebreakers: Personal Accounts of the Secret Heroes of World War Two*. Newton Abbot: David and Charles, 2007.

Pavlov, V. *Memoirs of a Spymaster: My Fifty Years in the KGB*. New York: Carroll and Graf., 1994. Pawle, G. *The Secret War*. London: Harrap, 1972

Pearson, John. *The Life of Ian Fleming*. London: Jonathan Cape, 1966.

Petter, G. S. *The Future of American Secret Intelligence*. Washington DC: Hoover Press, 1946. Petrov, Vladimir and Evdokia. *Empires of Fear*. London: Andre Deutsch, 1956.

Philby, Kim. *My Silent War*. New York: Grove Press, 1968.

Pincher, C. *Too Secret Too Long*. London: Sidgwick and Jackson, 1984.

Pincher, C. *Traitors: Labyrinths of Treason*. London: Sidgwick and Jackson, 1987.

Pincher, Chapman. *Treachery: Betrayals, Blunders, and Cover Ups: Six Decades of Espionage*. Edinburgh: Mainstream Publishing, 2012.

Polmar, Norman. *The Ships and Aircraft of the US Fleet*. Volumes. Annapolis, Maryland: United States Naval Institute Press, 1984.

Powers, T. *The Man who Kept the Secrets: Richard Helms and the CIA*. London: Weidenfeld and Nicholson, 1979.
Pratt, F. *Secret and Urgent. The Story of Codes and Ciphers*. London: Robert Hale, 1939.

Primakov, Yevgeny. *Russian Crossroads: Toward the New Millennium*. New Haven, Connecticut: Yale, 2004. Prime, R. *Time of Trial: The Personal Story Behind the Cheltenham Spy Scandal*. London: Hodder & Stoughton, 1984.

Raeder, E. *Struggle for the Sea*. Translated by Edward Fitzgerald. London: Kimber, 1959.

Ramsay, Sir Bertram Home. "The Evacuation from Dunkirk, May–June 1940," *The London Gazette*, July 17, 1947.

Ramsay, Sir Bertram Home. "Assault Phases of the Normandy Landings, June 1944," *The London Gazette*, October 30, 1947.

Ranft, Bryan, ed. *Technical Change and British Naval Policy 1860–1939*. London: Hodder and Stoughton, 1977.

Ranelagh, J. *The Agency: The Rise and Decline of the CIA*. New York: Simon and Shuster, 1986.

Ranft, Bryan. "The Naval Defense of British Sea-Borne Trade, 1860–1905." D.Phil thesis, Balliol College, Oxford University, 1967.

Ransom, H. H. *Central Intelligence and the National Security*. Oxford: Oxford University Press, 1958. Ratcliffe, P. *Eye of the Storm: Twenty-Five Years in Action with the SAS*. London: Michael O'Mara, 2000. Rej, Abhijnan.

"How India's Defense Policy Complicates US-India Military Cooperation." US Army War College. February 26, 2019. https://warroom.armywarcollege.edu/articles/indias-defense-policy-and-us/ Richelson, J. *A Century of Spies: Intelligence in the Twentieth Century*. Oxford: Oxford University Press, 1995. Richelson, J. *The US Intelligence Community*. New York: Ballinger, 1989.

Richelson, J. *The Wizards of Langley: Inside the CIA's Directorate of Science and Technology*. Boulder, Colorado: Westview Press, 2001.

Richelson, J. and D. Ball. *Ties that Bind: Intelligence Cooperation Between the UKUSA Countries*. Boston: Allen and Unwin, 1985.

Report of the Security Commission, May 1983. Cmnd 8876. Her Majesty's Stationery Office, 1983 Report of the Security Commission, October 1986. Cmnd 9923. Her Majesty's Stationery Office, 1986. Rintelen, Captain Franz Von. *The Dark Invader*. London: Peter Davis, 1933.

Roberts, Captain Jerry. *Lorenz. Breaking Hitler's Top Secret Code at Bletchley Park*. Cheltenham: The History Press, 2017.

Roskill, S. W. *The War at Sea. 1939–1945*. Three Volumes. London: Her Majesty's Stationery Office, 1954–1961.

Roskill, S. W. *Hankey, Man of Secrets*. London: Collins, 1969. Rowan, R. W. *The Story of Secret Service*. London: Miles, 1938.

Ruge, F. *Sea Warfare 1939–1945. A German Viewpoint*. Translated by M. G. Saunders. London: Cassell, 1957. Ryan, C. *The Longest Day, June 6, 1944*. New York: Simon & Schuster, 1960.

Sainsbury, A. B. *The Royal Navy Day by Day*. London: Ian Allen Publications, 1993.

Saran, Samir & Verma Richard Rahul. "Strategic Convergence: The United States and India as Major Defense Partners." Observer Research Foundation (ORF), June 25, 2019.

Scott, James. *The Attack on the Liberty. The Untold Story of Israel's Deadly 1967 Assault on a US Spy Ship*. New

York: Simon & Schuster, 2009.

Schelling, W. R. *Strategy, Politics, and Defense Budgets*. New York: Columbia University Press, 1962.

Schull, J. *The Far Distant Ships. An Official Account of Canadian Naval Operations in the Second World War*. Ottawa: Ministry of National Defence, 1962.

Schurman, D. M. *The Education of a Navy: The Development of British Naval Strategic Thought, 1867–1914*. Oxford: Oxford University Press, 1966.

Sebag Montefiore, Simon. *Stalin: The Court of the Red Tsar*. London: Vintage, 2003.

Showell, Jak P. Mallmann. *German Naval Code Breakers*. London: Ian Allan Publishing, 2003.

Sides, Hampton. *On Desperate Ground. The Marines at the Reservoir. The Korean War's Greatest Battle*. New York: Doubleday, 2018.

Sillitoe, Sir Percy. "My Answer to Critics of MI5." *The Sunday Times*, November 22, 1953.

Singh, Zorawar Daulet. "Foreign Policy and Sea Power. India's Maritime Role." Center for Policy Research, Delhi. *Journal of Defense Studies*, no. 4, (2017).

Smith, B. F. *The Ultra-Magic Deals and the Most Secret Special Relationship 1940–1946*. Shrewsbury: Airlife Publishing, 1993.

Smith, B. F. *Sharing Secrets with Stalin: How the Allies Traded Intelligence, 1941–1945*. Kansas: University of Kansas Press, 1996.

Smith, M. *New Cloak. Old Dagger: How Britain's spies came in from the cold*. London: Victor Gollanz, 1996. Smith, M. *Station X: The Code-Breakers of Bletchley Park*. London: Channel Four Books, 1998.

Smith, M. *The Emperor's Codes: Bletchley Park and the Breaking of Japan's Secret Ciphers*. London: Bantam, 2000. Smith, M. *The Spying Game: A Secret History of British Espionage*. London: Politico's, 2003.

Smith, M. *Killer Elite: The Inside Story of America's Most Secret Operations Team.* New York: St. Martin's Press, 2007.

Smith, M. and R. Erskine, eds. *Action this Day: Bletchley Park from the breaking of the Enigma Code to the Birth of the Modern Computer*. London: Bantam, 2001.

Sontag, S. and Drew, C. *Blind Man's Bluff: The Untold Story of American Submarine Espionage.* New York: Public Affairs, 1998.

Stafford, D. *Spies Beneath Berlin.* Second Edition. London: John Murray, 2002.

Stein, H., ed. *American Civil-Military Decisions*. Birmingham, Alabama: University of Alabama Press, 1963. Steinhauer, G. and Felsted, S. T. *The Kaiser's Master Spy*. London: John Lane, Bodley Head, 1930.

Strip, A. J. *Code Breakers in the Far East*. London: Frank Cass, 1989.

Strong, Major General Sir Kenneth. *Intelligence at the Top*. London: Cassell, 1968.

Sudoplatov, P. *Special Tasks: The Memoirs of an Unwanted Witness—a Soviet Spymaster*. London: Little Brown, 1994.

Sunday Express Magazine, London. *War in the Falklands: The Campaign in Pictures*. London: Weidenfeld & Nicholson Ltd, 1982.

Svendsen, A. *Intelligence Cooperation and the War on terror: Anglo-American Security Relations after 911*. London: Routledge, 2009.

Thakur, Arvind and Michael Padgett. "Time is Now to Advance US-India Defense Cooperation," *National Defense*, May 31, 2018.

Thatcher, M. *The Downing Street Years*. London: Harper Collins, 1993.

Thomas, R. *Espionage and Secrecy: The Official Secrets Act 1911–1989 of the United Kingdom*. London: Routledge, 1991.

Thompson, Julian. *No Picnic. 3 Commando Brigade in the South Atlantic 1982*. New York: Hippocrene Books, 1985.

Thompson, Tommy. "The Kremlinologist. Briefing Book Number 648." George Washington University, November 2018.

Thomson, Sir Basil. *The Story of Scotland Yard*. London: Grayson & Grayson, 1935.

Trento, Joseph J. *The Secret History of the CIA*. Roseville, California: Prima Publishing, 2001.

Tuchman, Barbara W. *The Zimmermann Telegram*. New York: Viking Press, 1958.

Toynbee, A., ed. *Survey of International Relations, 1939–1946*. Oxford: Oxford University Press, 1952.

United States Department of Defense. "Preparedness, Partnerships, and Promoting a Networked Region." Indo-Pacific Strategy Report. Washington DC, June 1, 2019.

United States Department of Defense. Soviet Military Power. An annual publication from September 1981 to September 1990. 該系列可從美國政府出版局文件主管處（華盛頓特區）獲得。這個傑出的系列包含了蘇聯的大量非機密細節：政策和全球野心；核攻擊力量；戰略防禦和太空作戰；戰區作戰部隊；準備度、流動性和永續性；研究、開發和生產；政治軍事和地區政策；美國的回應。

United States Department of State. "Intelligence: A Bibliography of its Functions, Methods, and Techniques." Part 1. December 1948. Part 2. April 1949.

Urban, M. *UK Eyes Alpha: The Inside Story of British Intelligence*. London: Faber and Faber, 1996.

Vickers, Philip. *A Clear Case of Genius. Room 40's Code-breaking Pioneer. Autobiography of Admiral Sir Reginald Hall*. Cheltenham: The History Press, 2017.

Vincent. J. *The Culture of Secrecy: Britain 1832–1988*. Oxford: Oxford University Press, 1998.

Waters, D. W. *A Study of the Philosophy and Conduct of Maritime War, 1815–1945*. Parts 1 and 2. Published privately. Copies are in the UK Ministry of Defence Library (Navy), and the National Maritime Museum, London.

Weiner, Tim, David Johnston and Neil A. Lewis. *Betrayal: The Story of Aldrich Ames, an American Spy*. London: Penguin Random House, 1996.

Wells, Anthony. "The 1967 June War: Soviet Naval Diplomacy and the Sixth Fleet—A Reappraisal." Center for Naval Analyses, Professional Paper 204, 1977, Department of the Navy.

Wells, Anthony. "NATO and US Carrier Deployment Policies." Center for Naval Analyses, February 1977, Department of the Navy.

Wells, Anthony. "Sea War '85 Scenario." With Captain John L. Underwood, United States Navy. *Center for Naval Analyses*, April 1977, Department of the Navy.

Wells, Anthony. "NATO and Carrier Deployment Policies: Formation of a new Standing Naval Strike Force in NATO." Center for Naval Analyses, April 1977, Department of the Navy.

Wells, Anthony. "The Application of Drag Reduction and Boundary Layer Control Technologies in an Experimental Program." Report for the Chief Naval Architect, Vickers Shipbuilding and Engineering Ltd, January 1986.

Wells, Anthony. "Preliminary Overview of Soviet Merchant Ships in SSBN Operations and Soviet Merchant Ships and Submarine Masking." SSBN Security Program, Department of the Navy, 1986, US Navy Contract N00016-85-C-0204.

Wells, Anthony. "SSBN Port Egress and the Non-Commercial Activities of the Soviet Merchant Fleet: Concepts of Operation and War Orders for Current and Future Anti-SSBN Operations." SSBN Security program, 1986, Department of the Navy, US Navy Contract N136400.

Wells, Anthony. "Overview Study of the Maritime Aspects of the Nuclear Balance in the European Theater." US Department of Energy Study for the European Conflict Analysis Project, October 1986, US Department of Energy.

Wells, Anthony. "The Soviet Navy in the Arctic and North Atlantic." *National Defense*, February 1986. Wells, Anthony. "Soviet Submarine Prospects 1985–2000," *The Submarine Review*, January 1986.

Wells, Anthony. "A New Defense Strategy for Britain." *Proceedings of the United States Naval Institute*, March 1987.

Wells, Anthony. "Presence and Military Strategies of the USSR in the Arctic." Quebec Center for International Relations, Laval University Press, 1986.

Wells, Anthony. "Soviet Submarine Warfare Strategy Assessment and Future US Submarine and Anti- Submarine Warfare Technologies." Defense Advanced Research Projects Agency, March 1988, US Department of Defense.

Wells, Anthony. "Operational Factors Associated with the Software Nuclear Analysis for the UGM-109A Tomahawk Submarine-launched Land Attack Cruise Missile Combat Control System Mark 1." Department of the Navy, 1989.

Wells, Anthony. "Real Time Targeting: Myth or Reality." *Proceedings of the United States Naval Institute,* August 2001.

Wells, Anthony. "US Naval Power and the Pursuit of Peace in an Era of International Terrorism and Weapons of Mass Destruction." *The Submarine Review*, October 2002.

Wells, Anthony. "Limited Objective Experiment ZERO." The Naval Air Systems Command, July 2002, Department of the Navy.

Wells, Anthony. "Transformation—Some Insights and Observations for the Royal Navy from Across the Atlantic." *The Naval Review*, August 2003.

Wells, Anthony. "Distributed Data Analysis with Bayesian Networks: A Preliminary Study for the Non- Proliferation of Radioactive Devices." With Dr. Farid Dowla and Dr. G. Larson, December 2003, The Lawrence Livermore National Laboratory.

Wells, Anthony. "Fiber Reinforced Pumice Protective Barriers: To mitigate the effects of suicide and truck bombs." Final Report and recommendations. With Professor Vistasp Kharbari, Professor of Structural Engineering, University of California, San Diego, August 2006. For the Naval Air Systems Command, Department of the Navy. Washington DC.

Wells, Anthony. "Weapon Target Centric Model. Preliminary Modules and Applications. Two Volumes." Principal

Executive Officer Submarines, August 2007, Naval Sea Systems Command, Department of the Navy.

Wells, Anthony. "They Did Not Die in Vain. USS Liberty Incident—Some Additional Perspectives." *Proceedings of the United States Naval Institute,* March 2005.

Wells, Anthony. "Royal Navy at the Crossroads: Turn the Strategic Tide. A Way to Implement a Lasting Vision." *The Naval Review*, November 2010.

Wells, Anthony. "The Royal Navy is Key to Britain's Security Strategy." *Proceedings of the United States Naval Institute*, December 2010.

Wells, Anthony. "The Survivability of the Royal Navy and a new Enlightened British Defense Strategy." *The Submarine Review*, January 2011.

Wells, Anthony. "A Strategy in East Asia that can Endure." *Proceedings of the United States Naval Institute*, May 2011. Reprinted in *The Naval Review*, August 2011, by kind permission of the United States Naval Institute.

Wells, Anthony. "Tactical Decision Aid: Multi intelligence capability for National, Theater, and Tactical Intelligence in real time across geographic pace and time." May 2012, Department of the Navy and US National Intelligence community.

Wells, Anthony. "Submarine Industrial Base Model: Key industrial base model for the US Virginia Class nuclear powered attack submarine." With Dr. Carol V. Evans. Principal Executive Officer Submarines, Naval Sea Systems Command, Department of the Navy.

Wells, Anthony. "The United States Navy, Jordan, and a Long-Term Israeli-Palestinian Security Agreement." *The Submarine Review*, Spring 2013.

Wells, Anthony. "Admiral Sir Herbert Richmond: What would he think, write and action today?" *The Naval Review Centenary Edition*, February 2013.

Wells, Anthony. "Jordan, Israel, and US Need to cooperate for Missile Defense." *United States Naval Institute News*, March 2013.

Wells, Anthony. "A Tribute to Admiral Sir John 'Sandy' Woodward." *United States Naval Institute News,* August 2013.

Wells, Anthony. "USS Liberty Document Center." Edited with Thomas Schaaf. A document web site produced by SiteWhirks, Warrenton, Virginia. September 2013. 該網站於二〇一八年四月轉移至美國國會圖書館，並永久維護，以供學者，分析家和歷史學家使用。USSLibertyDocumentCenter.org。

Wells, Anthony. "The Future of ISIS: A Joint US–Russian Assessment." With Dr. Andrey Chuprygin. *The Naval Review*, May 2015.

Wells, Anthony. *A Tale of Two Navies. Geopolitics, Technology, and Strategy in the United States Navy and the Royal Navy, 1960–2015*. Annapolis, Maryland: United States Naval Institute Press, 2017.

Wells, Anthony & Phillips, James W, Captain US Navy (retired). "Put the Guns in a Box." *Proceedings of the United States Naval Institute*, Annapolis, Maryland, June 2018.

Wemyss, D. E. G. *Walker's Group in the Western Approaches*. Liverpool: Liverpool Post and Echo, 1948. Werner, H. A. *Iron Coffin. A Personal Account of German U-boat Battles of World War Two*. London: Arthur Barker, 1969.

West, N. *A Matter of Trust: MI5 1945–1972*. London: Weidenfeld and Nicholson, 1982.

West, N. *GCHQ: The Secret Wireless War, 1900–1986*. London: Weidenfeld and Nicholson, 1986. West, N. *The Secret War for the Falklands*. London: Little Brown, 1997.

West, N. *Venona*. London: Harper Collins, 1999.

West, N. *At Her Majesty's Secret Service: The Chiefs of Britain's Intelligence Agency, MI6*. London: Greenhill Books, 2006.

Westad, Odd Arne. *The Cold War: A World History*. Oxford: Oxford University Press, 2017.

Wheatley, R. *Operation Sea Lion. German Plans for the Invasion of England, 1939–1942*. Oxford: Clarendon Press, 1958.

Wilkinson, N. *Secrecy and the Media: The Official History of the UK's D-Notice System*. London: Routledge, 2009. Wilmot, C. *The Struggle for Europe*. London: Harper Collins, 1952.

Wilson, H. *The Labour Government 1964–1970: A Personal Record*. London: Michael Joseph, 1971. Winterbotham, F. *The Ultra Secret*. London: Weidenfeld & Nicholson, 1974.

Wohlstetter, R. *Pearl Harbor, Warning and Decision*. London: Methuen, 1957. Wolin, S. and R. M. Slusser. *The Soviet Secret Police*. London: Methuen, 1957.

Womack, Helen, ed. *Undercover Lives: Soviet Spies in the Cities of the World*. London: Orion Publishing Company, 1998.

Wood, D. and D. Dempster. *The Narrow Margin*. London: Hutchinson, 1961.

Woodward, Admiral Sir John "Sandy." *One Hundred Days. The Memoirs of the Falklands Battle Group Commander*. With Patrick Robinson. Annapolis, Maryland: United States Naval Institute Press, 1992.

Woodward, L. *My Life as a Spy*. London: Macmillan, 2005.

Wright, P, with Greengrass, Paul. *Spycatcher. The Candid Autobiography of a Senior Intelligence Officer*. New York: Viking, 1987.

Wylde, N., ed. *The Story of Brixmis, 1946–1990*. Arundel: Brixmis Association, 1993.

Young, J. and J. Kent. *International Relations Since 1945*. Oxford: Oxford University Press, 2004.

Young, J. W. *The Labour Governments, 1964–1970: International Policy*. Manchester: Manchester University Press, 2003.

Zimmerman, B. *France, 1944. The Fatal Decisions*. London: Michael Joseph, 1956.

索引

◎A～Z

◎1劃

◎2劃

◎3劃

◎4劃

◎5劃

◎6劃

◎7劃

◎8劃

◎9劃

◎10劃

◎11劃

◎12劃

◎13劃

◎14劃

◎15劃

◎16劃以上

五眼聯盟：國際情報組織五十年實錄

作　　者──安東尼・R・威爾斯
　　　　　（ANTHONY R. WELLS）
譯　　者──劉名揚
特約編輯──洪禎璐

發 行 人──蘇拾平
總 編 輯──蘇拾平
編 輯 部──王曉瑩、曾志傑
行銷企劃──黃羿潔
業 務 部──王綬晨、邱紹溢、劉文雅

出　　版──本事出版
發　　行──大雁出版基地
　　　　　新北市新店區北新路三段 207-3 號 5 樓
　　　　　電話：(02) 8913-1005　傳眞：(02) 8913-1056
　　　　　E-mail：andbooks@andbooks.com.tw
劃撥帳號──19983379　戶名：大雁文化事業股份有限公司

美術設計──楊啓巽工作室
內頁排版──陳瑜安工作室
印　　刷──上晴彩色印刷製版有限公司
● 2024年11月初版
定價 600 元

BETWEEN FIVE EYES: 50 Years of Intelligence Sharing

ISBN 978-626-7465-25-7

缺頁或破損請寄回更換
歡迎光臨大雁出版基地官網 www.andbooks.com.tw 訂閱電子報並填寫回函卡

國家圖書館出版品預行編目資料

五眼聯盟：國際情報組織五十年實錄
安東尼・R・威爾斯（ANTHONY R. WELLS）／著　劉名揚／譯
--- 初版. ─ 新北市；本事出版：大雁文化發行，2024.11
面　；　公分. ─

譯自：Between Five Eyes: 50 Years of Intelligence Sharing

ISBN 978-626-7465-25-7（平裝）
1. CST: 情報組織　2. CST: 國際組織　3. CST: 歷史

599.73　　113011229